中国城市科学研究系列报告

中国低碳生态城市发展报告(2016)

中国城市科学研究会 主编

中国建筑工业出版社

图书在版编目（CIP）数据

中国低碳生态城市发展报告（2016）/中国城市科学研究会主编. —北京：中国建筑工业出版社，2016.8
（中国城市科学研究系列报告）
ISBN 978-7-112-19604-3

Ⅰ.①中… Ⅱ.①中… Ⅲ.①城市环境-生态环境建设-研究报告-中国-2016 Ⅳ.①X321.2

中国版本图书馆CIP数据核字（2016）第157617号

中国低碳生态城市发展报告（2016）以迈向深度城镇化和"一个尊重、五个统筹"为主题，与中国低碳生态城市发展报告（2015）相比，更加突出新型城镇化的模式和特点，其创新和特色主要体现在梳理了贡献自主减排国的特点和打造城市品牌的案例实践；提出了尊重城市发展规律的理论经验和问题导向；开创性地对各城市群之间的经济发展、城镇化水平、资源与能源利用效率及生态建设等相关指标展开深入剖析、评估，通过对比2013~2016年的研究结果发现，被评城市群已经逐步呈现出城市宜居发展的趋势。

本书是从事低碳生态城市规划、设计及管理人员的必备参考书。

* * *

责任编辑：王 梅 李天虹
责任校对：王宇枢 关 健

中国城市科学研究系列报告
中国低碳生态城市发展报告（2016）
中国城市科学研究会 主编
*
中国建筑工业出版社出版、发行（北京西郊百万庄）
各地新华书店、建筑书店经销
北京红光制版公司制版
北京圣夫亚美印刷有限公司印刷
*
开本：787×1092毫米 1/16 印张：20¾ 字数：426千字
2016年8月第一版 2016年8月第一次印刷
定价：**60.00**元
ISBN 978-7-112-19604-3
（29119）

版权所有 翻印必究
如有印装质量问题，可寄本社退换
（邮政编码 100037）

中国低碳生态城市发展报告组织框架

主 编 单 位：中国城市科学研究会

参 编 单 位：深圳市建筑科学研究院股份有限公司

北京市中城深科生态科技有限公司

支 持 单 位：能源基金会（The Energy Foundation）

学 术 顾 问：李文华　江　亿　方精云

编委会主任：仇保兴

副　主　任：孙安军　李　迅　沈清基　顾朝林　俞孔坚　吴志强
　　　　　　夏　青　叶　青

委　　　员：（按姓氏笔画排序）

于　涛　冯相昭　刘俊跃　余　刚　余池明　沈丽娜
宋言奇　孟庆禹　孟海星　赵维良　郝　斌　胡　倩
徐文珍　盛　鸣　颜文涛

编写组组长：叶　青

副　组　长：李　芬　周兰兰

成　　　员：赖玉珮　史敬华　彭　锐　陆元元　林英志　魏　霖
尹　航　李　冰　何　力　闫　坤　边晋如　石　悦
贾　航　吴若昊　马雯蕊

代 序

迈向"深度城镇化"

仇保兴[1]

(国务院参事　住房和城乡建设部原副部长)

Preface

March Towards the "Deep Urbanization"

(by Qiu Baoxing)

城市几乎是我们面临的所有社会和环境病症的根源,但也是解决问题的钥匙。"深度城镇化",正是解决过去"广度城镇化"所带来问题的总抓手。

改革开放 30 多年来,我们进行的是追求物质效益为主的城镇化,这种城镇化要转向人口的城镇化,以人为本的城镇化。同时,这 30 多年,走的是一种"灰色"城镇化的道路,大部分工业企业都是先污染后治理,累积的结果使中国城市常受雾霾袭击。中国要从"灰色城镇化"转向"绿色城镇化",就必须从速度、广度的城镇化转向深度城镇化,由此提出深度城镇化的命题。深度城镇化,属于城镇化策略创新,即从地方政府的视角来提政策建议。

一、新常态下城镇化的主要特征与挑战

1. 城镇化速度将明显放缓

人们常用若塞姆曲线来表达大国城镇化的历程。曲线的第一个转折点是城镇化率为 30% 的时候,城镇化开始加速;第二个转折点是 70% 的时候,城镇化开始减速。实际上此曲线是美国地理学家在 20 世纪 70 年代描绘的,是以新大陆体系国家(移民为主体的国家)为样本的城市化基本规律形象化。而旧大陆国家(原住民为主的国家)并不是这样,它们的城镇化峰值一般在 65%~70% 之间,转折点实际上在 57% 附近。这就意味着中国近几年城镇化速率就要开始转折。同时,根据人口数据分析,中国 50 岁以上的农民工大部分都存在回乡养老的趋

---

[1] 仇保兴. 迈向深度城镇化. 中国经济报告, 2016 (2): 16-18

势。人口结构的变化和国际经验显示，中国的城镇化实际上已经进入了中后期，这意味着每年从农村迁入城镇的人口将开始显著减少。

2. 机动化将强化郊区化趋势

国际经验表明，机动化率达到30%，即每百人拥有30辆车的机动化水平的时候，郊区化趋势就会非常明显。中国2014年每百人拥有机动车20辆，"十三五"末期将接近30辆。目前东南沿海已普遍达到30辆的水平。再加上高速公路总里程将居世界第一位，同时空气污染、高房价等因素都将对大城市人口转移产生巨大影响。香港1974年建立了比较完整的信息披露制度，借助其完善的信息分析，可以揭示南方城市雾霾的主因是城市尾气。北方地区则是因为机动车污染和冬季取暖煤烟的双重污染相叠加。

3. 城市人口的老龄化快速来临

通过模型计算，如果按照现有政策不变的情况，到2050年，中国人口中位数将比美国还要老十岁，这无论是对经济竞争力还是社会持续健康发展来说都是极为不利的。

4. 住房需求将持续减少

主要有两个数据，一个是中国已经进入了城镇化中后期，进城人口会逐步减少。二是据国际货币基金组织给出的数据，城市化之后的日本、法国人均住房面积约为35~40m^2。中国虽然未经住房普查，但是通过抽样，我们基本上可以估算人均住房面积已达35m^2。各地的空城、鬼城不断涌现，再加上最近报道东北三省人口出生率低于日本，一些城市住房的库存去化周期已经超过10个月，有的甚至达到50个月左右。即使几年不再建设，库存房产都处理不了。

5. 碳排放的国际压力空前增大

在2015年的一次国际论坛上，微软创始人比尔·盖茨惊呼"中国水泥三年消耗量等于美国一个世纪的总量"；我回应他："在中国解决住房问题必须依靠水泥钢筋，不像美国靠的是木材，水泥消耗量占全球40%属正常，但当前建筑节能工作进展较好，碳峰值将在2030年左右下降。"现在碳排放为什么压力空前巨大？中国不仅碳排放量是世界第一，而且人均排放超过世界平均值，同时总量是当前美国、欧盟的总和。尤其是近10年，中国碳排放增速是美国的近5倍。

6. 能源和水资源结构性短缺将会持续加剧

根据世界城镇化经验，中国总体上不会出现城镇供水难。但是由于气候变化和突发性水污染，能源和水资源的局部性短缺、结构性短缺将会加剧。许多江南水乡缺水，均属水质性缺水。

7. 城市的空气、水和土壤污染加剧

先行国家经验表明，城镇化率超过50%的时候是三大污染最为严重的时期。

在北京周边，有 1000 多平方公里的违法用地，这些违法用地就像"包饺子"一样把北京包围了，导致传统的风道被封死。国家气象局给出数据：北京市内地面风速每 10 年就下降 10%。水污染、土壤污染治理难度非常大，一旦污染，治理成本往往是排污利润的 5 倍以上，治理周期非常长。

8. 小城镇人居环境退化，人口流失

中国的城市跟国外相比，大城市的光鲜度差不多，而小城镇却相去甚远。再加上管理不善、公共品提供不足、生态环境退化、就业岗位减少，十年间，中国小城镇居民人口减少 10 个百分点，相当于从小城镇流走了一个日本的人口。

9. 城市交通拥堵日益严重

当前交通拥堵正从沿海城市向内地全面扩散，从早晚高峰向全天候全面扩散，从大城市向中小城市全面扩散。再加上城市高架桥、大院落都扼杀了绿色交通、步行交通；交通拥堵导致空气污染加剧，又使原本骑车出行的人们转乘私家车，造成了恶性循环。

10. 城市特色和历史风貌正在丧失

一大批国外后现代建筑师和具有崇洋媚外思想的决策者相结合，把中国变成后现代建筑的大型试验场，大量"大、洋、怪"建筑在各处拔地而起。北京有"鸟巢、鸟蛋、鸟腿、鸟嘴"，以至全国都流行，甚至连贫困县都有"鸟巢、鸟蛋、鸟腿"。

11. 保障性住房过剩与住房投机过盛并存

当前许多城市保障性住房没人申请而大量空置，前段时间中央台报道，贵阳有五万套保障房空置，同样的问题在许多城市都存在。许多保障房已经搁置了两年，表现出供给侧机制出了大问题。但是大城市住房的投机过盛也正在成为现实的难题，如不尽快采取措施，将可能会遭遇日本式泡沫破裂的悲剧。

12. 城市的防灾减灾功能薄弱

根据哥伦比亚大学的研究，全球 600 多个大城市中，有 450 个暴露在同一种灾害之下。中国这个比例更高，因为中国"城市群"众多，地下管道为"城市的良心"，却因"看不见"而被长期忽视。中国城市领导任期又比较短，再加上城市人口越密集，人口规模越大，对城市灾害的放大效应越明显。中国城市属紧凑型城市，城市灾害一旦发生，造成的生命财产损失将特别巨大。

二、深度城镇化主要策略

1. 要稳妥地开展农村土地改革试点

"十三五"期间将是中国大城市郊区化活力最高的时期。为保证城市的紧凑式发展和节约耕地，首先必须正视和有效克服农村建设用地平等入市式改革可能存在的负面效应，并使其服从、服务于健康城镇化。应该明确指出，在机动化时代到来的时候，我们首先要防止出现美国式的城市蔓延。如果集体建设用地没有规模控制，城市蔓延的局面将难以收拾。这方面的限制政策已出台，有的正在进行更全面的调整，在"十三五"规划建议中已有体现。

2. 以"韧性"城市规划来统领整个城市各种基础建设，提高防灾性能

国际韧性联盟（Resilience Alliance）将"韧性城市"定义为"城市或城市系统能够消化并吸收外界干扰（灾害），并保持原有主要特征、结构和关键功能的能力"。韧性城市应具有技术弹性、组织弹性、社会弹性和经济弹性，其中技术弹性是指城市生命线受到外界干扰（灾害）之后，保持其主要功能的那种弹性。这种弹性对城市宜居性非常重要。我们应该以这种新理念对城市进行整体的基础设施规划再创新。建议把海绵城市、城市综合管廊示范城市、新能源城市、低碳生态城市、智慧城市统筹起来，用城市弹性的理念加以整合，使城市极大提高防灾减灾性能。

3. 推行城市交通需求侧管理

在城市交通空间资源非常有限情况下，增加道路供给往往不易实现减堵效应，必须实行需求侧改革。过去强调满足私家车出行的供给侧项目，比如说建设高架路、立交桥，盲目拓宽街道，取消和压缩自行车道，这已经形成恶果；而且各种交通工具对雾霾和能耗的贡献完全不一样。应该从需求侧入手调整，大幅提高绿色交通比例、倡导可持续的交通模式。

4. 变革保障房建设体制，降低房地产泡沫风险

如果继续放大房地产泡沫，那可能会出现日本式的经济断崖式下降恶果。应该将中国保障房建设模式及时转向欧盟模式，学习欧盟各国动员低收入群体自发开展合作建房的经验，出台相关法规和扶持政策，变政府建、政府管为民众合作建、自己管，政府监管扶持的新模式。战后欧盟形成了住房合作社模式，这种模式是中低收入市民自己组织建房的模式。如果市民收入低、无房住、缺房住，才开始合作建设，就不会出现中国保障房供需脱节、工作地和住宅脱节、建设与配套脱节等弊端。

5. 全面保护历史街区，恢复城市文脉

城市历史文脉的传承和历史街区是城市特色的主要载体。只有传统的、历史的、民族的，才是世界的，这样，城市历史文化才会成为能不断增值的绿色资源。很多北欧、西欧城市是二战以后重建的，完全按照原有面貌重建。尽管这些城市目前很少有工业产业，但其经济收入的 80% 以上是靠独特的建筑历史文化传承发展旅游产业而来。

6. 推行"美丽宜居乡村"建设，保护和修复农村传统村落

中国有约 70 万个传统村落，这些传统村落历史上都是先人们精心选址建造的，也是我们中国人心目中的"桃花源"。如果错误地把它们整合成小规模城市

社区，则我们不仅损失的是文化的软实力，而且损失的是以乡村命名的无数优质农副产品的地理依托。在这些问题上，我们一定要头脑清醒，把这些文化遗产保留下来，会源源不断增值。

7. 编制和落实城市群协同发展规划

雾霾等污染问题不是一个城市就能解决的，应该通过管理机制创新，通过空间规划，城市间协同进行资源共享、环境共治、基础设施共建、支柱产业共布局来解决。许多其他城市问题也都需要从"群"的角度来解决。

8. 对既有建筑进行"加固、节能、适老"改造

这类建筑约占城市建筑量的35%。这一批建筑寿命大都已30多年。现在阳台塌下来、结构出现大问题的比比皆是，通过"加固、节能、适老"改造，对这种建筑分批进行统一改造，不仅利国利民、还可以增加有效投资。对于这种改造，大维修基金可以出钱、节能减排国家给补贴、老百姓再出一点资，总体可以形成约十万亿的市场规模。

9. 以绿色小城镇为抓手，分批进行人居环境的提升和节能减排改造

小城镇最容易融入"望得见山水"的美景之中，最容易改造成绿色城市。通过调查农民进城意愿，子女教育和就医资源需求排在最前面。浙江省、上海市已经推行新的模式，动员当地三甲医院、名校对口把小城镇的医院、学校改成它的分院、分校，这样当地的医院、学校一下子提高了质量档次，深受老百姓欢迎。

10. 以治理"城市病"为突破口，全面推进智慧城市建设

现在的"智慧城市"，十有八九是"伪智慧"、"白智慧"、"空智慧"，不能解决城市实际问题。"智慧城市"必须有三个导向：一是有利于节能减排；二是有利于提高城市治理的绩效；三是有利于解决城市病。在此基础上再实现老百姓生活的丰富化，便捷化。若离开了这三大核心公共品的提供，智慧城市建设就如同隔靴搔痒。

三、小结

1. 城市几乎是我们面临的所有社会和环境病症的根源，但也是解决问题的钥匙。"深度城镇化"，正是解决过去"广度城镇化"所带来问题的总抓手。

2. 城市是80%的GDP、95%的创新成果、85%的税收和财富的聚集器；更重要的，城市是文化的容器。城市的财富隐藏在空间结构中间，若空间结构是引人入胜、是历史传承的，就会是不断增值的，否则就是一堆建筑垃圾。

3. 城市"硬件"的改善必须从建筑到基础设施，从小区到城市使其"绿色化"，再加上智慧城市这个"软件"，通过"中西医调治"，才能达到治理"城市病"、扩大内需这样具有双重效应的目标。

4. 深度城镇化，要求治理的策略扩大到城市群以及城乡范围，才能奏效。

5. 经测算，所有深度城镇化策略至少能产生 30 万亿的有效投资需求，其核心问题是要将有限的投资转向节能减排、提高城乡人民生活质量的新投资领域。唯此，供给侧改革才能成功。

导 言

"巴黎大会应该摈弃'零和博弈'狭隘思维,推动各国尤其是发达国家多一点共享、多一点担当,实现互惠共赢。"习近平主席 2015 年在巴黎气候变化大会上的讲话,为深入思考和探索未来全球治理模式、推动人类命运共同体建设贡献了中国智慧。从宏观态势来看,绿色低碳发展成为国际社会普遍共识。在目标引导上,生态文明上升为中国的基本国策。

2016 年是"十三五"开局之年,近年来,中国以前所未有、全球罕见的力度,治理污染、保护环境,规模化推广绿色建筑,积极开展海绵城市建设实践,与美国、德国等国家合作的试点示范项目稳步推进。作为世界最大的发展中国家,中国也正用自己的行动与智慧,探索一个可资借鉴的绿色发展模式,全面推进城乡生态建设。

绿色低碳发展既是一个目标,又是一个过程。绿色发展理念重于技术,机制重于目标,标准重于样板。绿色低碳发展是一个系统工程,需要用复合生态理论支撑。而我们也深刻认识到了低碳发展的迫切性和生态城市发展转型的重要性。应对气候变化的低碳化或去碳化,以智慧城市、互联网为标志的数字化、信息化与智能化,正在为迈向深度城镇化提供行之有效的综合解决方案。基于此,中国低碳城市系列年度报告将不断总结和归纳低碳城市建设发展的方法和技术、经验和特征,以期为中国以及其他发展中国家提供有益借鉴。

报告第一篇最新进展,主要综述了 2015 年度国内外低碳城市发展情况,期望通过对国内外新的政策、技术、实践以及大事件的总结,分析该领域年度相关行业获得的经验与教训,探讨低碳生态城市未来的挑战与趋势,为迈向深度城镇化的低碳生态城市发展提供全面的认识。第二篇认识与思考,主要从方法论高度对低碳生态城市进行梳理,阐明新常态下的新型城镇化发展之路——低碳与智慧的协同发展、从点面结合到统筹推进、从纵横联动到协同推进、从补齐短板到重点突破,解读中国新城镇化从理论到行动、从行动到深化的进程,将"低碳城市"、"智慧城市"等理念化为实践,探索适合中国城市的模板与示范。第三篇方法和技术，通过对低碳生态技术的研究热点进行总结，将韧性城市、规划融合、物质流分析、可再生能源、智慧城市、人文需求、指标体系、经济激励等方面的技术方法研究进展进行了系统的梳理。第四篇在持续关注绿色生态示范城（区）的低碳生态城市建设的同时，对绿色生态城区建设实践案例进行了剖析，对包括碳排放交易试点城市建设、低碳生态乡村建设、城市绿色有机更新、地方绿色生态城区推进、国际合作推进绿色生态试点建设以及绿色建筑规模化建设和海绵城市建设等低碳生态城市专项实践案例进行了评析，对于低碳生态城市建设进行了实践总结与反思。第五篇中国城市生态宜居指数报告（2016）首次以城市群为对象进行研究分析，通过对位于不同区位、具有不同发展侧重、在生态宜居方面受到不同禀赋条件影响的城市群进行整体分析。

中国低碳生态城市年度发展报告（2016）以迈向深度城镇化和"一个尊重、五个统筹"为主题，与中国低碳生态城市年度发展报告（2015）相比，更加突出新型城镇化的模式和特点，其创新和特色主要体现在梳理了贡献自主减排国的特点和打造城市品牌的案例实践；提出了尊重城市发展规律的理论经验和问题导向；开创性地对各城市群之间的经济发展、城镇化水平、资源与能源利用效率及生态建设等相关指标展开深入剖析、评估，通过对比 2013～2016 年的研究结果发现，被评城市群已经逐步呈现出城市宜居发展的趋势。

由于低碳生态城市内涵的多样性和复杂性以及编者的知识结构和水平限制，报告无法涵盖所有内容，难免有不当之处，望各位读者朋友不吝赐教。本系列报告将不断充实和完善，期待本书内容能够引起社会各界关注于共鸣，共同促进中国低碳生态城市的发展。

本报告是中国城市科学研究系列报告之一，吸纳了国内相关领域众多学者的最新研究成果，并由中国城市科学研究会生态城市研究专业委员会承担编写组织工作。在此向所有参与写作、编撰工作的专家学者致以诚挚的谢意！

Introduction

"The Paris conference should reject the narrow-minded mentality of a Zero-sum Game and facilitate all the countries especially the developed countries to share a little more experience and assume a little more responsibility for the mutual beneficial goal." President Xi Jinping made a speech at the Paris Climate Change Conference in 2015, which contributed Chinese wisdom to the deep thinking and exploration of the future global governance, as well as the promotion and construction of the common destiny for all human communities. In the macro situation, the green low-carbon development has become a universal consensus of the international communities. Under the guidance of this goal, ecological civilization has rose to be China's basic national policy.

2016 is the beginning year of the "13th Five-year Period". Recently, China has, with globally unprecedented power and exceeding efforts, implemented pollution control, environmental protection, large-scale green building promotion, sponge city development and steadily executed the pilot and demonstration projects in cooperation with the United States, Germany and other countries. As the world's largest developing country, China is zealously exploring a referential green development model, through its own actions and wisdom and comprehensively promoting the ecological construction of both the urban and rural areas.

The green low-carbon development is not only a goal but also a process. In this case, the concept is more important than technologies, the mechanism is more important than the goal while the standard is more important than the model. Green low-carbon development is a systematic project, requiring the theoretical support of the complex ecology. And we are already deeply aware of the urgency of low-carbon development and the importance of urban ecological transformation. Effective integrated solutions to the move towards an in-depth urbanization are provided by the low-carbonization or de-carbonization tackling climate change and the digitalization, informatization and intelligentization featuring smart city and the Internet. On this basis, the serial China Low-carbon City Annual Report will continue to review and summarize the methods and techniques, experience and characteristics of the low-carbon city construction and development, hoping to offer China and other developing countries a useful reference in this endeavor.

The first chapter of the Report, "Latest Development", mainly describes the domestic and international low-carbon city development status in 2015 with prospects of analyzing the experience and lessons gained in the related industries, exploring its future challenges and trends and providing a comprehensive understanding of its advancement towards an in-depth urbanization through a summary of new policies, technologies, practices, and major events at home and abroad. The second chapter of the Report "Understanding and Thinking", summarizes major low-carbon eco-cities from a methodological height, clarifies the new urbanization path under the "new normal" - a joint development of low carbon and smartness, an advance from integrating points and sphere to the coordination, from promoting synergy in horizontal and vertical angles to the cooperation and from the drawbacks reinforce to the major breakthroughs, interprets China's urbanization process from theory to action, from action to deepening, puts "low-carbon city", "smart city" and other concepts into practice and explores the demonstration models suitable for China. The third chapter, "Methods and Techniques", sums up the research hotspots of the low-carbon ecological technology and systematically sorts out the research progress in the techniques and methods of the resilient city, planning integration, material flow analysis, renewable energy, smart city, human cultural needs, index system, economic incentives and other aspects. In addition to a continuous focus on green ecological demonstration city (district), the fourth chapter analyzes the practical cases of green eco-city construction, evaluates the special low-carbon eco-city practical cases including the pilot city construction with carbon emission trading, the low-carbon ecological village construction, the urban green organic updating, the promotion of the local green ecological district, the green ecological pilot demonstration driven by the international cooperation, the scale construction of green architecture and sponge city. The fifth chapter, China's Urban Ecological Livable Development Index Report (2016), for the first time takes city cluster as its research object and analyzes the city clusters with different geological locations, development focuses and objective influences from their respective natural endowments in livable aspects through a holistic approach.

China's Low-carbon Eco-city Development Annual Report (2016) aims on the move towards an in-depth urbanization and "one respect and five co-ordinations" and concentrates more on the patterns and characteristics of the new urbanization as comparing to China's Low-carbon Eco-city Development Annual Report (2015). Its innovations and features mainly lie in its sorting of the features of voluntary emission reduction countries and the practical cases of building the city brand, its offering of the theoretical experience and the problem-oriented guideline in abiding by the urban development rule and its pioneering in-depth analysis and assessment of the relevant indicators of economic development, urbanization, resource and energy efficiency and ecological construction among the city clusters. Comparing the results in the Annual Reports from 2013 to 2016, it's apparent that the rated city clusters have been gradually showing the trend of a livable development.

Because of the diversity and complexity of the connotation of the low-carbon eco-city as well as the limits of structure and level of knowledge of the editors, the Report can not cover everything. It is inevitably inappropriate in some way, so the readers are welcome to give us feedbacks. By continuously enriching and improving this serial Report, we expect the content of the book can rouse a common concern and resonance and lead to a joint promotion of the development of China's low-carbon eco-city.

Belonging to the serial research works on China's urban studies, this report absorbs the latest research results of many domestic scholars in the related fields and is composed and organized by Eco-cities Research Committee of Chinese Society for Urban Studies. Hereby, let us express our sincere thanks to all the experts and scholars who have participated in the writing and compiling work!

目 录

代序 迈向"深度城镇化"
导言

第一篇 最新进展 ·· 1
1 《中国低碳生态城市发展报告2015》概览 ····························· 5
    1.1 编制背景 ·· 5
    1.2 框架结构 ·· 5
    1.3 《报告2015》主要观点 ·· 5
    1.4 《报告2016》总结改善 ·· 6
2 2015～2016低碳生态城市国际动态 ······································ 8
    2.1 宏观态势：贡献自主减排 ·· 8
    2.2 政策进展：推动低碳发展 ·· 13
    2.3 实践动态：打造城市品牌 ·· 15
3 2015～2016年度中国低碳生态城市发展 ······························· 20
    3.1 政策指引：推进生态文明建设 ······································ 20
    3.2 学术支持：齐头共进合作发展 ······································ 30
    3.3 技术发展：各领域渗透集成深入 ··································· 31
    3.4 实践探索：理性发展稳步推进 ······································ 34
4 挑战与趋势 ·· 37
    4.1 实施挑战 ·· 37
    4.2 发展趋势 ·· 38

第二篇 认识与思考 ··· 41
1 迈向"深度"城镇化——一个尊重，五个统筹 ······················· 45
    1.1 尊重城市发展规律—理论、经验和问题导向 ····················· 46
    1.2 统筹空间、规模、产业三大结构，提高城市工作全局性 ········ 47
    1.3 统筹规划、建设、管理三大环节，提高城市工作系统性 ········ 48
    1.4 统筹改革、科技、文化三大动力，提高城市发展持续性 ········ 48
    1.5 统筹生产、生活、生态三大布局，提高城市发展宜居性 ········ 49

  1.6 统筹政府、社会、市民三大主体，提高各方推动城市发展积极性 …… 49
2 "新常态"下新型城镇化发展之路 …… 50
  2.1 "新常态"下城镇化须防的问题 …… 50
  2.2 "新常态"下城镇化坚守的底线 …… 52
  2.3 "新常态"下城镇化的深度思考 …… 52
3 低碳与智慧协同发展 …… 55
  3.1 智慧城市建设的思考 …… 55
  3.2 智慧城市建设的目标 …… 56
  3.3 智慧城市建设的内容 …… 57
  3.4 智慧城市建设的若干途径 …… 58

第三篇　方法与技术 …… 63

1 韧性城市：应对城市挑战与危机 …… 67
  1.1 韧性城市界定与特点 …… 67
  1.2 韧性城市研究动态 …… 71
  1.3 国外韧性城市规划建设动态 …… 75
  1.4 中国韧性城市规划建设研究实践 …… 83
  1.5 韧性城市研究及实践展望 …… 86
2 规划融合：绿色基础设施规划与传统规划技术的对接 …… 88
  2.1 概念内涵及研究动态 …… 88
  2.2 GI 的尺度和构成 …… 91
  2.3 GI 与传统规划技术体系的融合方法 …… 93
  2.4 实例研究 …… 95
  2.5 结语 …… 99
3 物质能量流动：寻求城市低碳生态化途径 …… 100
  3.1 物质流分析 …… 100
  3.2 能量流分析 …… 105
  3.3 低碳生态化途径研究 …… 110
  3.4 结语 …… 111
4 公私合营模式（PPP）：公共基础设施领域的 PPP 模式 …… 112
  4.1 具有良好发展势头的 PPP …… 112
  4.2 公私合营模式在公共基础设施领域的应用 …… 112
  4.3 公共基础领域的 PPP 模式应用实践 …… 114
  4.4 展望 …… 116
5 智慧城市：全面感知、信息共享和智能解题 …… 117
  5.1 能耗监测—建立实施监控平台 …… 117

5.2　智慧交通—加强公共交通数据采集、运营调度监管和信息发布 ······ 120
6　人文需求：城市社区绿色建筑规划需求评估 ······ 123
　　6.1　城市社区绿色建筑规划的社会人文需求评估 ······ 124
　　6.2　深圳湾科技生态园应用评估案例 ······ 131
　　6.3　荆门市大柴湖生态新城评估案例 ······ 135
7　指标体系：评价城市低碳城市建设的程度 ······ 139
　　7.1　生态城市规划导则指标体系 ······ 139
　　7.2　城市生态系统生产总值核算体系（GEP）及运用 ······ 142
8　经济激励：传统与创新的激励思路 ······ 148
　　8.1　低碳生态城市建设相关试点示范概况及经济激励政策 ······ 148
　　8.2　"十二五"时期低碳生态城市经济政策总结和建议 ······ 161
　　8.3　"十三五"时期低碳生态城市经济激励政策展望 ······ 163
9　小结 ······ 166

第四篇　实践与探索 ······ 173

1　绿色生态示范城（区）规划实践案例 ······ 177
　　1.1　绿色生态示范城（区）发展概述 ······ 177
　　1.2　绿色生态示范城（区）工作重点变迁 ······ 179
　　1.3　绿色生态示范城（区）建设案例 ······ 180
　　1.4　小结 ······ 188
2　低碳生态城市专项实践案例 ······ 190
　　2.1　碳排放交易试点城市建设实践 ······ 190
　　2.2　低碳生态乡村建设实践 ······ 198
　　2.3　城市绿色有机更新实践 ······ 206
　　2.4　地方绿色生态城区实践 ······ 216
　　2.5　绿色生态试点国际合作实践 ······ 227
　　2.6　深圳：规模化发展绿色建筑领先示范 ······ 238
　　2.7　海绵城市建设实践 ······ 248
3　低碳生态城市实践经验与反思 ······ 257
　　3.1　经验总结 ······ 258
　　3.2　实践反思 ······ 259

第五篇　中国城市生态宜居指数（优地指数）报告（2016） ······ 263

1　背景：中国城市生态宜居发展指数 ······ 267
　　1.1　优地指数发展回顾 ······ 267
　　1.2　指标体系方法更新 ······ 268
　　1.3　优地指数评估应用方式 ······ 268

  1.4 城市群评估必要性及方法概述 ·· 269
2 评价：中国城市群的优地指数排名 ··· 270
  2.1 城市群分类及特点 ·· 270
  2.2 城市群生态建设排名结果 ··· 272
  2.3 中国城市群的工作重点比较 ·· 275
3 感知：公众可评价的生态宜居特征 ··· 281
  3.1 珠三角城市居民的感受差异 ·· 282
  3.2 居民幸福感受及居民关注重点 ··· 293
4 总结和建议 ·· 298

附录 ·· 299
 城市群的发展阶段与重要节点 ·· 301
 后记 ·· 303

Contents

Preface March Towards the "Deep Urbanization"
Introduction
Chapter Ⅰ Latest Development ··· 1
  1 Overview of China Low-carbon Eco-city Development Report 2015 ············ 5
    1.1 Background ··· 5
    1.2 Frame Structure ··· 5
    1.3 Main Points in "Report 2015" ······································ 5
    1.4 General Improvements in "2016 Report" ···························· 6
  2 International Progress of the Low-carbon Eco-city 2015～2016 ············· 8
    2.1 Macro Trends: To Contribute to Voluntary Emission Reduction ········· 8
    2.2 Policy Progresses: To Promote Low-carbon Development Mode ········ 13
    2.3 Practice Status: To Build Eco-city Brands ························· 15
  3 Domestic Developments of the Low-carbon Eco-city 2015～2016 ············ 20
    3.1 Policy Guideline: To Promote the Construction of Ecological Civilization ······ 20
    3.2 Academic Support: To Facilitate the Cooperation for a Mutual
        Advancement ·· 30
    3.3 Technological Upgrading: To Integrate all kinds of fields of the new-typed
        urbanization ·· 31
    3.4 Practical Exploration: To Implement a Rational Steady Growth ········· 34
  4 Challenges and Trends ··· 37
    4.1 Implementation Challenges ··· 37
    4.2 Development Trends ··· 38
Chapter Ⅱ Understanding and Thinking ································· 41
  1 Moving towards an "In-depth" Urbanization——One Respect and Five
    Co-ordinations ··· 45
    1.1 To Respect the Law of Urban Development-Theory, Experience and
        Problem Orientation ·· 46
    1.2 To Coordinate the Three Major Structures of Space, Scale and Sector to

    Improve the Overall Development of Urban Work ……………… 47
  1.3 To Coordinate the Three Major Steps of Planning, Construction and
    Management to Improve the Systematicness of Urban Work ……………… 48
  1.4 To Coordinate the Three Major Driving Forces of Reform, Science and
    Technology and Culture to Improve the Sustainability of Urban
    Development ……………………………………………………………… 48
  1.5 To Coordinate the Three Major Patterns of Production, Life and Ecology to
    Improve the Livability of Urban Development …………………………… 49
  1.6 To Coordinate the Three Major Bodies of Government, Society and
    Citizens to Improve their Activeness in Promoting Urban Development ……… 49
2 Development Path of the New-type Urbanization under the
  "New Normal" ……………………………………………………………… 50
  2.1 Problems to be Noticed in the Urbanization under the "New Normal" ……… 50
  2.2 Bottom Line to be Secured in the Urbanization under the "New Normal" …… 52
  2.3 In-depth Thoughts to be Explored in the Urbanization under the
    "New Normal" …………………………………………………………… 52
3 Synergetic Development of Low Carbon and Smartness …………………… 55
  3.1 Thoughts on Smart City Construction …………………………………… 55
  3.2 Targets of Smart City Construction ……………………………………… 56
  3.3 Contents of Smart City Construction …………………………………… 57
  3.4 Paths of Smart City Construction ………………………………………… 58

Chapter Ⅲ Methods and Techniques ……………………………………… 63
1 Resilient City: to Address Urban Challenges and Crises …………………… 67
  1.1 Definition and Characteristics of the Resilient City ……………………… 67
  1.2 Some Research Dynamics of the Resilient City …………………………… 71
  1.3 Status of the Resilient City Planning and Construction in the World ………… 75
  1.4 Research and Practice of the Resilient City Planning and Construction in
    China …………………………………………………………………… 83
  1.5 Outlook on the Resilient City Research and Practice ……………………… 86
2 Integrated Planning: Coordination of Green Infrastructure Planning and
  Traditional Planning Techniques …………………………………………… 88
  2.1 Concept Connotation and the Research Status …………………………… 88
  2.2 Scale and Composition of GI ……………………………………………… 91
  2.3 Path of Fusing GI and Traditional Planning Technology System …………… 93
  2.4 Case Study ……………………………………………………………… 95

  2.5 Conclusion ·· 99

3 Material and Energy Flow: To Seek the Way of Low-carbon Ecological Urbanization ·· 100
  3.1 Material Flow Analysis ··· 100
  3.2 Energy Flow Analysis ··· 105
  3.3 Study on the Paths of Low-carbon Ecological Urbanization ············ 110
  3.4 Conclusion ·· 111

4 Public Private Partnership Model (PPP): PPP for Public Infrastructure ··· 112
  4.1 PPP Model in A Good Momentum for the Development ················ 112
  4.2 Application of PPP Model in Public Infrastructure Facilities ············ 112
  4.3 Practice of PPP Model in Public Infrastructure ·························· 114
  4.4 Outlook ··· 116

5 Smart City: Comprehensive Perception, Information Sharing and Intelligent Solution ·· 117
  5.1 Energy Consumption Monitoring-to Establish the Implementing and Monitoring Platform ··· 117
  5.2 Smart Transportation-to Strengthen the Data Acquisition, Operation and Regulation, and Information Dissemination of Public Transportation ·········· 120

6 Humane Demands: Assessment on the Needs for Green Building Planning in Urban Community ··· 123
  6.1 Assessment on the Social and Humanistic Needs for Green Building Planning on Urban Community ··· 124
  6.2 Assessment Case of the Technological and Ecological Park of Shenzhen Bay ·· 131
  6.3 Assessment Case of the New Ecological City of Dachai Lake of Jingmen City ·· 135

7 The Index System: to Evaluate the Cities' Degree of Progress of Low-carbon Urban Construction ··· 139
  7.1 The Index System of the Ecological Urban Planning Guideline ············ 139
  7.2 GDP Accounting System of the Urban Ecological System (GEP) and its Application ·· 142

8 Economic Incentives: the Ideas of Traditional and Innovative Ideas ·········· 148
  8.1 Introduction to Low-carbon Eco-city Pilot Projects, Demonstration Projects and the Related Economic Incentives ··························· 148
  8.2 Conclusions and Recommendations of the Low-carbon Eco-city Economic

    Policy during the 12th Five-year-plan Period ··································· 161
  8.3 The Prospective of the Low-carbon Eco-city Economic Incentives
    during the 13th Five-year-plan Period ·································· 163
 9 Summary ··· 166

Chapter Ⅳ Practice and Exploration ··································· 173
 1 Practical Cases of the Green Ecological Demonstration City (District)
  Planning ·· 177
  1.1 Overview of the Green Ecological Demonstration City (District)
    Development ·· 177
  1.2 Focus Shifting to the Evaluation and Implementation ················ 179
  1.3 Practical Cases of the Green Ecological Demonstration City (District)
    Construction ·· 180
  1.4 Summary ·· 188
 2 Practical Cases of the Low-carbon Eco-city Project ······················ 190
  2.1 The Construction Practice of the Pilot City with Carbon Trading ············ 190
  2.2 The Construction Practice of the Low-carbon Ecological Village ············ 198
  2.3 The Practice of Urban Green Organic Updating ························ 206
  2.4 The Promotion of Local Green City ······································ 216
  2.5 International Cooperation Promoting Green Ecological Pilot Construction ··· 227
  2.6 The Scale Construction Practices of Green Building ······················· 238
  2.7 Practical Cases of Sponge City Construction Practice Cases ················ 248
 3 The Experience and Reflection of the Low-carbon Eco-city Construction ··· 257
  3.1 The Summary of the Low-carbon Eco-city Construction Practice ············ 258
  3.2 The Reflection of the Low-carbon Eco-city Construction ················· 259

**Chapter Ⅴ China's Urban Ecological Livable Development Index (UELDI)
    Report (2016)** ·· 263
 1 Background: China's Urban Ecological Livable Development Index ·········· 267
  1.1 Review on UELDI Development ··· 267
  1.2 Updates on the Index System Method ···································· 268
  1.3 Application for UELDI ·· 268
  1.4 Overview of the Necessity and Method of City Cluster Assessment ············ 269
 2 Evaluation: the UELDI Ranking of China's City Clusters ······················ 270
  2.1 Classification and Characteristics of City Cluster ······················ 270
  2.2 Ranking Results of the Ecological Construction of China's City Clusters ······ 272
  2.3 Comparison of the Key Work of China's City Clusters ······················ 275

  3 Perception: the Ecological Livability Features Accessible to the Public

    Evaluation ·· 281

    3.1 Different Feelings among the City Dwellers in the Pearl River Delta ·········· 282

    3.2 Residents' Happiness and Concerns ·· 293

  4 Conclusion and Advice ·· 298

Appendix ·· 299

  The Development Stage and Key Periods of the City Cluster ······················ 301

  Postscripts ·· 303

第一篇 最新进展

本篇为2016年度报告的开篇总述，主要综述2015~2016年度国内外低碳生态城市发展情况，期望通过对国内外新的政策、技术、实践以及大事件的总结，分析该领域年度相关行业获得的经验，探讨低碳生态城市未来的挑战与趋势，为中国的低碳生态城市发展提供全面清晰的思路。

2015年6月，中国向《联合国气候变化框架公约》秘书处提交《强化应对气候变化行动——中国国家自主贡献》文件，呈现出"负责任大国"的形象。中共十八届五中全会提出绿色发展理念，推动低碳循环发展，加快技术创新，加大环境治理，推动形成绿色发展方式和生活方式。2015年12月12日，近200个缔约方在巴黎气候变化大会上一致同意通过《巴黎协定》，为2020年后全球应对气候变化行动做出制度安排。《巴黎协定》共有29条，涵盖了目标、资金、技术、能力建设、透明度等项目，是继《京都议定书》之后应对气候变化最重要的国际协议。中国在推动国际社会共同应对气候变化方面的扎实行动和成效令世界瞩目，同时也释放出需要向低碳和气候适应型经济转型的强有力信号，通过在碳交易市场、清洁能源利用、绿色交通和资源化利用等方面进行实践，打造城市品牌，实现可持续发展目标。

在"十三五"与中央城市工作会议的开局之年，中国在城市发展规划中添加创新、协调、绿色、开放、共享发展理念的指标，探索从城市的宜居性、城乡的和谐度、居民的幸福感上体现城镇化质量的评估方式，实现深度"人的城镇化"。各级政府与社会组织在低碳生态城市建设中的政策辅助、技术支撑以及实践引导等方面，均做出了努力。

第一篇总结了低碳生态城市的国际动态。从宏观态势上看，各国贡献自主减排，以政策进展积极推动低碳发展，在实践动态中打造城市品牌。而国内的低碳生态城市建设则更加注重理性的思考和发展，并在国家示范试点激励的基础上，结合各自城市的特点，因地制宜地提出建设目标，从人居环境奖、宜居村镇，到生态文明先行示范区和海绵城市示范等，从微观、中观、宏观尺度上积极地探索和实践低碳生态城市的建设和发展。

最新进展既是对前一年的总结，也是对第二年的展望：将低碳生态城市建设这一共识付诸行动，把握好生产空间、生活空间、生态空间的内在联系，实现生产空间集约高效、生活空间宜居适度、生态空间山清水秀。该目标的实现需要各级政府和民众共同参与的政治智慧与决心。

Chapter I Latest Development

As the opening of "China's Low-carbon Eco-city Development Annual Report (2016)", this chapter mainly surveys the domestic and international low-carbon eco-city development from 2015 to 2016 and aims to analyze the experience in the field of the related industries annually, explore its future trends and challenges and provide a comprehensive and clear thinking for Chinese low-carbon eco-city development by virtue of a summary of the new policy, technology, practice and major events at home and abroad.

In June 2015, China submitted the document of "Enhanced Action on Climate Change-China's National Voluntary Contribution" to the Secretariat of "the United Nations Framework Convention on Climate Change", showing the image of "a responsible great country". The Fifth Plenary Session of 18th CCP Central Committee proposed the concept of green development and required the promotion of the low-carbon cyclic growth, the acceleration of the technological innovation, the improvement of the environment and the formation of green development and lifestyle. On December 12, 2015, nearly 200 Parties agreed to adopt the "Paris Agreement" at the UN Climate Change Conference in Paris as the institutional arrangement for the post-2020 global action on combating climate change. "Paris Agreement" with a total of 29 articles covering the objective, capital, technology, capacity building, transparency and other projects is the most important international agreement to tackle climate change after the "Kyoto Protocol". China's solid action and performance in promoting the international efforts to tackle climate change has drawn worldwide attention, released a strong signal of its transformation towards a low-carbon and climate-catering economy and made a positive exploration in the aspects of carbon trading market, clean energy consumption, green transport and resourced utilization.

Being the first year of "13th Five-year Plan" and the Central Urban Work Conference, this year's urban development plan takes extra efforts on highlighting these prominent aspects: adopting the indexes clearly reflecting the concepts of the innovative, coordinative, green, open and shared development and exploring the way to enhance the urbanization quality and achieve the in-depth "human urbanization in terms of the habitability of the city, the harmony between the urban and rural areas and the happiness of the residents." The governments at all levels have made great efforts in policy assistance, technical support and practice guidance of the low-carbon eco-city construction.

The first chapter summarizes the international low-carbon eco-city status including the target of the voluntary reduction contribution from the perspective of macro trends, the advocacy for low-carbon development in the policy-making progress and the building of the city brand in dynamic practice. The following features can be concluded from the development of domestic low-carbon eco-city: the promotion of ecological civilization in policy guideline, the cooperation of various professions in academic support, the implementation of affordable technologies suitable to local conditions at the technical level and the penetration on a rational principle in steady practice.

The latest developments is both a summary of last year and an open outlook into the second year. Progress enforcing the consensus of constructing the low-carbon eco-city requires the political wisdom and resolution in which the governments at various levels and the general public shall all participate.

1 《中国低碳生态城市发展报告 2015》概览
1 Overview of China Low-carbon Eco-city Development Report 2015

1.1 编 制 背 景

在中国城市科学研究会的统筹和指导下,中国城市科学研究会生态城市研究专业委员会已经连续六年组织编写了《中国低碳生态城市发展报告 2010》、《中国低碳生态城市发展报告 2011》、《中国低碳生态城市发展报告 2012》、《中国低碳生态城市发展报告 2013》、《中国低碳生态城市发展报告 2014》和《中国低碳生态城市发展报告 2015》(以下简称《报告 2015》),对我国低碳生态城市的理论、技术和实践现状进行年度总结与阐述。

1.2 框 架 结 构

主体框架延续了历年《中国低碳生态城市发展报告》的主体框架,即:最新进展、认识与思考、方法与技术、实践与探索,以及中国城市生态宜居发展指数(优地指数)报告,共五大部分。在附录中,《报告 2015》增加了附录 2 的 2014 年度热词索引,包括两会政府工作报告以及其他重要政策、事件中的热词,呈现出中国低碳生态发展的态势。

1.3 《报告 2015》主要观点

(1) 最新进展

主要阐述 2014~2015 年度国内外低碳生态城市发展情况,期望通过对新政策、技术、实践以及事件的总结,分析该领域 2014~2015 年度各行业获得的经验与教训,为进一步发展提供全面清晰的思路。

(2) 认识与思考

主要从方法论的高度对低碳生态城市进行梳理,从三看城镇化的历程,剖析生态城市路径的选择、一带一路的机遇与挑战、城市规划转型、城乡融合到三思生态文明语境下的低碳生态城市发展模式，展现中国特色新型城镇化的深化和传承，注重从具体工程实践和落地的层面思考。

（3）方法与技术

方法与技术篇与往年不同，将方法和具体技术放在一起呈现，通过技术集成与案例应用，提高方法技术的适用性，全面把握低碳核心技术及应用。

（4）实践与探索

持续跟踪首批获得财政部和住建部激励机制的8个绿色生态示范城市（区）的低碳生态城市总体建设与技术政策的年度进展，以及11个新申请的绿色生态示范区规划案例，全面展现绿色生态城区如何有序地推进低碳生态城市建设。除对2014年内省市碳交易的情况、宜居小镇、宜居村庄和宜居小区等示范区进行案例研究以外，重点从新规划体制下，对"多规合一"、"三生合一"、"功能复合"等规划实践，可推广借鉴的技术案例以及园区建设管控策略实践等案例介绍，全面展示低碳生态城市建设实践中的探索和创新。同时，在低碳生态城市建设进程中对生态环境、经济、产业进行反思，促进低碳生态城市的健康发展。

（5）中国城市生态宜居发展指数（优地指数）报告

自2011年生态委在扬州规划大会上发布了城市生态宜居发展指数（UELDI，简称优地指数）后，其评估结果受到越来越多的媒体与公众关注。2015年优地指数完成了第一个五年的阶段性评估工作，跟踪分析了不同类型城市的演化路径，揭示中国城市生态宜居水平与建设力度的时空变化趋势，初步呈现出中国城市近五年的生态宜居发展规律，为中国城市的生态宜居建设提供了科学的参考信息。

1.4 《报告2016》总结改善

年度报告的主要意义在于总结经验与推广实践，注重以年度事件为抓手，通过数据的收集与分析，把握低碳生态城市建设的最新动态，为读者提供最前沿的信息与理念。同时，编制组关注各方对报告提出的中肯意见与建议，每年在既定内容的基础上，力图有新的视角和创新的观点。《中国低碳生态城市发展报告2016》（以下简称《报告2016》）主要内容框架如下：

（1）框架延续

《报告2016》继续采用与去年相同的主体结构框架，主体结构通过最新进展、认识与思考、方法与技术、实践与探索、优地指数报告对2015年度的情况分别予以描述，持续关注我国城市在低碳生态建设与发展方面的路径与成效。

（2）认识与技术

认识与思考篇主要通过迈向"深度"城镇化的过程，围绕"一个尊重，五个统筹",系统梳理中国低碳生态城市的发展路径;通过对"新常态"下城镇化须防的问题和坚守底线的分析,深入思考"新常态"下新型城镇化发展方向;最后,寻求低碳与智慧协同发展,找到智慧城市发展的方向。方法与技术篇与往年不同,更加着重集成理念和技术的分析与应用。

(3) 典型城市实践

实践与探索篇持续跟踪 8 个绿色生态示范城市（区）中重点城市的年度进展,以及 2015 年内省市碳交易的情况、宜居小镇、宜居村庄和宜居小区等示范区的案例研究,重点介绍了一些绿色有机更新实践和国际合作推进的绿色生态试点案例,增加了海绵城市建设实践案例,全面展示在低碳生态城市建设实践中的探索和创新。同时,通过经验总结与反思,为我国城市创新实践提供重要的现实指导意义。

(4) 优地指数新进展

自 2011 年发布至今,优地指数已连续应用评估六年,2016 年度的优地指数研究区别往年,以城市群为单位进行研究分析,通过对拥有不同区位、具有不同发展侧重、在生态宜居方面受到各自禀赋影响的城市群进行整体分析,着重对各城市群之间的经济发展、城镇化水平、资源与能源利用效率及生态建设等相关指标进行全面深入的分析与评估。对比 2013～2016 年的研究结果可以发现,被评城市群已经逐步呈现出城市宜居发展的规律（详见第五篇中国城市生态宜居发展指数）。

2 2015～2016 低碳生态城市国际动态
2 International Progress of the Low-carbon Eco-city 2015～2016

随着全球气候变暖和生态环境问题的日益突出，人居环境与自然环境协调发展成为世界各国普遍关注的焦点问题。低碳、生态、绿色发展是解决资源能源危机、缓解生态环境恶化、应对气候变化等问题的重要途径，目前已连续成为大多数欧美国家城市建设和城市更新的最重要的基本准则，并通过不同语汇演变为如新城市主义、景观都市主义、生态弹性城市、共生城市等理论体系指导城市规划建设。节能减排、生态低碳的发展模式日益成为世界各国城市发展的共识与主流趋势。

2.1 宏观态势：贡献自主减排

2015 年 12 月，第 21 届联合国气候变化大会（《联合国气候变化框架公约》第 21 次缔约方大会暨《京都议定书》第 11 次缔约方大会）在巴黎举行（图 1-2-1）。大会目的是促使 196 个缔约方（195 个国家＋欧盟）形成统一意见，达成一项普遍适用的协议，并于 2020 年开始付诸实施。有 184 个国家提交了应对气候变化的"国家自主贡献"文件，涵盖全球碳排放量的 97.9%。会上同意通过了《巴黎协定》，它是一项具有法律约束力的国际条约，是自 1992 年达成《联合国气候变化框架公约》、1997 年达成《京都议定书》以来，人类历史上应对气候变化的第三

图 1-2-1 第 21 届联合国气候变化大会

个里程碑式的国际法律文本，为2020年后全球应对气候变化行动作出安排。

《巴黎协定》的前2/3是《决议》，包括了协议的许多技术细节，以及不需要各国国会通过的部分；后1/3是正式的巴黎协定，共29条，包括目标、减缓、适应、损失损害、资金、技术、能力建设、透明度、全球盘点等内容。协议中的重要亮点："把全球平均气温升幅控制在2℃之内"，并"努力控制在1.5℃之内"；从2023年开始，每5年将对全球行动总体进展进行一次盘点，以帮助各国提高力度、加强国际合作，实现全球应对气候变化的长期目标。

2.1.1 世界各国自主减排贡献方案

全球184个国家提交了自主贡献减排方案，约占全球碳排放总量的97.9%。由4家气候研究所联手进行的"气候行动追踪"项目指出，目前的减排承诺若能兑现，各国可在21世纪末将全球平均温升控制在2.7℃以内。

（1）美国：减排计划规模空前❶

2015年8月，美国公布了《清洁电力计划》，首次对发电企业碳排放作出限制，要求发电企业到2030年将碳排放量在2005年的基础上减少32%。

同时，美国还向联合国递交了根据《中美气候变化联合声明》制定的减排计划，包括电力等能源行业减排温室气体30%；提升中型及重型卡车燃油性能和排放标准；到2030年实现累计减排30亿吨CO_2。

（2）英国：承诺2050年实现减少80%的二氧化碳排放❷

英国作为低碳经济和新能源的主要倡导者，提出将在2050年实现减少80%的二氧化碳排放。将从2023年开始限制燃煤电站的使用，到2025年关闭英国所有仍在运行的燃煤电站，同时大力发展天然气、风电和核电站。

（3）澳大利亚：承诺2050年前温室气体减排60%❸

2015年12月12日，澳大利亚承诺2050年前将温室气体排放量从2000年的水平减少60%。为了实现有关减排目标，澳大利亚将实施一项全面的排放交易计划。同时，澳大利亚将在研发方面大力投资，以取得建设环保型社会所需的技术。

（4）加拿大：承诺温室气体减排新目标❹

加拿大环境部4月公布报告显示，在2012～2013年间，加拿大温室气体排放上升到726兆吨，连续第4个年度增长，使先前承诺到2020年温室气体排放比2005年降低17%的计划，越来越难实现。

---

❶ http://difang.gmw.cn/newspaper/2015-08/04/content_108324420.htm
❷ http://news.ifeng.com/a/20151120/46321700_0.shtml
❸ http://tech.gmw.cn/2015-11-27/content_17884587.htm
❹ http://world.people.com.cn/n/2015/0516/c157278-27009796.html

2015年5月15日,加拿大就削减温室气体排放作出新承诺,到2030年,加拿大温室气体排放量将比2005年下降30%。安大略省是加拿大首个设立中期目标的省份,于2015年5月14日率先公布中期减排目标,即到2030年,温室气体排放量将削减至1990年的37%。

(5) 中国:二氧化碳排放2030年左右达到峰值❶

2015年6月,中国政府如期向联合国提交了《强化应对气候发化行动——中国国家自主贡献》,正式确定了2020年和2030年的行动目标。2020年的目标是单位国内生产总值二氧化碳排放比2005年下降40%～45%,非化石能源占一次能源消费比重达15%左右,森林面积比2005年增加4000万公顷,森林蓄积量比2005年增加13亿立方米;2030年行动目标是二氧化碳排放2030年左右达到峰值并争取尽早达峰,单位国内生产总值二氧化碳排放比2005年下降60%～65%,非化石能源占一次能源消费比重达20%左右,森林蓄积量比2005年增加45亿立方米左右。同时,中国还将气候变化的行动列入"十三五"发展规划中❷。

(6) 日本:制订2030年温室气体排放新目标❸

日本政府于2015年7月17日举行了"全球气候变暖对策推进本部"会议,正式确定了日本2030年温室气体排放量比2013年削减26%的新目标。与作为《京都议定书》减排基准年的1990年相比,新减排目标仅相当于减排18%。日本环境省于2015年11月26日宣布,2014年度日本温室气体排放量为13.65亿吨,比上一年度减少3.0%。

(7) 沙特:每年削减1.3亿吨二氧化碳排放量❹

2015年11月10日,沙特表示,到2030年,每年将削减1.3亿吨二氧化碳排放量,计划将石油出口收入投向低排放行业,如金融、医疗、旅游、教育、可再生能源和能效技术等领域。据估计,沙特每年排放5.27亿吨二氧化碳,相当于全球总量的1.22%。

(8) 印度:2030年前减排温室气体约33%～35%❺

2015年10月2日,印度政府在其发布的《印度决心作出的贡献》文件中,提出印度将在15年内减少33%～35%的温室气体排放量。这一减排计划的制定着眼于2015年年底在法国巴黎举行的气候变化大会,以实现联合国应对全球气候变化的目标和可持续发展,同时印度将设立基金以应对本国的气候变化。

---

❶ http://scitech.people.com.cn/n/2015/0701/c1007-27234301.html
❷ http://opinion.people.com.cn/n/2015/1201/c1003-27877706.html
❸ http://tech.gmw.cn/2015-11/27/content_17884940.htm
❹ http://paper.people.com.cn/zgnyb/html/2015-11/16/content_1634141.htm
❺ http://www.ideacarbon.org/archives/28381

2.1.2 国际组织持续推动可持续发展

（1）联合国：可持续发展17大目标

2015年9月25日，"联合国可持续发展峰会"在纽约联合国总部开幕（图1-2-2），共有150多位国家元首和政府首脑出席。会议正式通过了由193个会员国共同签署的成果性文件，即《2030年可持续发展议程》，系统规划了今后15年世界可持续发展的蓝图，设立了17大目标，169项子目标，涵盖经济、社会、环境等诸多领域。可持续发展目标旨在从2015年到2030年间以综合方式彻底解决社会、经济和环境三个维度的发展问题，转向可持续发展道路。

图1-2-2 联合国可持续发展峰会

这17个目标（图1-2-3）包括：在世界各地消除一切形式的贫穷；消除饥

图1-2-3 《2030年可持续发展议程》提出17大目标

（图片来源：http://www.cbcsd.org.cn/kcxfz/20151014/84101.shtml）

饿、实现粮食安全、改善营养和促进可持续农业；确保健康的生活方式、促进各年龄段所有人的福祉；确保包容和公平的优质教育，促进全民享有终身学习机会；实现性别平等，增强所有妇女和女童的权利；确保为所有人提供可持续水源和环境卫生；确保人人获得可负担、可靠和可持续的现代能源；促进持久、包容和可持续经济增长、促进实现充分的生产就业机会；建设有复原力的基础设施、积极推动创新、促进包容性的可持续的产业发展；减少国家内部和国家之间的不平等；建设具有包容性、安全、有复原力和可持续的城市与人类住区；确保可持续的消费和生产模式；采取紧急行动应对气候变化及其影响；保护海洋、可持续利用海洋资源，促进海洋的可持续发展；保护恢复陆地生态系统、防治荒漠化、制止和扭转土地退化、遏制生物多样性的丧失，促进可持续利用；促进有利于可持续发展的和平与包容的社会，为所有人提供诉诸司法的机会、在各级建立有效、负责和包容性机构；加强实施手段、重振可持续发展的全球伙伴关系。

其中发展目标11是建设具有包容性、安全、有复原力和可持续的城市和人类住区。目标提出：

● 到2030年，在所有国家促进包容和可持续的城市化，并加强具有参与性、综合和可持续的人类住区规划与管理。

● 到2030年，减少每个人对城市环境造成的负面影响，特别关注空气质量、城市废物和其他废物管理。

● 到2030年，普遍提供安全、包容性、无障碍和绿色的公共空间，尤其供妇女、儿童、老年人和残疾人享用。

● 加强国家和区域发展规划，支持城市、近郊区和农村地区之间积极的经济、社会和环境联系。

● 通过财政和技术援助等方式，支持最不发达国家就地取材建造可持续的抗灾建筑。

(2) 联合国经济和社会理事会：支持欧洲区域可持续发展❶

2015年4月13日，联合国经济和社会理事会（ESC）讨论并签署了《欧洲经济委员会区域2015后发展议程和预期可持续发展目标的高级别声明》。声明中提出：增加连通性，欧洲经济委员会（ECE）将加强落实联合国58号陆地运输局协议，提升能源效率，建立智能交通系统；加强生态系统和自然资源的可持续管理，贯彻落实ECE的5项多边环境公约和12项协议，提升在空气污染治理、跨界水资源保护和利用、环境影响评估等方面能力；支持可持续能源和弹性社区的建设，通过相应的能源标准和ECE等国际资源分类，提高可再生能源的能源效率；建设可持续发展测量和监控系统，通过大数据和先进测量方法建设一个超

---

❶ http://www.gdlcs.org/gdlcs/internationalInformation/1021.jhtml

过20个统计标准的监测系统。利用欧洲统计标准和国家统计办公室发布的分析数据，包括衡量贫困、人口变化情况和性别平等问题的方法来测量可持续发展情况。

(3) 亚太经济合作组织：推动城市可持续发展❶

2015年7月16日，亚太经济合作组织（APEC）成员国能源部门官员召开会议，致力于削弱快速城市化带来的环境影响，减轻不断升级的能源安全威胁及对经济增长的影响，以促亚太地区城市可持续发展。针对目前可再生能源在能源结构中的占比为10%的现状，APEC官员正在共同开发、测试以及部署新技术和新方法，以期在2030年前将可再生能源的比重翻一番。并拟通过提高能源效率在2035年前将能源强度降低45%，同时减少碳排放。APEC能源智能社区同时倡议，推动下一代交通、建筑、电网发展，促进绿色产业、就业、公共消费发展，包括促进更多高效、复原力强的能源基础设施引入，加强整合可再生能源资源，努力适应大规模插电式电动车的应用，采用节能的高绝缘窗户和热偏转建材等措施。

(4) 国际能源署：实现全球温室气体提早达到峰值措施❷

2015年6月15日，国际能源署（IEA）发布《能源和气候变化——全球能源展望特别报告》，首次对各国已提交的气候承诺和意向及其对能源部门的影响作出评估。按照现有减排路线，全球温度在2100年将可能上升2.6℃，北半球部分国家甚至将可能上升4.3℃，达不到21世纪末2℃的温控目标。

IEA提出四项全球措施，包括设定温室气体排放峰值目标和条件；国家气候目标每5年进行评估和调整；锁定长期排放目标；对能源部门的减排措施和成就进行追踪记录等。同时为了实现全球温室气体提早达到峰值的目标，该报告建议各国尽快采取五个关键措施：在工业、建筑和运输部门提高能源效率；减少低效燃煤发电站，并停止相关的新增设施建设；对可再生能源发电技术的投资由2014年的2700亿美元提高至2030年的4000亿美元；到2030年逐步淘汰对于终端用户的化石燃料补贴；减少石油和天然气生产中的甲烷排放。

2.2 政策进展：推动低碳发展

美国、加拿大以及英国等欧美一些国家，都在低碳节能、人居环境方面制定政策法规，并在可再生能源，如风能、清洁能源的推广方面做出巨大贡献，同时积极开展智能城市应用、碳交易市场改革等措施，推动世界绿色、低碳发展。

---

❶ http://afdc.mof.gov.cn/pdlb/dbjgzz/201507/t20150722_1344632.html
❷ http://www.nandudu.com/article/14394

2.2.1 欧盟：提前两年实施碳交易市场改革

2015年5月，欧洲议会、欧盟委员会和欧洲理事会达成协议，将于2019年1月启动欧洲碳市场稳定储备机制，这意味着欧洲将提前两年实现碳交易市场改革。企业应当把减排"落实到行动中"，在中国等大国已经引入碳排放价格机制的情况下，欧洲同样应该建立一个足以让价格指标影响企业行为的碳交易市场。欧盟启动碳市场稳定储备机制意在调节市场上碳排放配额的数量，稳定碳排放指标的价格，防止企业因可以购买大量低廉的碳排放指标而导致减排动力不足。

2.2.2 联合国人居署：城市与国土规划国际指南

2015年9月，联合国人居署（UN-Habitat）发布《城市与国土规划国际指南》❶（International Guidelines on Urban and Territorial Planning），指南旨在实现以下四个目标：制定一个普遍适用的参考框架，以指导城市政策改革；遵循来自国家和地方经验的普遍原则，以支持不同规划方法对不同背景和尺度的适应发展；与其他国际指南互补和衔接，旨在促进可持续城市发展；提升国家、地区和地方政府的城市与国土各维度的发展动力。

2.2.3 欧美地区：低于2℃谅解备忘录

2015年5月，美国与欧美地区其他11个州和省的领导人共同签署了《低于2℃谅解备忘录》，旨在将全球平均温度升幅限制在2℃以内。签署该备忘录的12个创始成员来自三个洲的7个发达和发展中国家，包括美国、加拿大、英国等。根据协议内容，在2050年前，签署各方应将其温室气体排放水平在1990年基础上削减80%~95%，或者将人均年排放降至两吨以下；同意合作推广零排放车辆；共享技术、研究成果以及节能和可再生能源领域的最佳实践成果；对温室气体排放进行统一的监测和报告；减少甲烷等温室气体；评估气候变化对社区的预期影响。

2.2.4 美国：清洁能源计划和智能城市应用

2015年8月，美国总统宣布"终极版"减排计划——《清洁能源计划》❷，对美国温室气体排放施加更严格的限制，是美国应对气候变化迈出的重要一步。计划提出2030年全美发电厂的碳排放量比2005年下降32%的目标。这一目标比2014年提出的30%目标又多了2个百分点。美国将消除8.7亿吨二氧化碳大气

---

❶ http://www.gdadri.com/news/view/2027.html
❷ http://www.chinanews.com/gj/2015/08-04/7445242.shtml

污染，相当于 1.66 亿辆车停驶。加大对清洁能源的投资，到 2030 年，清洁能源的比例目标将提高到 28％，每户美国家庭的年均能源账单将降低 85 美元。政府还将采取激励制度，对提前达到再生能源部署标准以及低耗能源标准的州给予奖励。

2015 年 9 月，美国政府宣布将向新"智能城市"项目投资逾 1.6 亿美元❶，目标在于帮助社区解决一系列问题，例如降低交通拥堵、促进经济增长、控制气候变化的影响以及改善城市的服务水平。其中，美国国家科学基金会将提供逾 3500 万美元资金，美国国家标准和技术研究所将投资逾 1000 万美元帮助建立研发基础架构，白宫宣布将支出近 7000 万美元，美国国土安全部、交通部、能源部、商务部以及环境保护署将按原定计划投入逾 4500 万美元用于研发针对安全、能源、气候应对、交通以及健康等方面的解决方案。超过 20 座城市将参与到主要的多城市合作中，届时城市的领导者将与大学和企业紧密合作来提出针对上述挑战的解决方案。

2.3 实践动态：打造城市品牌

美国洛杉矶、纽约、澳洲阿德莱德以及欧洲很多城市，如挪威、法国、哥本哈根等，都已成功地开展了生态城市规划计划及专项的建设，在垃圾处理、绿色交通、可再生能源等方面进行了积极的实践探索，并制定了在宏观尺度上建设可持续城市和零碳城市的计划，给中国生态低碳城市建设提供了重要的借鉴。

2.3.1 美国洛杉矶：可持续城市计划❷

2015 年 4 月，洛杉矶公布了首个可持续城市计划。计划中首次承诺洛杉矶港的货运将实现零排放，到 2050 年将温室气体排放削减 80％以及人均车辆行驶里程减少。这一计划包括到 2017 年的短期目标，以及到 2025 年和 2035 年的长期目标。如果这些目标能够实现，洛杉矶市将在电动汽车基础设施、太阳能、节约用水和绿色就业等方面达到美国领先水平（图 1-2-4）。该计划后签署了一项行政命令，将其正式纳

图 1-2-4　世博专线轻轨线

---

❶ http://www.chinagb.net/news/bxjn/20150915/113569.shtml
❷ http://env.people.com.cn/n/2015/0419/c1010-26867188.html

入城市管理,还任命了多个部门的首席可持续发展官。该计划获得了环保团体和市民的广泛支持。

2.3.2 美国纽约:"零垃圾"计划❶

2015年4月,纽约市宣布实施"零垃圾"计划(图1-2-5),定下到2030年垃圾量减少300万吨以上的目标。这一计划包括改进纽约垃圾循环再利用项目,鼓励减少垃圾排放,以及大幅减少使用塑料袋。

图1-2-5 "零垃圾"计划受到大学生的广泛支持

"零垃圾"计划的关键一环是简化垃圾循环再利用的过程。纽约居民住宅现配有两个再循环垃圾桶,市政府计划到2020年将其简化为一个桶。另外,从住户直接收集不可再循环垃圾的项目到2015年年底惠及20万居民,纽约市政府希望,该项目到2018年将服务全市每家住户。食物残渣、庭院垃圾等有机垃圾均难以循环再利用,占纽约居民垃圾的31%。新计划实现后,纽约的垃圾外输将几乎全部消失。

2.3.3 澳洲阿德莱德:打造零碳城市❷

2015年9月,南澳大利亚州政府设定了吸引100亿美元低碳投资的目标,意在助力澳洲经济实现去碳化,将阿德莱德市(图1-2-6)打造成二氧化碳净排放量为零的碳中和城市。此外,墨尔本和温哥华也希望在2020年前实现同一目标,哥本哈根则希望在2025年前实现零碳。

阿德莱德市将把减排重点放在运输和建筑方面,例如为希望节能的房地产所有者提供帮助或安装太阳能板。同时,当地还将尝试推出无人驾驶车辆,废物处理和再生系统的改善也在计划之列。

2.3.4 挪威奥斯陆:2019年前市中心全面禁私家车❸

2015年10月,为降低温室气体排放量,实现到2020年温室气体排放量相比

---

❶ http://world.people.com.cn/n/2015/0423/c157278-26891993.html
❷ http://www.weather.com.cn/climate/2015/09/qhbhyw/2394312.shtml
❸ http://www.ideacarbon.org/archives/28833

图 1-2-6 阿德莱德市远眺图

(图片来源：http://www.chinadaily.com.cn/micro-reading/dzh/2015-09-22/)

1990年减少50%的目标❶，挪威首都奥斯陆市出台新政，于2019年前全面禁止私家车进入市中心，并成为第一个全面并长期禁止私家车在市中心通行的欧洲首都城市。针对禁车后的出行问题，奥斯陆市政府提出一系列应对措施，保证禁车后的市中心交通依然便利：一是大幅增加公交设施投入，改善公共交通系统；二是将在2019年前修建总长超过60公里的自行车道（图1-2-7）；三是对购买电动自行车者提供补贴。目标是在2019年将全市机动车流量降低20%。届时，公交车和有轨电车还将继续在该市中心通行。目前，当地政府正在就该计划征询各方

图 1-2-7 奥斯陆市中心的自行车道因交通拥堵已经被严重占用

(图片来源：http://auto.qq.com/a/20151020/018329.htm)

---

❶ http://www.cbnweek.com/v/article?id=20866

2.3.5 丹麦哥本哈根：自行车专用道倡导低碳出行❶

丹麦政府的交通发展策略是经济和交通的增长要以环保为前提，保护自然、降低交通噪声及应对气候变化拥有更高的优先级。为了鼓励人们骑自行车出行，实现到2025年使哥本哈根成为世界上第一个零碳排放城市的宏伟目标，政府加大了自行车的推广力度，倡导绿色交通，鼓励居民更多地使用公共交通工具和自行车。

其首都哥本哈根人口67.2万，自行车却超过100万辆，被国际自行车联盟授予世界上唯一一座"自行车城"的称号。哥本哈根市区第一条自行车道始建成于1920年，如今已拥有超过510km的自行车专用道（图1-2-8），分为两种：一种独立设置，路面铺有蓝色塑胶，没有机动车和红绿灯的干扰；另一种与机动车道伴行，但和机动车道与人行道从高度上依次分开，保证了相对独立，互不干扰。

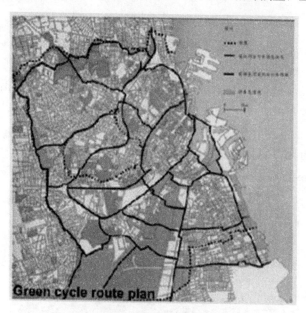

图1-2-8 哥本哈根城市自行车道路规划

2.3.6 法国：建造太阳能公路❷

未来5年，法国将建造总长1000km的"太阳能公路"，利用太阳能为城市

---

❶ http://energy.people.com.cn/dt/n/2015/0410/c191523-26825938.html
❷ http://world.people.com.cn/n1/2016/0126/c1002-28084111.html

提供电力（图1-2-9）。

"太阳能公路"是一种新型公路，它并不需要将原有的公路重建，而只要把一块块非常薄的太阳能板像地砖一样铺在道路表面，并在上层加盖由树脂材料制成的高强度透明板以抵抗车辆行驶带来的压力。它可以将太阳能转化为电能，再将电能由隐藏在地下的蓄电装置输送到城市电网。据法国环境与能源控制署计算，长度为1km的"太阳能公路"能支持一个拥有5000居民的小城镇日常公共照明用电。除此之外，"太阳能公路"还能够为交通信号灯、电动汽车充电桩、居民家庭用电等方面输送电力。

图1-2-9　太阳能公路测试

（图片来源：http://digi.tech.qq.com/a/20160207/007280.htm）

2016年1月，法国"太阳能公路"计划的招标工作已经启动，相关技术测试开始进行。法国从事交通基础设施建设的公司对其开发的"太阳能公路"进行了测试，在100万次车辆通行后也未见损坏。有数据显示，法国27%的温室气体排放来自交通领域，交通已成为该国最重要的空气污染来源。"太阳能公路"的建造将在不占用额外空间的前提下把公路这一排放污染物的重要场所"变身"为清洁可再生能源的生产基地。

3 2015～2016年度中国低碳生态城市发展
3 Domestic Developments of the Low-carbon Eco-city 2015～2016

中央城市工作会议提出，我国城市发展已经进入新的发展时期。改革开放以来，我国经历了世界历史上规模最大、速度最快的城镇化进程，城市发展波澜壮阔，取得了举世瞩目的成就。城市作为我国经济、政治、文化、社会等方面活动的中心，不仅带动了整个经济社会发展，也成了现代化建设的重要引擎。城市发展要把握好生产空间、生活空间、生态空间的内在联系，实现生产空间集约高效、生活空间宜居适度、生态空间山清水秀。要增强城市内部布局的合理性，提升城市的通透性和微循环能力。要强化尊重自然、传承历史、绿色低碳等理念，将环境容量和城市综合承载能力作为确定城市定位和规模的基本依据。城市建设要以自然为美，把好山好水好风光融入城市。要大力开展生态修复，让城市再现绿水青山。要控制城市开发强度，划定水体保护线、绿地系统线、基础设施建设控制线、历史文化保护线、永久基本农田和生态保护红线，防止"摊大饼"式扩张，推动形成绿色低碳的生产生活方式和城市建设运营模式。要坚持集约发展，树立"精明增长"、"紧凑城市"理念，科学划定城市开发边界，推动城市发展由外延扩张式向内涵提升式转变。城市交通、能源、供排水、供热、污水、垃圾处理等基础设施要按照绿色循环低碳的理念进行规划建设。

3.1 政策指引：推进生态文明建设

2015年是"十二五"规划和"十三五"规划承上启下的重要一年，国家从推进生态文明建设到"十三五"规划，到中央城市工作会议，都对中国的低碳、生态、绿色城市的发展提出了新的规划和要求。"十三五"规划纲要把建设和谐宜居城市作为重要内容，提出推动城市现代化建设的具体举措，和中央城市工作会议一起为我国城市发展指明了方向。在绿色发展已经写进中国国策的大背景下，相关部门将进一步突出财政资金支持重点，绿色建筑等环保产业将进入政策红利期。

3.1.1 国家层面：勾画中国城市发展的"路线图"

（1）两会：创新、协调、绿色、开放、共享

2016年全国两会的主要议题之一是审查和批准"十三五"规划纲要,明确了今后五年经济社会发展的主要目标任务,提出了一系列支撑发展的重大政策、重大工程和重大项目,提出了推动形成绿色生产生活方式,加快改善生态环境的目标,坚持在发展中保护、在保护中发展,持续推进生态文明建设;深入实施大气、水、土壤污染防治行动计划,划定生态空间保护红线,推进山水林田湖生态工程,加强生态保护和修复;提出了未来五年的目标,即单位国内生产总值用水量、能耗、二氧化碳排放量分别下降23%、15%、18%,森林覆盖率达到23.04%,能源资源开发利用效率大幅提高,生态环境质量总体改善,地级及以上城市空气质量优良天数比率超过80%,建设天蓝、地绿、水清的美丽中国。

为了实现以上的目标,两会制定了2016年的重点工作安排,深入推进新型城镇化,加强城市规划建设管理,促进"多规合一";开工建设城市地下综合管廊2000公里以上;积极推广绿色建筑和建材;推进城市管理体制创新,打造智慧城市,完善公共交通网络,治理交通拥堵等突出问题,改善人居环境,使人民群众生活得更安心、更省心、更舒心;同时加大环境治理力度,推动绿色发展取得新突破,加强大气雾霾和水污染治理和生态安全屏障建设。

(2)国务院加快推进生态文明建设

2015年4月25日,国务院发布《关于加快推进生态文明建设的意见》(以下简称"《意见》"),《意见》共有9部分35条,主要内容是"五位一体、五个坚持、四项任务、四项保障机制",强调把生态文明建设放在突出的战略位置,融入经济建设、政治建设、文化建设、社会建设各方面和全过程,协同推进新型工业化、信息化、城镇化、农业现代化和绿色化。这是我国首部就生态文明建设进行专题部署的文件。其中最突出的两个亮点:一是贯穿了绿水青山就是金山银山的理念,二是体现了人人都是生态文明建设者的理念。

《意见》提出了生态文明建设的总体思路:坚持节约资源和保护环境的基本国策,把生态文明建设放在突出的战略位置;坚持把节约优先、保护优先、自然恢复为主作为基本方针;坚持把绿色发展、循环发展、低碳发展作为基本途径。《意见》还提出了定量目标和定性的要求:单位国内生产总值(GDP)二氧化碳排放强度比2005年下降40%~45%,森林覆盖率达到23%以上,草原综合植被覆盖度达到56%,湿地面积不低于8亿亩,50%以上可治理沙化土地得到治理,自然岸线保有率不低于35%;国土空间开发格局进一步优化;能源消耗强度持续下降;生态环境质量总体改善,大气环境质量、重点流域和近岸海域水环境质量得到改善,土壤环境质量总体保持稳定。

(3)十三五规划:生态环保高度空前

2015年10月26日至29日,中国共产党第十八届中央委员会第五次全体会议在京举行,会议审议通过《中共中央关于制定国民经济和社会发展第十三个五年规划的建议》，提出了坚持创新、协调、绿色、开放、共享的五大发展理念，这意味着中国未来五年将步入新的发展路径。生态文明首次列入十大目标，"美丽中国"首次写入规划，"绿色发展"成为五大发展理念之一，十三五规划把生态环保放在了空前的高度，成为规划最大的亮点。

坚持绿色发展，坚持节约资源和保护环境的基本国策，坚持可持续发展，坚定走生产发展、生活富裕、生态良好的文明发展道路，首先需要加强建设主体功能区，发挥主体功能区作为国土空间开发保护基础制度的作用；二是推动低碳循环发展，建设清洁低碳、安全高效的现代能源体系，实现近零碳排放区示范工程；三是加大环境治理力度，实行最严格的环境保护制度，实行省以下环保机构监测监察执法垂直管理制度；四是筑牢生态安全屏障，坚持保护优先、自然恢复为主，实施山水林田湖生态保护和修复工程，开展大规模国土绿化行动。

（4）加强城市规划建设管理

2015年12月20日至21日，中央城市工作会议在北京举行，会后印发了《中共中央国务院关于进一步加强城市规划建设管理工作的若干意见》。这是时隔37年重启的中央城市工作会议配套文件，勾画了"十三五"乃至更长时间中国城市发展的"路线图"。会议指出"要着力解决城市病等突出问题，不断提升城市环境质量、人民生活质量、城市竞争力、建设和谐宜居、富有活力、各具特色的现代化城市"和"把握一个规律，实现五个统筹（解读详见第二篇 认识与思考）"的主要思想，为我国城市发展指明了方向。

3.1.2 相关部委：助力低碳生态城市建设

（1）城市适应气候变化行动方案

为积极主动推进城市适应气候变化行动，2016年2月4日，国家发改委、住建部共同发布《城市适应气候变化的行动方案》，以落实《国家适应气候变化战略》的要求，有效提升我国城市的适应气候变化的能力，统筹协调城市适应气候变化相关工作。方案提出，到2020年，我国将普遍实现把适应气候变化相关指标纳入城乡规划体系、建设标准和产业发展规划的目标，建设30个适应气候变化试点城市，显著提高典型城市适应气候变化治理水平，绿色建筑推广比例达到50%，并提出七项主要行动：加强城市规划引领、提高城市基础设施设计和建设标准、提高城市建筑适应气候变化能力、发挥城市生态绿化功能、保障城市水安全、建立并完善城市灾害风险综合管理系统、夯实城市适应气候变化科技支撑能力。

（2）生态保护推进生态文明

党中央、国务院高度重视生态保护工作，先后出台一系列重大决策部署，《关于加快推进生态文明建设的意见》明确要求"适当增加生活空间、生态用地，保护和扩大绿地、水域、湿地等生态空间"。生态文明建设的一系列部署对进一步开展全国生态功能区划提出了新的要求。2015年11月13日，环保部和中科院联合发布了《全国生态功能区划（修编版）》，涵盖3大类、9个类型和242个生态功能区（表1-3-1）。文件确定63个重要生态功能区，覆盖我国陆地国土面积的49.4%，提出了加强重要区域自然生态保护、优化国土空间开发格局、增加生态用地、保护和扩大生态空间的要求。

全国生态功能区划体系　　　　　　　　　　　　表1-3-1

生态功能大类（3类）	生态功能类型（9类）	生态功能区举例（242个）
生态调节	水源涵养	米仓山－大巴山水源涵养功能区
	生物多样性保护	小兴安岭生物多样性保护功能区
	土壤保持	陕北黄土丘陵沟壑土壤保持功能区
	防风固沙	科尔沁沙地防风固沙功能区
	洪水调蓄	皖江湿地洪水调蓄功能区
产品提供	农产品提供	三江平原农产品提供功能区
	林产品提供	小兴安岭山地林产品提供功能区
人居保障	大都市群	长三角大都市群功能区
	重点城镇群	武汉城镇群功能区

2015年7月26日，国务院办公室印发《生态环境监测网络建设方案》，共分六部分二十条，对今后一个时期我国生态环境监测网络建设作出了全面规划和部署。生态环境监测是生态环境保护的基础，是生态文明建设的重要支撑。《方案》提出的主要目标是：到2020年，全国生态环境监测网络基本实现环境质量、重点污染源、生态状况监测全覆盖；各级各类监测数据系统互联共享，监测预报预警、信息化能力和保障水平明显提升，监测与监管协同联动，初步建成陆海统筹、天地一体、上下协同、信息共享的生态环境监测网络，使生态环境监测能力与生态文明建设要求相适应。9月21日，国务院印发《生态文明体制改革总体方案》，目标是到2020年，构建起由自然资源资产产权制度、国土空间开发保护制度、空间规划体系、资源总量管理和全面节约制度、资源有偿使用和生态补偿制度、环境治理体系、环境治理和生态保护市场体系、生态文明绩效评价考核和责任追究制度等八项制度构成的产权清晰、多元参与、激励约束并重、系统完整的生态文明制度体系，增加生态文明体制改革的系统性、整体性、协同性。

（3）水污染防治计划

2015年4月2日，国务院发布《水污染防治行动计划》（以下简称"水十条"），成为当前和今后一个时期我国水污染防治工作的行动指南。工作目标是：

到2020年，全国水环境质量得到阶段性改善；到2030年，力争全国水环境质量总体改善，水生态系统功能初步恢复；到21世纪中叶，生态环境质量全面改善，生态系统实现良性循环。为实现以上目标，确定了十个方面的措施：全面控制污染物排放；推动经济结构转型升级；着力节约保护水资源；强化科技支撑；充分发挥市场机制作用；严格环境执法监管；切实加强水环境管理；全国保障水生态环境安全；明确和落实各方责任；强化公众参与和社会监督。

在"水十条"指引下，我国在2015～2016年陆续出台了关于水污染治理投融资、资金管理、技术指导的政策文件，进一步落实和推进水污染防治工作。2015年4月9日，财政部、环保部发布《关于推进水污染防治领域政府和社会资本合作的实施意见》，规范水污染防治领域PPP项目操作流程，完善投融资环境，引导社会资本积极参与、加大投入。同年7月9日，财政部和环保部为了加强水污染防治和水生态环境保护，提高财政资金使用效益，制定发布了《水污染防治专项资金管理办法》，提出专项资金重点支持范围包括：重点流域水污染防治；水质较好江河湖泊生态环境保护；饮用水水源地环境保护；地下水环境保护及污染修复；城市黑臭水体整治；跨界、跨省河流水环境保护和治理；国土江河综合整治试点等。

2015年11月3日，科技部、环保部、住建部和水利部各办公厅联合发布《节水治污水生态修复先进适用技术指导目录》，包括节水、治污、水生态修复先进适用技术成果152项，其中节水技术30项，城镇污水治理技术31项，工业废水治理技术50项，农村及面源污染治理技术14项，水生态修复技术19项，监测与预警技术8项，推动节水、治污、水生态修复等方面先进适用技术推广应用，提升科技对水安全保障支撑能力。

2015年8月28日，住建部和环保部联合制定《城市黑臭水体整治工作指南》，内容主要包括城市黑臭水体排查与识别、整治方案制定与实施、整治效果评估与考核、长效机制建立和政策保障等。根据此前发布的水污染防治行动计划，到2017年年底前，地级及以上城市，实现河面无大面积漂浮物，河岸无垃圾、无违法排污口；直辖市、省会城市、计划单列市基本要消除黑臭水体。到2020年年底以前，地级以上城市建成区黑臭水体应控制在10%以内，2030年全国城市建成区黑臭水体总体应得到消除。2016年2月5日，住建部和环保部公布全国城市黑臭水体排查情况。全国295座地级及以上城市中，共有216座城市排查出黑臭水体1811个，其中，河流1545条，占85.4%；湖、塘264个，占14.6%。79座城市没有发现黑臭水体。

（4）海绵城市和综合管廊建设

国务院发布的"水十条"，要求城市积极推行低影响开发建设模式，建设滞、渗、蓄、净、用、排相结合的雨水收集利用设施。低碳生态城市规划建设必须顺应自然，应建设自然积存、自然渗透、自然净化的"海绵城市"。

为加快推进海绵城市建设，修复城市水生态、涵养水资源，增强城市防涝能力，扩大公共产品有效投资，提高新型城镇化质量，促进人与自然和谐发展，2015年10月11日，国务院办公厅印发《关于推进海绵城市建设的指导意见》，部署推进海绵城市建设工作。工作目标是通过海绵城市建设，综合采取"渗、滞、蓄、净、用、排"等措施，最大限度地减少城市开发建设对生态环境的影响，将70%的降雨就地消纳和利用。到2020年，城市建成区20%以上的面积达到目标要求；到2030年，城市建成区80%以上的面积达到目标要求，并通过开展科学编制规划、严格实施规划、完善标准规范、统筹推进新老城区海绵城市建设、推进海绵型建筑和相关基础设施建设、推进公园绿地建设和自然生态修复、创新建设运营机制、加大政府投入、完善融资支持等工作，实现以上目标。各大部委出台配套政策（表1-3-2），推动海绵城市规范化和科学化的建设发展。

2015年5月～2016年5月海绵城市建设相关的政策文件　　　　表1-3-2

发文单位	政策名称及文号	发文时间	主要内容
住建部	关于印发海绵城市建设绩效评价与考核办法（试行）的通知（建办城函[2015]635号）	2015年7月10日	海绵城市建设绩效评价与考核指标分为水生态、水环境、水资源、水安全、制度建设及执行情况、显示度六个方面。绩效评价与考核分三个阶段为城市自查、省级评价、部级抽查
住建部	关于成立海绵城市建设技术指导专家委员会的通知（建科[2015]133号）	2015年9月11日	成立"住房城乡建设部海绵城市建设技术指导专家委员会"并公布技术指导专家委员会名单
住建部	关于开展城市排水防涝检查工作的通知（建办城函[2015]842号）	2015年9月21日	包括检查内容（设施建设维护方面与工作机制和基础工作方面）、检查方式（城市排查、省级核查、部级督查）、完善相关制度（建立责任状制度、完善内涝灾害定期报告制度），并发布城市排水防涝工作检查考评表
住建部 国家开发银行	国家开发银行关于推进开发性金融支持海绵城市建设的通知（建城[2015]208号）	2015年12月10日	建立健全海绵城市建设项目储备制度（确定建设项目、建立项目储备库、推荐备选项目）；加大对海绵城市建设项目的信贷支持力度（做好融资规划、创新融资模式、加强信贷支持、开展综合营销）；建立高效顺畅的工作协调机制

续表

发文单位	政策名称及文号	发文时间	主要内容
住建部 中国农业发展银行	关于推进政策性金融支持海绵城市建设的通知（建城[2015]240号）	2015年12月30日	地方各级住房城乡建设部门要尽快建立健全海绵城市建设项目储备制度；农发行各分行要把海绵城市建设作为信贷支持的重点领域；农发行各分行要积极创新运用政府购买服务、政府与社会资本合作（PPP）等融资模式，为海绵城市建设提供综合性金融服务；地方各级住房城乡建设部门、农发行各分行要建立协调工作机制
住建部	关于印发城市综合管廊和海绵城市建设国家建筑标准设计体系的通知（建质函[2016]18号）	2016年1月22日	《海绵城市建设国家建筑标准设计体系》新建、扩建和改建的海绵型建筑与小区、海绵型道路与广场、海绵型公园绿地、城市水系中与保护生态环境相关的技术及相关基础设施的建设、施工验收及运行管理
财政部 住建部 水利部	关于开展中央财政支持海绵城市建设试点工作的通知（财办建[2016]25号）	2016年2月25日	《2016年海绵城市建设试点城市申报指南》，对试点选择流程、评审内容、实施方案编制等内容进行指南性指导
住建部	关于做好海绵城市建设项目信息报送工作的通知（建办城函[2016]246号）	2016年3月16日	开通了海绵城市建设项目库信息系统，各地抓紧填报。信息系统中的海绵城市建设项目将作为各地市申请海绵城市试点、专项建设基金，以及政策性、开发性金融机构优惠贷款的基本条件，并作为国办发[2015]75号文件实施情况考核的重要依据
住建部	关于印发海绵城市专项规划编制暂行规定的通知（建规[2016]50号）	2016年3月11日	《海绵城市专项规划编制暂行规定》共四章二十条，包括总则、海绵城市专项规划编制的组织、海绵城市专项规划编制内容和附则等内容
财政部 住建部	关于印发城市管网专项资金绩效评价暂行办法的通知（财建[2016]52号）	2016年3月24日	《城市管网专项资金绩效评价暂行办法》，根据专项资金所支持各项工作分别制定绩效评价指标体系和评价标准，附有《海绵城市建设试点绩效评价指标体系》

在以上政策的推动下，2016年更多城市提出了海绵城市建设的规划目标，财政部、住建部、水利部在2016年4月公示2016年14个海绵城市建设试点城市，包括北京市、天津市、大连市、上海市、宁波市、福州市、青岛市、珠海

市、深圳市、三亚市、玉溪市、庆阳市、西宁市和固原市。

低碳生态城市建设不仅是水安全的海绵城市建设，还要推进城市地下综合管廊建设，统筹各类市政管线规划、建设和管理，解决反复开挖路面、架空线网密集、管线事故频发等问题，有利于保障城市安全、完善城市功能、美化城市景观、促进城市集约高效和转型发展，有利于提高城市综合承载能力和城镇化发展质量、增加公共产品有效投资、拉动社会资本投入、打造经济发展新动力。2015年8月3日，国务院办公厅发布了《关于推进城市地下综合管廊建设的指导意见》，提出到2020年，建成一批具有国际先进水平的地下综合管廊并投入运营，反复开挖地面的"马路拉链"问题明显改善，管线安全水平和防灾抗灾能力明显提升，逐步消除主要街道蜘蛛网式架空线，城市地面景观明显好转的目标（表1-3-3）。

2015年5月～2016年5月综合管廊建设相关的政策文件　　表1-3-3

发文单位	政策名称及文号	发文时间	主要内容
住建部	关于印发《城市地下综合管廊工程规划编制指引》的通知（建城[2015]70号）	2015年5月26日	《城市地下综合管廊工程规划编制指引》共五章二十八条，包括总则、一般要求、编制内容、编制成果和附件五章
住建部	关于印发《城市综合管廊工程投资估算指标》（试行）的通知（建标[2015]85号）	2015年6月15日	《城市综合管廊工程投资估算指标》（ZYA1-12（10）-2015）（试行），指标分为综合指标和分项指标。综合指标包括建筑工程费、安装工程费、设备工器具购置费、工程建设其他费用和基本预备费；分项指标包括建筑工程费、安装工程费和设备购置费
发改委住建部	关于城市地下综合管廊实行有偿使用制度的指导意见（发改价格[2015]2754号）	2015年11月26日	建立主要由市场形成价格的机制、费用构成（有偿使用费包括入廊费和日常维护费）、完善保障措施等内容
住建部	关于印发城市综合管廊和海绵城市建设国家建筑标准设计体系的通知（建质函[2016]18号）	2016年1月22日	《城市综合管廊国家建筑标准设计体系》按照总体设计、结构设计与施工、专项管线、附属设施等四部分进行构建，体系中的标准设计项目基本涵盖了城市综合管廊工程设计和施工中各专业的主要工作内容
财政部住建部	关于开展2016年中央财政支持地下综合管廊试点工作的通知（财办建[2016]21号）	2016年2月16日	《2016年地下综合管廊试点城市申报指南》，对试点申报评审流程、评审内容、实施方案编制等内容进行指南性指导
财政部住建部	关于印发城市管网专项资金绩效评价暂行办法的通知（财建[2016]52号）	2016年3月24日	《城市管网专项资金绩效评价暂行办法》，根据专项资金所支持各项工作分别制定绩效评价指标体系和评价标准，附有《地下综合管廊试点绩效评价指标体系》

在以上政策的推动下，2016年许多城市提出了地下综合管廊试点城市建设的规划目标。财政部、住建部在2016年4月公示15个2016年中央财政支持地下综合管廊试点城市，包括石家庄市、四平市、杭州市、合肥市、平潭综合试验区、景德镇市、威海市、青岛市、郑州市、广州市、南宁市、成都市、保山市、海东市和银川市。

（5）技术标准和导则出台，推进绿色建筑和建筑节能发展

中央城市工作会议发布的《关于进一步加强城市规划建设管理工作的若干意见》提出推进节能城市建设，推广建筑节能技术的目标，要求提高建筑节能标准，推广绿色建筑和建材，支持和鼓励各地结合自然气候特点，推广应用地源热泵、水源热泵、太阳能发电等新能源技术，发展被动式房屋等绿色节能建筑；完善绿色节能建筑和建材评价体系，制定分布式能源建筑应用标准；分类制定建筑全生命周期能源消耗标准定额。为了实现绿色建筑和建筑节能目标，住建部于2015年7月27日发布《绿色建筑评价技术细则》，以《绿色建筑评价标准》GB/T 50378—2014为依据，进一步明确绿色建筑评价技术原则和评判依据，规范绿色建筑的评价工作。2015年11月，住建部发布《被动式超低能耗绿色建筑技术导则（居住建筑）（试行）》，该导则借鉴了国外被动房和近零能耗建筑的经验，结合我国已有工程实践，明确了我国被动式超低能耗绿色建筑的定义、不同气候区技术指标及设计、施工、运行和评价技术要点，为全国被动式超低能耗绿色建筑的建设提供指导。

由于互联网、通信行业的迅猛发展，新数据中心建设，对原有数据中心建筑的改建、扩建需求量不断扩大。住建部于2015年12月21日发布《绿色数据中心建筑评价技术细则》，将范围主要定为新建、改建、扩建数据中心建筑的评价。同时住建部还发布了《关于加快绿色建筑和建筑产业现代化计价依据编制工作的通知》，力争到2016年底实现绿色建筑和建筑产业现代化计价依据全覆盖。2015年12月，住建部一次性发布了《既有建筑绿色改造评价标准》GB/T 51141—2015，《建筑节能基本术语标准》GB/T 51140—2015、《绿色医院建筑评价标准》GB/T 51153—2015等一系列标准文件。

3.1.3 地方层面：实施推动生态城市建设

在中央国务院、相关部委出台相关政策推进生态文明建设的大背景下，地方政府及相关主管部门也积极出台配套文件及发展规划，明确城市发展的方向和重点领域。

（1）地方规划引领生态低碳发展

2015年是十二五规划成果总结和十三五规划编制的过渡年，各省市注重低碳发展，结合中央城市工作会议的要求，制订各省市未来五年或更长时间的发展

规划。福建省于2016年初出台《中共福建省委关于制定福建省国民经济和社会发展第十三个五年规划的建议》提出："十三五"期间，福建将坚持绿色发展，实现低碳生态，深入实施生态省战略，加快生态文明先行示范区建设。2015年7月，四川省德阳市发布《绿色建筑发展规划（2014年～2020年）》，明确德阳市将在旌东新区起步区建设面积不小于1.5km²的国家级绿色生态示范城区。2015年4月，贵阳市发布《贵阳市蓝天保护计划（2014～2017年）》《贵阳市碧水保护计划（2014～2017年）》《贵阳市绿地保护计划（2014～2017年）》等生态文明建设三大保护计划，提出了对蓝天、水资源、绿化系统的保护目标。

"珠三角城市群"各城市也积极出台低碳生态规划，引领城市生态、低碳发展。2015年7月，惠州市审议通过《惠州市低碳生态规划（2014年～2030年）》，明确了推进产业低碳化建设、绿色生态示范城区建设、低碳示范社区建设、低碳建筑应用、绿色能源发展、绿色交通发展、碳汇建设、绿色市政发展8大重点工程，力争到2030年使惠州成为国内先进的低碳生态城市。2015年11月，中山市出台《中山市低碳生态城市建设规划》，提出构建"一心六楔、两带七廊多片"的生态安全格局，并针对全市生态安全格、空间与土地利用、产业发展、绿色交通、能源供应等方面开展了相关推进工作。

同时，在全国智慧城市建设和互联网+的浪潮下，智慧社区建设成为了"最后一百米"的落地工程。湖南省长沙市发布《长沙市智慧物业、小区标准建设指导意见》，提出应推动"物业管理智能化、对业主服务智能化、社区管理智能化、市场监控信息化"的四化建设。

2015年7月28日，国家发改委发布《河北省张家口市可再生能源示范区发展规划》，同意设立张家口可再生能源示范区。《规划》要求，着力推进"互联网+"智慧能源，创新商业服务模式，加快规模化开发应用，大幅提高可再生能源消费比重，将示范区建设成为可再生能源电力市场化改革试验区、可再生能源国际先进技术应用引领产业发展先导区、绿色转型发展示范区、京津冀协同发展可再生能源创新区。

（2）各省市水污染防治工作方案实施

根据国务院颁布的"水十条"，各省市根据自己实际情况，陆续出台水污染行动防治方案，确定指导思想、工作目标、重点任务和保障措施。

在省级层面，各省积极推动及印发相关的水污染防治行动计划，包括山东、福建、海南、山西、广东等十余省。贯彻落实行动计划、方案等各项规章制度，切实推进各省水污染防治工作。在市级层面，深圳市、厦门市、北京市、上海市、天津市等陆续出台了水污染防治行动计划等相关工作计划和实施方案。

此外，除了上述提到的省市相关政策外，国内其他部分省市也逐渐发布了水污染防治的工作方案。

(3) 建筑节能和绿色建筑推进生态城市建设

为进一步推进绿色建筑的规模化发展，各地持续发布相关政策和技术标准。如河北省，2016年印发《河北省新型城镇化与城乡统筹示范区建设规划》（2016~2020），明确要实施绿色建筑行动计划，严格绿色建筑标准及认证体系，到2020年，全省城镇节能建筑占比达到50%，新建绿色建筑占比达到50%以上，可再生能源建筑应用占比达到49%，推进绿色建筑规模化。

2015年7月1日起，全国首个地方性绿色建筑法规《江苏省绿色建筑发展条例》实施。随后安徽省、山东省、长沙市、珠海市等省市地区都针对绿色建筑行动出台了一系列的制度规定，用以规范和指导绿色建筑的发展。如安徽省的《关于在保障性住房和政府投资公共建筑全面推进绿色建筑行动的通知》，明确2015年起全省保障性住房和政府投资公共建筑全面执行绿色建筑标准。长沙市的《长沙市绿色建筑项目管理规定》，对其立项与土地供应、规划与设计、施工与竣工验收、运营管理和责任追究等管理进行规定。珠海市的《关于新建民用建筑全面实施绿色建筑标准的通知》，要求新建、改建、扩建的民用建筑全面执行绿色建筑一星或以上标准。

除绿色建筑条例、行动方案和项目管理外，部分省市同时出台财政奖励政策，如山东省出台《山东省省级建筑节能与绿色建筑发展专项资金管理办法》，对绿色建筑评价标识项目的奖补依据由项目设计标识星级变更为项目所获运行标识星级，奖励标准为一星级绿色建筑15元/m^2（建筑面积，下同），二星级绿色建筑30元/m^2，三星级绿色建筑50元/m^2。自2016年起，项目获得"绿色建筑运行标识"后，经核查符合相关要求的，一次性拨付奖励资金。各省市通过在建筑节能和绿色建筑的政策引导、财政补贴和技术支持，全面推进各省市绿色建筑规模化发展。

3.2 学术支持：齐头共进合作发展

3.2.1 国际论坛——国内外学者共同汇集高端智慧

2015年4月至2016年4月，关于城市雨洪景观、景观水文、新型城镇化、碳排放清单与趋势变化等议题的内容，在国内召开各项研讨会，秉承科学严谨态度探讨城镇化进程中的城市问题，汇集高端智慧。（1）雨洪管理与景观水文。2015城市雨洪管理与景观水文国际研讨会以"人居环境与可持续雨水景观设计研究"、"雨洪管理国际经验与地域性策略"以及"海绵城市建设中的园林与水科学研究"为主题，基于"景观水文"理念，力图推动水文、水利、水环境等科学与工程应用领域，与风景园林、城乡规划、建筑设计领域进行了充分的交流与对话。(2) 新型城镇化议题。第四届中国区域、城市和空间经济国际专题研讨会以"中国的新型城镇化与住房市场"会议主题，关注城市化与城市发展、城市化与住房市场、城市交通、环境和城市可持续发展以及与中国区域、城市、空间、住房有关的其他经济学研究问题。(3) 碳排放清单与趋势变化。2015年11月18日至20日，第17届全球排放研究计划（GEIA）科学大会以"特大城市"、"排放清单与趋势变化"和"自上而下的排放分析"议题，致力于探讨全球范围内城市化对污染物排放的影响。通过构建高端的学术交流平台，各领域行业学者进行密切交流，共同探讨生态城市建设成功经验，更快推动城市可持续发展。

3.2.2 城镇化会议——"新常态"下深度城镇化发展

中国城市发展进入"新常态"，乡村发展与规划、城市安全与防灾、控制与减少环境风险等方面学术观点受到重点关注。第十届城市发展与规划大会以"生态智慧·一带一路·绿色发展"为主题，国务院参事、住房和城乡建设部原副部长仇保兴在主旨发言中，提出了"深度城镇化"的概念，总结了"新常态"下，我国城镇化的主要特征与挑战，并针对这些实际问题提出了深度城镇化的主要策略。会议围绕新型城镇化与中国生态城市规划、实践、技术集成及示范，中外生态城市建设实践案例，海绵城市、城市综合管廊的设计建设与运营，智慧城市、数字城市、绿色交通与循环经济的最新进展等进行了深入的行业与学术研讨。

3.2.3 低碳生态城市会议——科学理念和技术方法的融合与创新

随着智慧城市、海绵城市和生态城市等多种概念和方法的兴起，越来越多的专家学者将视野放到了可持续发展的城市建设上，北京、上海、深圳、广州等多个城市纷纷展开低碳生态城市的相关会议。会议主要围绕可持续建筑设计项目实践、BIM技术普及、节能减排低碳计划等方面开展，以期通过技术和方法使得城市更加宜居。如在深圳召开的第三届深圳国际低碳城论坛，以"城市绿色低碳转型"为主题，围绕联合国气候大会有关热点问题展开高峰对话。主要针对气候变化南南合作、国家低碳试点城（镇）工业园区、珠三角城市群绿色低碳发展、世界低碳城市联盟等内容进行分别讨论。在清华同衡举办的论坛中，提出融合智慧城市、模拟城市、海绵城市和生态城市的科学理念和技术方法，以期在规划中实现未来城市的诸多愿景，适应共享经济时代的各种新要求的"城市四次元"概念。

3.3 技术发展：各领域渗透集成深入

关于低碳生态技术、生态城市、生态社区的研究自2010年以来文献量逐年递增（图 1-3-1）。本节将探讨国内外对于生态城市、海绵城市、韧性城市以及生态社区等技术进展情况和我国相关研究目前在世界上同领域中所处的位置，把握该领域的研究动态和趋势。

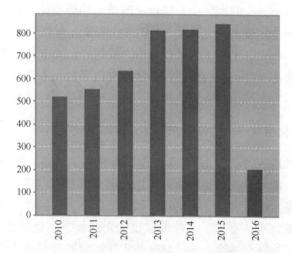

图 1-3-1　低碳生态城市（SCI 收录）发表相关文献数量图
（截至 2016 年 4 月）

对于 2015~2016 年度国际生态城市研究热点，以 Web of Science 为信息源，检索到有效文献 1048 篇，发表的刊物较为集中，其中 *Sustainability*，*Aer Advances in Engineering Research*，*Ecological Indicators*，*Urban Ecosystems*，*Landscape and Urban Planning*，所占的比例较大，为 90% 左右，见图 1-3-2。

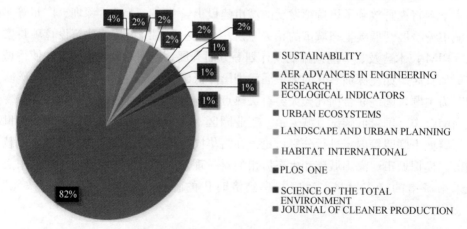

图 1-3-2　文献来源统计分析

检索所有题名字段包括 Ecological city，Eco-district，Eco-neighborhood，Eco-park or Sponge city，Resilient city，对 2015~2016 年度的 SCI 收录的 1048

篇文献进行整理，全面客观分析生态城市领域的发展态势。通过检索结果可以看出，研究方向主要集中于环境科学、工程、城市研究、地理学、水资源、生物多样性保护、公众环境健康、能源、公共管理等。在对国家和地区的分析中，中国、美国、德国发表的相关文献占据前三名。其中，中国为283篇，为2014年发表的2倍，占比为27%。美国的相关文献为220篇，占比为21%，发表文献数量次之的国家依次为德国、英国、巴西、意大利、西班牙等（图1-3-3）。

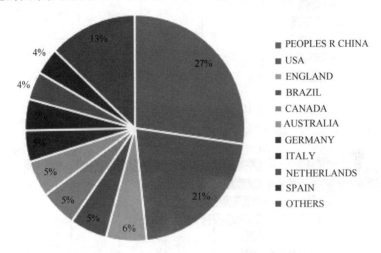

图1-3-3 开展研究的国家和地区统计分析

美国的生态城市研究主要侧重于环境评估与公共卫生相关领域、环境领域的社区参与等方面，通过研究能源利用技术创新，生态承载力及建立社会生态系统等进行生态城市建设，着重考虑公众对社会和文化的感知，注重实现环境公平性问题。

关于国内低碳生态城市的研究热点，通过搜索"生态城市/低碳城市/海绵城市/生态社区"，2015～2016年共搜索到相关文献近1874篇，其中2015年1345篇，2016年529篇，相比2014年的800篇具有显著提升。涵盖的主要期刊包括《城市发展研究》、《建设科技》、《城市规划通讯》、《北京规划建设》、《城乡建设和环境科学与管理》等。文献包含的关键词有生态城市、海绵城市、低影响开发、低碳城市、生态文明、城市建设等（图1-3-4）。研究层次主要为工程技术、行业指导和基础研究；研究学科为建筑科学与工程、宏观经济管理与可持续发展、水利水电工程和环境科学与资源利用等（图1-3-5）。

综上所述，低碳生态城市热度逐年上升，尤其海绵城市文献量增长很快。中国在生态城市方面的文献数量依然高居世界榜首，尤其是工程和地理学科领域对生态城市关注程度近年来有所上升，园艺/自动化和建筑方面对低碳/生态方面的热度逐年上升。这些技术的研究有助于中国低碳生态城市的建设发展。

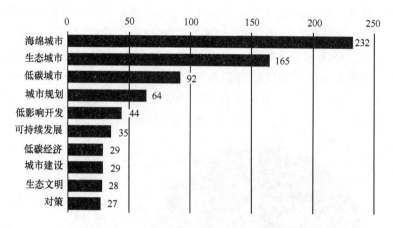

图 1-3-4 2015年国内生态城市研究热点关键词

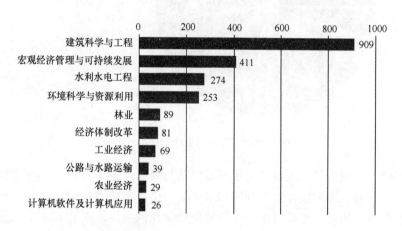

图 1-3-5 国内生态城市研究学科频数

3.4 实践探索：理性发展稳步推进

在国家政策指引、学术支持和技术发展的推动下，绿色生态示范区的规划建设工作稳步推进，具有良好的示范效果。

3.4.1 持续推进示范建设，先行先试生态城市

随着生态文明理念的逐渐深入，各大部委提出和推进各种与生态城市相关的示范建设，包括"中国人居环境奖获奖"、"美丽宜居小镇和美丽宜居村庄"、"生态园林城市"、"生态文明先行示范区"以及"国家生态市、县（市、区）"等，希望其在人居生态环境、城市基础设施建设和城市管理、绿色化发展程度，以及

在建设美丽新中国方面起到示范带头作用,为其他城市的低碳生态城市发展方面提供借鉴。

2015年12月31日,发改委、科技部、财政部等九大部委联合发布了第二批生态文明先行示范区的名单,北京市怀柔区等45个地区开展生态文明先行示范区建设工作,将生态文明、绿色发展作为"十三五"发展的重要引领,在思维理念、价值导向、空间布局、生产方式、生活方式等方面,率先大幅提高绿色化程度。

2016年1月6日,住建部授予江苏省常州市、江苏省宿迁市、河南省济源市2015年中国人居环境奖,授予上海市嘉定区新兴城核心区生态系统规划建设等31个项目2015年中国人居环境范例奖,并提出在人居生态环境建设方面再接再厉,加强城市基础设施建设和城市管理,推动人居生态环境改善的希冀。1月12日,住建部公布江苏省苏州市吴江区震泽镇等42个镇为第三批美丽宜居小镇示范,贵州省安顺市西秀区旧州镇浪塘村等79个村为第三批美丽宜居村庄示范,通过互联网等形式宣传展示示范案例集。1月15日,住建部命名江苏省徐州市等7个城市为国家生态园林城市,河北省沧州市等46个城市为2015年国家园林城市、河北省高邑县等78个县城为2015年国家园林县城、山西省巴公镇等11个镇为2015年国家园林城镇,激励其全面推动城乡人居生态环境建设,为加快生态文明建设作出贡献。

2016年1月22日,环保部授予上海市崇明县、广东省珠海市等22个市、县(市、区)"国家生态市、县(市、区)"称号,鼓励其继续争当绿水青山就是金山银山的践行者和引领者,全面加强生态环境保护,不断提升生态文明水平,为促进区域经济、社会和环境的全面、协调、可持续发展,建设美丽中国作出贡献。

3.4.2 绿色生态示范城(区)重点转至实施评估

随着"生态文明建设"首次被写入国家五年规划,"创新、协调、绿色、开放、共享"五大发展理念被提出,"绿色"作为事关我国城市发展全局的核心理念之一受到重视,城市向低碳、绿色、生态发展的动力越来越足,每年都有一些城市编制绿色生态示范城(区)规划和实施方案,并向行政主管部门申报示范试点城市。到目前为止,全国已有上百个种类不同、大小各异的绿色生态城区项目。除环渤海、长三角、珠三角等沿海发达地区和湖北、湖南等中部城市群外,西北、西南等一些生态基础较差地区也开始积极开展绿色生态城区实践探索。首批的八个绿色生态城区持续推动规划建设,比如中新天津生态城在多方面借鉴新加坡智慧生态城市建设经验,因地制宜地学习实践细胞式生态社区运营模式,集中示范低碳生态技术,已逐步成为一个环境生态良好的宜居生态型新兴城区;深圳市光明新区城市更新进程加快，通过政府投资项目示范引领，加速发展绿色建筑，海绵城市建设进入全面实践阶段。南京河西新城因地制宜提出了"指标、规划、技术、管理、市场、政策、行动"七位一体的低碳生态城市建设框架，打造循环经济模式。目前，这些绿色生态城区建设已逐步形成了"建设目标—指标体系—建设落实—建成区评价反馈"的框架思路，先行示范城区已完成起步区建设，正迈向绿色运营管理的探索实践阶段，起到了较好的示范和推广作用。

3.4.3 低碳生态专项实践案例

2015年以来，我国低碳生态城市多专业专项实践，在碳排放交易、生态乡村、绿色有机更新、国际合作推进、绿色建筑规模化建设、海绵城市和地下综合管廊城市建设等方面都取得了成绩。2016年是全国碳市场建设全面进入攻坚期的一年，全国七省市碳交易试点全部顺利完成了制度建设、市场参与主体、配额分配方法和交易量的履约工作，为应对全国碳交易市场做准备。除低碳发展外，宜居小镇、美丽宜居村庄示范建设由点到面逐步展开，积极对接国家和地方战略。2015年起，国家大力建设"海绵城市"和"地下综合管廊试点城市"，根据《关于推进海绵城市建设的指导意见》和《关于推进城市地下综合管廊建设的指导意见》，部署推进"海绵城市"和"地下综合管廊试点城市"建设工作。同时还有一些有机更新的生态示范区的建设案例，如肩负场地复兴发展的大型传统老工业区的首钢、基于人群行为模式普查的绿色生态改造的中关村软件园和串联高密度商务区与传统历史文化区的协同发展的金融街等，通过对既有城区的开发整治与生态化改造提升，实现城区的有机更新过程，从规划、建设、管控等方面为其他低碳生态城市建设提供借鉴。

4 挑 战 与 趋 势
4　Challenges and Trends

4.1　实　施　挑　战

4.1.1　老旧城区碳排放高的挑战

中国是世界上人口最多的国家之一，资源利用率低下，城镇化转型过程中，只能走依靠工业化结合的路子。但现有生产技术和管理水平使得工业化过程中的低产出高耗能问题严重，目前中国能源消耗强度则为世界经合组织国家均值的4.6倍，能源利用率则仅为33%，低于发达国家10个百分点。中国现有约430亿 m^2 的城镇建筑面积中，大部分老旧建筑不达标，每年新增的16～20亿 m^2 建筑也有40%为高能耗建筑。以水泥建筑为主的建筑方式、中国庞大的人口数量和工业化开发过程中存在的诸多弊端导致普通建筑成为碳排放大户。

4.1.2　新城新区创新精神淡薄的挑战[1]

在国家的顶层设计和战略规划中，新城新区被赋予了深切的希望和重要的职责，特别是大都市的新城新区，既是实施2013年中央城镇化工作会议提出的"提高城镇建设用地利用效率"、"建立多元可持续的资金保障机制"、"优化城镇化布局和形态"、"提高城镇建设水平和管理水平"的"试验区中的试验区"，也是推进2014年《国家新型城镇化规划》中提出的"城市群"、"国家中心城市"、"智慧城市"、"生态城市"、"人文城市"等建设目标的"排头兵中的排头兵"。

但就现状而言，大都市新城新区并没有发挥出其应有的作用。在建设"创新型国家"及"创新型城市"的大背景下，集聚了高新产业、先进科技、优秀人才的新城新区，本应成为转变和创新城市发展方式的先锋队，但与数量上不断增多的现实相反，新城新区特有的创新精神较为空泛，可以概括为"复制多而创新少"，与新城新区的本质相违背，导致新城新区的同质化。

---

[1] 光明日报，我国大都市新城新区发展现状、问题与对策

4.1.3 规模扩张和集聚效应冷热不均的挑战❶

随着发展环境的变化和时间的推移,新城新区引擎和驱动效应会进入衰减期,需要针对衰减期有足够的准备。在中国众多的新城新区中,规划建设面积在 100km² 及以上的超过 30 个,其在有了足够的体量和规模之后,如何形成符合自身实际和需要的特色发展模式,真正成为驱动城市创新转型发展的增长极和引擎,同时为全国 600 多座城市的新城新区规划建设提供借鉴和参考,是中国新城新区应该思考和谋划的议题。

同时,新城新区规划建设的粗放增长问题普遍存在。与老城区改造相比,新城新区的土地资源相对廉价,因此建设时往往"贪大求洋",中国一些新城新区人均面积大多数都在国家规定的 100m²/人以上,多数新城新区仍主要是靠"卖地"过日子,在各城市普遍存在的"土地财政"问题在新城新区并未得到有效遏制。对人口在 1000 万以上的北京、上海和重庆,人口在 500 万以上的天津、广州、南京、西安、郑州、沈阳、成都、武汉、汕头,由于人口的高度集聚和总量偏大,其新城新区无论是人均建设面积、还是空间拓展模式以及经济增长方式都更应该走精明增长、质量增长和内涵增长之路。

4.1.4 绿色建筑的挑战❷

在绿色建筑的推广中,不少开发者往往遇到不少市民对绿色建筑认识不够,概念模糊的"普及难题"。实际上,绿色建筑的建设成本可以比普通建筑成本略高,并且 3~5 年就可回收成本。以绿色建筑普及化来推动绿色建筑让老百姓参与绿色建筑的设计和运行,发展绿色建筑的物业管理,将成为未来的趋势。

不少发达国家的绿色建筑消费都建立在高成本基础上,而中国的绿色建筑应该是低成本的,与工业化水平相伴随、与人均消费水平相适应的,中国绿色建筑应走出自己的模式。所以,绿色建筑开发商要找到适用的技术和低成本的方式。如有些太阳能薄膜技术成本高,而室内通风、遮阳、绿色屋顶、立体绿化、雨水收集等低成本的节能方式就能让一段建筑达到绿色建筑 1~2 星标准。

4.2 发展趋势

中央城市工作会议指出,我国城市发展已经进入新的发展时期。当前和今后一段时期,我国城市工作要贯彻创新、协调、绿色、开放、共享的发展理念,坚

---

❶ 光明日报,我国大都市新城新区发展现状、问题与对策
❷ 根据国务院参事、住建部原副部长仇保兴在第三届深圳国际低碳城论坛接受记者专访资料整理

持以人为本、科学发展、改革创新、依法治市，转变城市发展方式，完善城市治理体系，提高城市治理能力，着力解决城市病等突出问题，不断提升城市环境质量、人民生活质量、城市竞争力，建设和谐宜居、富有活力、各具特色的现代化城市，提高新型城镇化水平，做到一个尊重五个统筹。此目标下，各城市纷纷开展海绵城市、低碳城市、生态城市以及智慧城市的建设。

随着为未来的城市提供有力帮助的大数据时代到来，各城市应充分利用"互联网＋"的形式进行绿色生态行动方案，着力加强绿色建筑从单体建筑到绿色建筑集群转型，从耐用、实用性向健康性、超低能耗和高端化转型，并完善生态环境网络监测平台，实现城市管理的动态化和信息化。同时加强公众意识的培养，提高公众践行绿色生活的内在动力。

第二篇 认识与思考

新型城镇化是现代化的必由之路，是最大的内需潜力所在，是经济发展的重要动力，也是一项重要的民生工程。在新型城镇化转型深化的背景下，城市面临发展模式选择。如何找到新时代下城市发展的正确道路，是目前城市在建设过程中急需认识与思考的问题。

本章通过迈向"深度"城镇化的过程，围绕着"一个尊重，五个统筹"，系统梳理中国低碳生态城市的发展路径。在城市的生态建设发展过程中，城镇化是现代化过程中的主要内容和重要表现形式。借助统筹空间、规模、产业三大结构，结合气候变化、经济增长等方面，提高城市工作全局性；借助统筹规划、建设、管理三大环节，从时间与空间的系统性着手，利用贯彻、监督、修订、反馈的具体执法过程，提高城市工作系统性；借助统筹改革、科技、文化三大动力，率先调整城市工业，从刚性城市转变为"弹性"城市，提高城市发展持续性；借助统筹生产、生活、生态三大布局，改变过去我国长期以来倡导的"先生产、后生活"的城市发展旧模式，在规划、建设和管理中尊重城市的普通市民，提高城市发展宜居性；借助统筹政府、社会、市民三大主体，适度集中城市综合执法权、广度推行网格式、精细化智慧管理，提高各方推动城市发展的积极性；基于城市反思，思考中国新型城镇化转型之路，探寻适合于中国城镇化发展的道路与模式，将"智慧城市"等理念转化为实践，探索适合中国城市的模板与示范。

从点面结合到统筹推进，从纵横联动到协同推进，从补齐短板到重点突破，中国新型城镇化经历了从理论到行动、从行动到深化的进程。在未来的城镇化发展过程中，对于城市发展进程的总结与思考同样重要。对我国而言，城镇化只有一次机会，虽然有其他国家城镇化发展的经验与教训，可以少走一些弯路，但对于目前中国特色城镇化理论指导和方法体系的发展作用有限，对于低碳城市乃至智慧城市等的研究和认识还存在一定不足，需要在统筹规划、多元融合、生态建设等方面着力推进，才能真正探明低碳生态城市发展的内在规律。

Chapter II　Understanding and Thinking

New-type urbanization is the essential approach towards modernization, the biggest partial of domestic demand potential, an important driving force of economic growth and also an important livelihood project. Under the circumstances of a deeply transforming new urbanization, the urban work is facing a selection of development modes. How to find the right way of urban development in the new era is an urgent problem that requires understanding and thinking in the process of urbanization.

This chapter systematically sorts out the path of China's low-carbon eco-city development on the concept of "one respect and five co-ordinations" during the urbanization process. As a matter of fact, urbanization becomes the main content and important manifestation of modernization. By coordinating the three structures of space, scale and industry, it can combine climate change, economic growth and other related aspects together and enhance the overall work of urbanization; by coordinating the three steps of planning, construction and management, it can enhance the systematicness of urban work in terms of time and space during the law enforcement processes of implementing, monitoring, revision and feedback; by coordinating the three major driving forces of reform, technology and culture, it can initiate the adjustment of the urban industry and the transformation of a rigid city into an "elastic" city so as to improve the sustainability of urban development;

by coordinating the three patterns of production, life and ecology, it can change the old model of urban development-"production first and life after" advocated by China in the long past and increase the urban livability on the basis of a general respect for the public in the planning, construction and management of the city; by coordinating the three main subjects of the government, society and public, it can moderately centralize the urban comprehensive law enforcement power and extensively implement a elaborate grid-style smart management to stimulate the enthusiasm of all bodies to facilitate urban development all together; by reflecting on the urban work, it ponders the transformation path for China's new urbanization, explores a suitable path and model in China, put the "smart city" and other concepts into practice and looks for suitable pilot demonstration for Chinese cities.

From the work integrating points and sphere to the coordinative advancement, from the promotion of the synergy in horizontal and vertical angles to the consistent progress and from reinforcing drawbacks to major breakthroughs, China's urbanization has undergone a process from theory to action, from action to deepening. In the future process, summary and reflection are equally important. For our country, urbanization has only one chance. Although we can draw experience and lessons from other countries and avoid some detours, there are still gaps towards the establishing theoretical guidance and methodological system of the urbanization with Chinese characteristics; and there is a lack of research and understanding of low-carbon city, smart city and other topics. We need to take further efforts to promote the overall planning, multiple integration and ecological construction so as to truly ascertain the inherent laws of low-carbon eco-city development.

1 迈向"深度"城镇化[1]——一个尊重，五个统筹

1 Moving towards an "In-depth" Urbanization——One Respect and Five Co-ordinations

城市伴随人类文明的进步发展产生，也是人类文明的主要组成部分，是现代人类智慧的集中体现。城市让生活更美好是人们对城市发展的殷切期望。改革开放以来，我国经济社会迅猛发展，人口集聚能力不断增强，城市面貌日新月异。

然而在当前，我国城市在发展过程中，却存在着许多问题。重政绩轻规划、重"面子"轻"里子"、重建设轻管理、重经济轻文化……这些不科学、不合理、不可持续的建设方式所造成的问题日积月累，给社会带来了极大的负面影响。暴雨之下的城市内涝，上下班高峰期的交通瘫痪，占道经营妨碍公共秩序，垃圾处理不妥当造成"垃圾围城"……无一不是我国当前城市发展之殇，是典型的"城市病"。因此，积极妥善地解决当前城市发展所存在的问题，保障城市健康可持续发展迫在眉睫，势在必行。

时隔37年后，中央再次召开城市工作会，彰显出中央对当前城市建设的高度重视，并向社会释放出下一步如何进行城市建设的重要信号。会议提出"一个尊重，五个统筹"的城市发展要求，即尊重城市发展规律；统筹空间、规模、产业三大结构，提高城市工作全局性；统筹规划、建设、管理三大环节，提高城市工作的系统性；统筹改革、科技、文化三大动力，提高城市发展持续性；统筹生产、生活、生态三大布局，提高城市发展的宜居性；统筹政府、社会、市民三大主体，提高各方推动城市发展的积极性。可以说，"一个尊重，五个统筹"为当前混乱不堪、各自为政、盲目扩张的城市发展指明了方向，为"城市病"开出了"药方"，是今后城市发展的指导思路和要求，具有重大的现实指导意义。

尊重城市发展规律就是要认清城市发展阶段和发展状况，做到人口与用地相匹配，城市规模与资源环境承载能力相适应，不盲目搞城市建设"大跃进"，防止催生更多的"鬼城"，要让市场这只"看不见的手"决定城市发展的资源配置。五个统筹就是要充分发挥政府职能作用，运用政府这只"看得见的手"纠正城市

---

[1] 仇保兴. 迈向"深度城镇化". 中国经济报告. 2016（2）：16-18

自由发展的盲目性，同时在规划、建设、管理、城市基础设施等方面，为城市的健康可持续发展奠定坚实基础。另外，城市在之前的建设过程中，已积累了很多问题，欠账不少，也需要政府在当前城市建设的基础上，采取措施进行有效解决，逐步化解历史遗留的"城市病"。

城市是人类文明的结晶和文化传承的载体，是经济社会发展的主要动力之所在。城市发展的质量关系到群众的切身利益，关系到区域经济社会的长远发展，更关系到我国现代化建设的进程。

1.1 尊重城市发展规律—理论、经验和问题导向[1]

城市发展规律的提炼和认识从理论层面、历史经验和问题导向等三个角度来考虑。

1.1.1 理论层面

美国著名规划学家路易斯·芒福德（Lewis Mumford）在他百科全书式的名著《城市发展史》中写道，人类的城市梦进行了五千多年，只要人类存在，就有城市梦，这些梦大都是从乌托邦开始的。人们探究城市发展规律首先是根据理论、理想进行目标推演的，这种推演方法的好处是向前看觉得目标很清楚、很鼓舞人心，但坏处是容易导致人们进入乌托邦式的迷茫，这也是人类历史上的众多悲剧之一。理想的城市发展目标必须是"以人为本"并兼顾生态环保和社会公平。在不同的生产力发展水平下，这三者"均衡"的侧重点也有区别。经历了三十多年以传统工业化推动的城镇化，我国当前更需将"人与自然和谐"的绿色发展作为城市的主要发展目标。

1.1.2 历史经验

对我国城镇化发展具有非常重要启示作用的世界第一次城市化浪潮是在英国、法国等欧洲国家发动的，第二次城市化浪潮由美国、加拿大等北美国家掀起，第三次则是拉美、东南亚发展中国家的城市化浪潮。这三次城市化浪潮都有很多经验值得总结，而且都产生了相应的城市病，这些病如何治疗？有的治错了，有的治对了，形成了众多的文献巨牍，成为我们从不同国家、不同民族、不同文化、不同发展阶段的城市发展规律中提炼的宝贵遗产。例如，英法城市化过程中的脏乱和疾病流行，美国的城市蔓延，拉美、非洲的贫民窟等等惨痛的教训都必须避免。将这些历史经验与我国各地城市规划建设的实际相结合，是避免城

---

[1] 仇保兴. 理解城市工作的"一尊重，五统筹". 城市发展研究. 2016. 23（1）：1-3

镇化走弯路的重要保障。

1.1.3 问题导向

实用主义的"问题导向法"是城市工作者的偏爱，20世纪形成的两个里程碑式的宪章非常典型。一个是雅典宪章，1933年由法国建筑师勒·柯布西耶率领规划师针对第一次城市化浪潮出现的城市病，主要是工业污染、人口寿命缩短、霍乱症流行、城市卫生条件恶劣、环境污染严重等病症开出的一系列的药方，比如设立明确的城市分区、规定街道宽度和绿地公园比率等。到了1977年，国际建协又在秘鲁利马提出了马丘比丘宪章。宪章开头写明：从文化上来讲，人类的文明不止一种，不仅有从古希腊传承下来的西方文明，还有其他的文明模式。马丘比丘就是印加帝国历史上一个重要的城市。在这部宪章中回顾了1933年以来规划师们开出的药方与现代城市发展规律的冲突，提出了城市是不能被汽车和功能分区所区隔的流动性空间的观点。所以，认识城市规律应该从理论推演、历史归纳和问题导向三个方面进行提炼。

1.2 统筹空间、规模、产业三大结构，提高城市工作全局性

20世纪90年代，美国普林斯顿大学教授萨森（Saskia Sassen）提出：在经济全球化、社会信息化时代，所有的城市都会进入到全球城市网络体系。如果有一些城市注意到了变革和结构调整，有所准备和行动，有可能提升成为重点节点城市，在全球化网络时代获得更多战略性资源，从而得到进一步发展。但又会有相当一部分城市（特别在发展中国家）有可能在这个过程中被边缘化，从而造成地区与国家竞争力的衰退。

其次，从大中小城市协同发展来看全局性。很多主流经济学家都认为城市应该规模越大效益越好，但我国著名华裔经济学家杨小凯却不这样认为，他在《超边际分析》一书中提出，"为何主流经济学都认为城市规模越大，效益越好，但这又和大中小城市数量呈正态分布的实际完全不符"。按照主流经济学观点，小城市不应该存在。但美国和欧洲，小城市占据绝大部分，大城市只是少数几个，为什么实践和理论相差那么大呢？他的新理论认为：超大规模城市可以实现全球商品和生产要素交易的成本最低；中等规模和大城市在区域商品和要素交易中交易成本最低；而小城镇是对周边农业、农民、农村服务的时候，生产要素和商品交易成本是最低的，三级城市都有存在的优势。由此可见，这种超边际分析法对理论和实践的差距进行了弥补。

再次，从全球性气候变化角度来看全局性。联合国相关机构曾给出数据：全

球75%以上的能源是城市消耗的，75%的人为温室气体是城市排放的，75%的污染也是城市排放的。由此可见：城市应对气候变化是举足轻重的，人类命运要么是光明的前途，要么是黑暗的未来，决定于城市能否绿色发展。

最后，从城市经济增长功能来看全局性。我国的GDP、科技创新成果、财政收入绝大部分都是城市产生的。城市因而被称为"财富的容器"。从城乡关系来说，城市是主动者，它是人口的吸引者。所以，必须从全局性来考虑城市的问题。中央城市工作会议的召开恰逢我国正式进入城市时代（一半以上人口居住在城市）。中央明确提出："城市是区域增长的火车头"，城市管理者必须重视城市工作，学习掌握城市规划、建设和管理的知识。

1.3 统筹规划、建设、管理三大环节，提高城市工作系统性

一方面是"时间上的系统性"。从城市规划学角度来看，城市规划是一个过程，包括论证、编制、执行、检查、修正等一系列行动，我们将城市规划作为工具对各种城市病进行治理。正因为"过程性"是城市规划的主要属性，必须具有贯彻、监督、修订、反馈的具体执法过程，所以现代的城市规划讲究规划编制和实施的迭代。另一方面是"空间系统性"，存在的问题比较多。21世纪初，规划学的知名学者提到了我国现代城市规划建设管理系统被肢解的严重问题。例如，用高速公路模式代替城市交通发展模式，用大江大河的治理办法来代替城市河流水系的治理模式，用人工造林的模式来代替园林绿化，还有用工业区的模式来代替城市的空间机理等等，这种种"取代"肢解了城市工作系统性，造成了城市空间分裂症。2015年的中央城市工作会议重申了城市的规划、建设和管理是一个严密系统的三大环节，不可分离，已经肢解的，要根据会议精神来纠正。

1.4 统筹改革、科技、文化三大动力，提高城市发展持续性

城市是地球上最大的人工与自然复合体。从全国的角度讲，能否实现"绿色发展"取决于自然、农村、城市等三大板块，对"自然"而论，如果人们不过多地干扰和改造它，而是以尊重、顺应自然的模式来发展，则必然是绿色的；农村只要走绿色农业现代化发展模式，避免走化学农业和能源农业的道路，也不难实现绿色，但城市却面临从灰色的动力结构转向绿色动力结构的绿色发展和可持续发展难题。所以这次会议提出，城市发展应从原来依靠工业化为主动力转向以改革、科技、文化三大新动力为主导。这就要求城市工业率先实行结构调整，以

"新型工业化"取代和改造传统工业;从集中、大规模基础设施为主转向小型、分散与循环利用为主;从刚性城市转向弹性城市("弹性城市"已经成为一个发达国家非常热门的城市规划改革主导方向);必须从局限于城市本身的发展转向城市群的协调发展和城乡互补协调发展。由此可见,城市发展持续面临着转型的挑战。

1.5 统筹生产、生活、生态三大布局,提高城市发展宜居性

宜居性意味着城市要回归其本质,改变过去我国长期以来倡导的"先生产、后生活"的城市发展旧模式。城市宜居性是一系列现代城市要素中最基本的要求,两千多年前古希腊哲学家亚里士多德就曾认为:为何人们愿意住到城市中来?是因为城市的生活更美好。首先,城市是文化的容器,人类社会需要心灵的认同和空间的归属感,这就要求我们的规划、建设和管理尊重城市中的普通市民。二是城市需要多样性,人的天性就是喜欢多样性,无论是街区还是城市,只有满足多样性才有活力。三是要诚实、客观地认识和治理现代城市病。四是要注意城市已经产生了巨大的贫富差距,而目前有些城市管理者对此类问题没有清晰的认识。城市的宜居性是由没有流动性的最低阶层来认可的,他们认为城市是宜居才真正是宜居。

1.6 统筹政府、社会、市民三大主体,提高各方推动城市发展积极性

大英百科全书曾把城市规划内涵归纳为三个方面:首先,城市规划是有限空间理性分配的工程技术;其次,城市规划是政府法治的一种强制力,城市规划的实施体现的是法律面前人人平等的威权治理;再次,城市规划是人人参与的现代文明的运动形式之一。城市规划的内涵也体现了三个规律,即:城市规划要尊重自然、尊重普通人利益、尊重本地的历史文化,在这样的背景下,把政府、企业、专家、多学科人士和市民等推动城市发展的积极性都汇聚起来。所以,西方早就提出,所谓城市规划就是联络性的规划、开放的规划。最后,变革城市管理模式。现代城市"三分建设、七分管理"是常识之一。因此,"适度集中城市综合执法权、广度推行网格式精细化智慧管理"相结合的城市管理模式改革方向,是对三十年来我国城市管理经验教训进行全面总结并结合现代信息技术发展趋势后得出的重大变革结论,理应全面贯彻实施。

2 "新常态"下新型城镇化发展之路
2 Development Path of the New-type Urbanization under the "New Normal"

2.1 "新常态"下城镇化须防的问题[1]

2.1.1 高增长的碳排放

过去十年,我国二氧化碳排放速度比美国快5倍,碳排放量等于美国和欧盟的总和,人均排放也早已跨越世界平均线。经验表明,任何一个国家的碳排放强度总是与城镇化和工业化进程密切相关,"十三五"期间将成为国际社会要求我国降低碳排放压力最大的时期。

据联合国提供的数据,20世纪末全球平均建筑能耗占总能耗比重达32%、交通能耗达28%、产业能耗达40%,而我国在城镇化和工业化发展过程中,建筑能耗占比为27%,交通能耗为10%,剩余63%为产业能耗。产业能耗由企业家根据外部环境,能源、资源价格,碳排放税、科技的革命来自主调节,而建筑能耗和交通能耗则是由规划师和城市管理者的智慧和奉献来决定的。未来的碳排放对于全人类的影响在于我们当前的作为,只有预见性的规划和有力的组织实施方能防患于未然。

2.1.2 PM2.5高居不下

虽然国家在治理空气污染方面做了很多工作,但是PM2.5浓度依然高居不下。2015年4月中旬,自然杂志公开了长达1年之久(2014年4月12日至2015年4月11日)的中国PM2.5时空分布研究,报告团队是耶鲁-南京信息工程大学大气环境中心研究小组。研究选取了190个重点城市,其中只有25个满足国家环境空气质量标准。总体来讲,北方的污染形势比南方严峻,河北、河南、山东PM2.5浓度常年高居不下。在时间维度上,我国城市空气普遍在下午时颗粒

---

[1] 仇保兴. 简论我国健康城镇化的几类底线. 城市规划,2014,38(1):1-7

物浓度最低,而在晚上时最高,冬季是空气污染最严重的季节。主要原因包括采暖燃煤、废弃生物质燃烧以及不利的气象扩散条件。

2.1.3 城镇特色和历史风貌丧失

作为全球四大文明古国之一,我国绝大多数城市都有长达两千年的悠久历史,但与发达国家历史遗存和传统风貌保存良好的情况相比,我国多数历史文化名城、名镇正在丧失特有的建筑风格和整体风貌,城市风貌趋向平庸,一部分城市已成为国外"后现代建筑师"的试验场,大批"大、洋、怪"建筑以高能耗、高投入、低使用效率浪费了宝贵的公共资源,并侵蚀了这些城市昔日独特的传统形象,割断了历史文脉的传承。决策者"崇洋媚外"等不良风气并未得到有效遏制。在提高"容积率"的利益驱动下,历史街区、优秀历史建筑被随意推平。全国各地城市正在趋向"千城一面"。传统的城市与周边环境和谐相处的格局被破坏。"城乡一律化"的新农村建设模式和盲目的"建设用地增减挂钩"政策正在快速毁坏不可再生的乡村文化和旅游资源。

2.1.4 空城现象

我国目前人均住房面积估算约为35平方米,已接近日本、法国等高人口密度国家的水平,住房投资在全社会投资的比率为74.7%(美国为27.9%)。前几个五年计划期间,我们有着世界上最大的建筑市场,每年建造的建筑面积达20亿平方米,占全世界总建筑量的40%以上,消耗了全球约40%的水泥和35%的钢铁。2014年底,一线城市住房平均去库存化周期已超10个月,三线城市甚至为30~50个月。各地的"空城"、"鬼城"不断涌现,造成巨大的资源浪费。住房刚性需求将呈下降趋势,这一方面会引发房地产及其相关行业的衰退;另一方面也不可避免地会加剧房地产泡沫风险和经济长期通缩的压力。

"十二五"期间我国每年投入大量的财政资金建设各类保障房和推行棚户区改造(每年平均约700万套左右),解决了大量低收入群体的住房问题,也消除了积累多年的城市"脏乱差"问题。但随着这种"从上到下布置任务式"的建设模式积累运行,其弊端也日益显现:一方面,部分基层政府为"节约开支"将保障房项目安排在缺乏配套设施的远郊区,另一方面由于地方政府配套资金的日益短缺,本该同步建设的配套设施迟迟上不了马。而低收入者往往缺乏"空间自由移动的能力",必须紧靠工作岗位安置居住。这样一来,保障房空置现象越来越严重。与此同时,由于缺乏财产税、消费税、空置税等调节工具,城市居民"买对一套房,生活水平提升一个档次",投机性购房正在扭曲住房需求并塑造泡沫。

2.2 "新常态"下城镇化坚守的底线

"新常态"下的城镇化必须保证不能触及两类底线：刚性底线和会不会引起连锁反应错误的底线。如果不触碰刚性底线，就意味着城镇化建设出现的问题可以柔性解决，可以软着陆。如果发生的错误不会引起连锁反应，那么错误产生的不良影响就在可控范围之内。同时，国务院参事、城乡建设部原副部长仇保兴将两类底线细分为五条：大中小城市和小城镇协调发展、城镇和农村协调发展、紧凑式的城市空间密度、防止出现空城和保护自然和文化遗产。仇保兴强调，以人为本的城镇化决策是长久之计，要以城乡规划保护下一代的生活发展空间和资源需求。"如果把城镇化看成是火车头的话，城乡规划就是轨道，这个轨道要修得比较精密、比较合理，方向要正确，我们在城镇化建设中才不至于发生严重的错误。"

2.3 "新常态"下城镇化的深度思考[1]

（1）要稳妥地开展农村土地改革试点。

"十三五"期间将是中国大城市郊区化活力最高的时期。为保证城市的紧凑式发展和节约耕地，首先必须正视和有效克服农村建设用地平等入市改革可能存在的负面效应，并使其服务于健康城镇化。应该明确指出，在机动化时代到来的时候，我们首先要对集体建设用地进行规模控制，防止出现美国式的城市蔓延。部分限制政策已出台，有的正在进行更全面的调整，这在"十三五"规划建议中都有体现。

（2）以"韧性"城市规划来统领整个城市各种基础建设，提高防灾性能。

国际韧性联盟（Resilience Alliance）将"韧性城市"定义为"能够消化并吸收外界干扰（灾害），并保持原有主要特征、结构和关键功能能力的城市或城市系统"。韧性城市应具有技术弹性、组织弹性、社会弹性和经济弹性，其中技术弹性是指城市生命线受到外界干扰（灾害）之后，保持其主要功能的弹性，对城市宜居性非常重要。我们应该以这种新理念对城市进行整体的基础设施规划再创新，把海绵城市、城市综合管廊示范城市、新能源城市、低碳生态城市、智慧城市统筹起来，用城市弹性的理念加以整合，使城市极大提高防灾减灾性能。

（3）推行城市交通需求侧管理。

在城市交通空间资源非常有限情况下，增加道路供给往往不易实现减堵效

---

[1] 仇保兴. 迈向"深度城镇化". 中国经济报告. 2016（2）：16-18

应，必须实行需求侧改革。过去一味强调满足私家车出行的供给侧项目，比如说建设高架路、立交桥，盲目拓宽街道，取消和压缩自行车道已经形成恶果，也忽视了各种交通工具对雾霾和能耗的贡献差异性。应该从需求侧入手调整，大幅提高绿色交通比例、倡导可持续的交通模式。

（4）变革保障房建设体制，降低房地产泡沫风险。

如果继续放大房地产泡沫，可能会出现日本经济断崖式下降的恶果。应该将中国保障房建设模式及时转向欧盟模式，学习欧盟各国动员低收入群体自发开展合作建房的经验，出台相关法规和扶持政策，变政府建、政府管为民众合作建、自己管、政府监管扶持的新模式。如果市民收入低、无房住、缺房住，才开始合作建设，就不会出现中国保障房供需脱节、工作地和住宅脱节、建设与配套脱节等弊端。

（5）全面保护历史街区，恢复城市文脉。

城市历史文脉的传承和历史街区是城市特色的主要载体。只有传统的、历史的、民族的，才是世界的，城市历史文化才能成为不断增值的绿色资源。很多北欧、西欧城市是二战以后完全按照原有面貌重建的，这些城市少有工业产业，其经济收入的80%以上是靠独特的建筑历史文化传承发展旅游产业而来。

（6）推行"美丽宜居乡村"建设，保护和修复农村传统村落。

中国有约70万个传统村落，都是先人们精心选址建造的，也是我们中国人心目中的"桃花源"。如果错误地把它们整合成小规模城市社区，我们不仅会损失文化的软实力，而且会损失以乡村命名的无数优质农副产品的地理依托。在这些问题上，我们一定要头脑清醒，把这些文化遗产保留下来，使其不断增值。

（7）编制和落实城市群协同发展规划。

雾霾等污染问题不是一个城市就能解决的，应该通过管理机制创新，通过空间规划，城市间协同进行资源共享、环境共治、基础设施共建、支柱产业共布局来解决。许多其他城市问题也都需要从"群"的角度来解决。

（8）对既有建筑进行"加固、节能、适老"改造。

这类建筑约占城市建筑量的35%，寿命大都已30多年。阳台坍塌、结构出现大问题的比比皆是，通过"加固、节能、适老"改造，对这类建筑分批进行统一改造，不仅利国利民、还可以增加有效投资。通过大维修基金出钱、国家给补贴、老百姓再出一点资的模式，改造总体可以形成约十万亿的市场规模。

（9）以绿色小城镇为抓手，分批进行人居环境的提升和节能减排改造。

小城镇最容易融入"望得见山水"的美景之中，最容易改造成绿色城市。通过调查农民进城意愿，子女教育和就医资源需求排在最前面。浙江省、上海市已经推行新的模式，动员当地三甲医院、名校对口把小城镇的医院、学校改成它的分院、分校，一下子提高了当地医院、学校的质量档次，深受老百姓欢迎。

（10）以治理"城市病"为突破口，全面推进智慧城市建设。

现在的"智慧城市"，十有八九是"伪智慧"、"白智慧"、"空智慧"，不能解决城市实际问题。"智慧城市"必须有三个导向：一是有利于节能减排；二是有利于提高城市治理的绩效；三是有利于解决城市病。在此基础上再实现老百姓生活的丰富化，便捷化。

3 低碳与智慧协同发展
3 Synergetic Development of Low Carbon and Smartness

3.1 智慧城市建设的思考❶

3.1.1 智慧城市概念易被误导

从智能建筑、智能社区到智能地球,有关未来智慧城市的讨论层出不穷,近两年,中国各大城市也开始纷纷推行智慧化,尝试用智能手段解决城市病并方便人们生活。但智慧城市是新概念,很容易被误导,应避免发展所谓的假的、空的智慧城市。

传统城市是指基础设施等建筑的叠加,其本质也是以人为本,则真正的智慧城市不仅应使人们拥有传统的基础设施,同时通过智慧城市的信息手段,使人们的生活更美好,建设的城市也更美好。

真正的智慧城市可以分为三个类型:

第一类针对城市病,如智慧地解决城市的交通安全、供水或者自然灾害威胁等问题,尤其是在现在资源有限的情况下,城市交通拥堵加剧,每一种城市病都可以尝试通过智慧手段,将资源重新配置来解决。

第二类智慧城市则对应的是节能减排,通过运用新技术,开发一系列的新产品实现节能减排,如交通节能、建筑节能、水节能等,增加城市基础设施的投入,让城市的运营发展更加环保。

第三类则是运用智慧手段改善政府治理绩效,鼓励政府提供精细化、数字化的服务,同时加强社会与公众对政府的监督作用和考核作用。

目前,这三类健康的智慧城市都已经开始在中国生根发芽,等待逐步推广。

3.1.2 智慧城市要"西医调理中医补"

目前国内在智慧城市发展方面尚存在一定的问题,但与国外相比,其差距并

---

❶ 仇保兴. 智慧城市的背景、内容和途径. 建设科技. 2016(3):12-14

不大，如何治理，则需要借助国内外共同的智慧。以智能交通为例，国外城市道路的面积占城市空间的比例较高，达20%～30%，而在国内只有12%，最低仅有10%。那么在10%这个螺丝口道路里面如何将它运转的更好，则需要先天不足、后天补，结合西医调理不够，辅以中医。西医是道路，中医是智慧，智慧信息是非工程化的，是系统化解决问题。这种模式是很好的一种发展模式，可以系统性、全面地考虑问题。

3.2 智慧城市建设的目标

习近平总书记在2012年中央经济工作会议上提出了新型城镇化的"八字方针"：集约、绿色、智能、低碳。李克强总理在今年3月5日全国人大所作的报告上提出"互联网＋"行动计划，并强调要发展"智慧城市"，保护和传承历史、地域文化。其实更重要的是，要通过智慧城市建设，有效治理污染、交通拥堵等城市病，加强城市供水供气供电、公交和防洪防涝设施等能效建设，达到让城市生活更便捷、环境更宜居的目的，实现城市的善治。

智慧城市的战略目标包含在我国的"五化"之中：新型工业化是动力，是通过专业化分工与合作来提高生产效率和提供城市就业岗位的主动力；农业现代化是基础，能为经济持续增长提供基础性食品安全保障和生态底板；信息化可融合各种各样的生产要素和治理方式，属协同创新；新型城镇化是机会平台，对于一个民族和一个国家来说，那么多的人口移居到城市里来或重新分布，发展机会很多亦很大；绿色化是方向，是一个可持续发展的战略，既包含价值观的，又具有工具性。

确定一个这样的"五化"同步的发展战略是因为我国已经从农业国转向工业国，而实践已经证明，工业文明是不可持续的，还需要转型成为生态文明或者后工业文明。在这个过程中，伴随着高度交织的城镇化和新型工业化，我国发展机会巨大，同时治理任务非常繁重，挑战空前。

可应用的解决方法除了改变体制，提高政府效率外，还包括现代科学技术的运用，尤其是信息技术。这是双刃剑，既能解决很多问题，也会带来很多麻烦。这就要求在城市建设过程中，要使善治与绿色化相协调，与智慧城市相同步。从宏观方面看，要实现：由城市优先发展转变为城乡互补；从高能耗城镇化转变为低能耗城镇化；从大城市扩张转向大中小城市协调发展；从盲目克隆国外建筑转向文化传承；从高环境冲击转向低环境冲击；从放任式机动化转向集约式机动化；从大型、集中式的基础设施建设转向小型、分散循环式；从少数人先富转向社会公平。通过智慧城市建设来破解城市发展难题、转变经济发展方式已成为必由之路。

3.3 智慧城市建设的内容

3.3.1 集约、智能、高效的智慧城市特征

从手段上说，智慧城市就是通过全面感知、信息共享，实现智能解题，在城市规划、建设、管理、运行过程中采用信息化、智慧化、人性化等手段推进管理创新；从内容上说，智慧城市涵盖城市产业、民生、环境、防灾减灾、行政治理、资本配置等；从理念上看，智慧系统可作为"粘合剂"将集约、低碳、绿色、人文等新理念融入城镇化全过程；从难度上看，智慧城市建设最大的难点是将信息孤岛连接起来，通过信息共享、系统共生来消除部门"信息孤岛"和利益壁垒。

"集约"能够提高城市资源利用和城市的运行效率；而"智能"是城镇化的智慧化与精细化。构建"更为智慧化、百姓生活更便利的城镇"，要求能够实现"绿色"可持续发展，循环利用资源能源、善待和修复生态环境；而"低碳"发展能够降低能源消耗、推广可再生能源、促进民众行为节能减排。

3.3.2 数字城管系统的网格式管理

我国在八年前推行的数字城管系统，本质上是一种网格化的物理平台，不仅将物联网的感知系统和视频监控系统精确叠加，而且可以发挥现场巡视人员实地拍摄检查并反馈分析的能力。系统能够将所有涉及公共服务的事项通过电脑记录下来，然后公之于众，适应了多专业协同体系的现代城市管理。不管存在多少专业管理部门，网格化平台都可以将其"一网打尽"。

数字城管系统与现在部分地区推行的综合执法有很大区别。综合执法将许多部门的事情集中在一个部门，显然常常是力不从心的，也是与现代城市的复杂性和专业分化趋势相违背的，因而困难重重。但数字城市网格式管理，不管有多少专业服务机构，系统都可以做出客观评价，有效促进管理效能提高，方便让群众进行绩效监督并不断地根据问题、现代化进程和人们的要求，促进自身的不断完善。总之，数字城管将让城市发展更加可持续，有效解决了现代城市多部门服务和协调复杂性的矛盾。它是城市管治的基础工程，更是每个民众都可享用的"公共品"。因此，可在已有数字化城管系统的基础上进一步优化扩充，作为智慧城市的公共平台。

在对数字城管系统优化扩充的基础之上可引进大数据。大数据跟传统的小数据的一个巨大的差别在于：传统小数据必须找出事物之间的因果逻辑性，但大数据完全是方法创新的，它可找出事物之间的相关性而非逻辑性。此外，大数据与

小数据的区别还在于：

小数据可用传统办法和工具处理，抽样办法，模型简化；大数据是人们获得新认知、创造新价值的源泉，是改变市场、组织机构以及政府与公民关系的方法。小数据遵循还原论，将事物细分到逻辑原点，找出系统构成要素及内部运行机制、行为、功能，属简单科学；大数据遵循整体论，是由分散的、具体的全部数据集合构成，可全面、完整地把握对象的整体与局部要素的系统行为，属复杂科学。小数据追求统一性、标准化，是关注普遍性规律，能通过理论模型简化结果，是减少错误、保证调查质量的必要途径；大数据容忍多样化、个性化，融合地方性、实践性知识，甚至模糊性（不精确性），强调数据的完整、多样，进一步接近事实。小数据关注因果关系，数据少、精，寻找数据之间线性逻辑关系；大数据关注关联关系，数据海量、混杂非线性，"黑箱方法"，忽略因果细节，只看宏观关联。

数字城管系统正在逐步覆盖。据不完全统计，目前全国已有258个市（区）建设了数字城管系统，其中地级市（含直辖市的区）122个、县区级136个，江苏、浙江、河北三省已实现地级市全覆盖。

3.3.3 专题性智慧城市应用

智慧城市建设有一个不断提高的过程，首先需要找出主要城市病并编类，并针对每一类都尝试用智慧城市的办法去解决。例如：功能模块类——智慧北京；数据共享类——苏州智慧医疗；虚拟城市类——数字南宁；电子政（商）务类——新加坡电子政务网等。然后将专题性的智慧城市系统叠加，解决多个"专题性"问题，同时逐步做到用信息系统攻克某几个公认的现代城市难题，形成"综合性"智慧方案。

3.4 智慧城市建设的若干途径

智慧城市应该以城市绿色化作为主要的发展途径。其中，在生态城市建设与改造，城市绿色交通规划与"绿道"建设，海绵城市、排水、污水处理、安全供水与防灾，可再生能源与建筑一体化及建筑节能改造，绿色小城镇和宜居村庄建设，城市空气污染系统治理，绿色建筑、绿色社区等方面，都可以智慧化来促进绿色发展。智慧化已成为我国进入"城市时代"的社会治理主题。

3.4.1 生态城市建设与改造

城市需要文明转型，如果还停留在工业时代的城市，那两型社会目标就难以实现。什么是生态城市？简单来说就是紧凑混合用地模式，可再生能源占比

≥20％，绿色建筑≥80％，生物多样性绿色交通（步行、自行车、公共交通≥65％），拒绝高耗能、高排放的工业项目。以上六个方面是生态城市28项主要指标中的核心指标。

3.4.2 城市交通

城市交通实际是空间资源的分配问题。与国外城市不同，中国广泛存在封闭社区，如封闭居民区、封闭厂区与机构大院落等，除必须打通交通"毛细管"之外，还需运用信息化手段统筹运用多种交通工具，实时感知交通系统的拥堵点，将把城市交通转变成每个驾车者都同步可视的系统作为治理的重点。

3.4.3 智慧水务

智慧水务包括城市排水、污水处理、安全供水、雨水收集与防灾等，除改进硬件建设外，同时还需要加强软件设施。海绵城市要求开发前、开发后径流时间、径流量、径流峰值三大要素保持不变，城市就像一个巨大的海绵一样。通过智慧水务，城市自身就能够更高效地利用雨水、渗透水、净化水、循环用水，解决城市水问题。

3.4.4 可再生能源、建筑一体化和建筑节能

建筑是用能大户，建筑能耗可达全社会总能耗的30％，但建筑一旦与新能源结合又可以采能。我国如果使用10％的屋顶进行太阳能的转换，年发电量相当于一个"三峡"，用能潜力巨大。通过推广绿色建筑（达到建筑全生命周期"节能、节地、节水、节材"的"四节"建筑），是我们要坚持实施的基础性工程。历史资料表明，如能在每幢建筑做到节能、节水的可视化，就能节约15％以上的能耗。也就是说任一个居住单元，一旦能显示自身的节水和节能是同类单元的第几位，居民就会积极自主节省。由此可见，简单地信息化就可以解决节能节水的大问题。

3.4.5 绿色的小城镇

在智慧城市的建设中，应突出通过智能化技术对城市空气污染的系统治理。具体而言，体现在信息技术对污染源头进行分析、现场监测、过程控制、预警预报、系统反应等五大过程。其次，城市是建筑和社区组成的，通过智慧城市建设，使得建筑和社会更加绿色。对于各类学校而言，也应该建成绿色校区，使其不仅仅能成为技术创新的实验基地，也能形成绿色环境对学生的良性影响，促进二者相互协同发展。

例如上海于2006年提出"1966计划"，计划提到1个中心城、9个卫星城、

60个小城镇、600个中心村，如都能做到绿色化、智慧化发展，小城镇市民就能享受到和主城同样的各种生活、就业、医疗、教育等方面的优质服务，同时空气更洁净、住房更便宜。

参考文献

[1] Caetanoa M, Gherardi D, RibeiroG. Reductionof CO_2 Emission By Optimally Trackinga Pre-defined Target[J]. Ecological Modelling, 2009, 220(19): 2536-2542.

[2] Churkina G. Modeling the Carbon Cycle of Urban Systems[J]. Ecological Modeling, 2008, 216(2): 107-113.

[3] FelicianoM, DavidCP. Planningfor Low Carbon Cities: Reflection on the Case of Broward County, Florida, USA[J]. Cities, 2011, 28(6): 505-516.

[4] Gomi K, Shimada K. A low-carbon scenario creation method for a local-scale economy and its application in Kyoto city[J]. Energy Policy, 2010, 38(9): 4783-4796.

[5] Lebel L, GardenP, BanaticlaMRN, etal. Integrating Carbon Management into the Development Strategies of Urbanizing Regionsin Asia[J]. Journal of Industrial Ecology, 2007, 11(2): 61-81.

[6] Seyfang G. Community Action for Sustainable Housing: Building a Low-carbon Future [J]. Energy Policy, 2010, 38(12): 7624-7633.

[7] Yuan H, Zhou P, Zhou D. What is low-carbon development? A conceptual analysis[J]. Energy Procedia, 2011(5): 1706-1712.

[8] 陈飞，褚大建．低碳城市研究的内涵、模型与目标策略确定[J]．城市规划学刊，2009(4)：7-15．

[9] 从理想到现实——中国低碳生态城市发展的回顾与展望[J]．动感(生态城市与绿色建筑)，2012，04：24-31．

[10] 顾朝林，谭纵波，刘宛．气候变化、碳排放与低碳城市规划研究进展[J]．城市规划学刊，2009(3)：38-45．

[11] 李长青，姚萍，童文丽．中国污染密集型产业的技术创新能力[J]．中国人口·资源与环境，2014，24(4)：149-156．

[12] 李帆．绿色建筑对建设低碳城市的重要作用[J]．中华建设，2011，05：70．

[13] 李迅，刘琰．中国低碳生态城市发展的现状、问题与对策城市规划学刊[J]．2011(4)：23-29．

[14] 刘竹，耿涌，薛冰，董会娟，韩昊男．基于脱钩模式的低碳城市评价[J]．中国人口·资源与环境，2011，21(4)：19-24．

[15] 罗巧灵，胡忆东，丘永东．国际低碳城市规划的理论、实践和研究展望[J]．规划师，2011，05：5-10＋27．

[16] 彭远春．我国环境行为研究述评[J]．社会科学研究，2011(1)：104-109．

[17] 秦波．邵然低碳城市与空间结构优化：理念、实证和实践．国际城市规划[J]．2011

(3): 73-78.

[18] 向春玲. 中国城镇化进程中的"城市病"及其治理[J]. 新疆师范大学学报(哲学社会科学版), 2014, 02: 45-53.

[19] 肖华斌, 盛硕, 刘嘉. 低碳生态城市空间规划途径研究综述与展望[J]. 城市发展研究, 2015, 12: 8-12.

[20] 薛冰, 鹿晨昱, 耿涌, 刘竹, 张伟伟, 李春荣. 中国低碳城市试点计划评述与发展展望[J]. 经济地理, 2012, 01: 51-56.

[21] 叶玉瑶, 张虹鸥, 许学强, 吴旗韬. 面向低碳交通的城市空间结构: 理论、模式与案例[J]. 城市规划学刊, 2012(5): 37-43.

第三篇 方法与技术

我国城市发展已经进入新的发展时期。改革开放以来，我国经历了世界历史上规模最大、速度最快的城镇化进程，城市发展方兴未艾，得到世界的关注。

目前，国际上低碳城市的研究方向主要集中于环境科学、工程、城市研究、地理学、水资源、生物多样性保护、公众环境健康、能源、公共管理等领域；在相关的低碳生态城市研究中，中国、美国与德国等国家的研究数量占据前三；在国内，研究重心为生态城市、海绵城市、低影响开发、低碳城市、生态文明、城市建设等，兼具工程技术、行业指导和基础研究等方面。

2015年12月20日至21日举行的中央城市工作会议，明确了当前和今后一个时期我国城市工作的指导思想，贯彻创新、协调、绿色、开放、共享的发展理念，坚持以人为本、科学发展、改革创新、依法治市，转变城市发展方式，完善城市治理体系，提高城市治理能力，着力解决城市病等突出问题，不断提升城市环境质量、人民生活质量、城市竞争力，建设和谐宜居、富有活力、各具特色的现代化城市，提高新型城镇化水平，走出一条中国特色城市发展道路。

在此背景下，树立系统思维，不断提升城市的规划、建设、管理水平，加快深度城市化进程，必将成为未来一段时间中国城市发展的主基调。本篇通过对低碳生态技术的研究热点进行总结，并将韧性城市、规划融合、物质流分析、可再生能源、智慧城市、人文需求、指标体系、经济激励等方面的技术方法研究进展进行了系统的阐述，希望从不同侧面支持"一个规律、五个统筹"的城市规划建设理论和实践研究。

具体的方法和技术包括：（1）韧性城市，从理论上分析环境现象与社会以及自然系统之间的联系，分析部分与整体之间的关系，从方法上借用景观、流域分析以及土地覆盖模型，分析空间异质性，从研究尺度上包括家庭、基础设施、社区园区、城市、城市群等不同层面；（2）城市绿色基础设施，将区域绿色基础设施与区域规划相融合，整体绿色基础设施与整体规划相融合，社区绿色基础设施与控制性详细规划相融合，结合绿色基础设施的类型和特征，有效引导绿色基础设施网络的实施；（3）低碳生态城市物质能量流，从城市物质能量代谢入手，深刻分析城市代谢的过程和机理，寻求城市物质流动和能量流动的生态化途径，以解决我国城市发展及城市化过程中所面临的资源、污染、环境和生态的各种问题；在面对公私合营模式推广与智慧城市建设等问题时，采取不同的方法与技术，解决城市发展的难题，推进城镇化发展。

此外，由住房城乡建设部城乡规划司主导，中国城市规划设计研究院、中国城市科学研究会、北京市城市规划设计研究院、深圳市建筑科学研究院等单位联合编制的《生态城市规划技术导则》现已完成征求意见稿，其《生态城市规划指标体系赋值建议、适用范围、强制（引导）等建议表》在第三篇的方法与技术附件中收录。

Chapter III Methods and Techniques

China's urban development has entered a new period. Since the reform and opening up, China has experienced the largest and fastest urbanization in the world's history. China's unfolding urban development has got the global attention.

Currently, the international research on low-carbon city focuses on environmental science, engineering, urban studies, geography, water resources, bio-diversity protection, public environment health, energy, public administration and other fields; in the relevant low-carbon eco-city research, China, the United States and Germany have occupied the top three in terms of the quantity of studies; in China, research focuses on eco-city, sponge city, low-impact exploitation, low-carbon city, ecological civilization, urban construction, covers engineering technology, industrial guidance and basic research, etc.

The Central Urban Work Conference 2015 held on December 20 to 21, 2015 clearly put forward the guiding ideology of the urban work in the current and future period to implement the concept of innovative, coordinative, green, open and shared development, adhere to the humanistic orientation, scientific development, reform and innovation and legal management, to transform the urban development mode, to improve the urban management system, to enhance urban governance, solve prominent city problems such as urban disease, to improve quality of urban environment, urban life and urban competitiveness, to build a harmonious livable, vibrant and distinctive modern city, to raise the level of new urbanization and undertake a path of urban development with Chinese characteristics. "One rule and five co-ordinations" becomes the guidance of the urban planning and construction in China.

In this context, to establish a systematic thinking mode, to improve the level of the urban planning, construction and management and to speed up the process of an in-depth urbanization will become the main tone of China's urban development sooner or later. This chapter summarizes the research hotspots of the low-carbon ecological technology and explains in a systematic way the technological and methodological progress in resilient city, plan integration, material flow analysis, renewable energy, smart city, cultural needs, index system, economic incentives and other aspects with expectation of supporting the research in the theory and practice of the urban planning and construction defined by "one rule and five co-ordinations" on different sides.

Detailed methods and techniques include: (1) resilient city. It theoretically analyzes the linkages between environmental phenomena and the social and natural systems, as well as the relationship between the parts to the whole, studies the spatial heterogeneity by borrowing the methods from the landscape, watershed and land covering model and includes family, infrastructure, community parks, city, city clusters at different levels in the research scale; (2) urban green infrastructure. It integrates the regional green infrastructure with regional planning, the overall green infrastructure facilities and the overall planning, the community green infrastructure and the regulatory detailed planning, combined all the types and characteristics of green infrastructure and effectively guides the implementation of green infrastructure networks; (3) the material energy flow of the low-carbon eco-city. It profoundly analyzes the process and mechanism of the urban material energy metabolism and seeks the ecological way of urban material and energy flow to solve the pollution, environmental and ecological problems confronting the urbanization process; meanwhile, it adopts different approaches and techniques to address the problems of urban development and push the whole course when facing issues such as the promotion of the public-private partnership model and the smart city construction.

Besides, the draft of "Guidance of Eco-city Planning Technology" supervised by Department of Urban and Rural Planning of Ministry of Housing and Urban Construction and jointly composed by China Academy of Urban Planning and Design, China Society for Urban Studies, Beijing Urban Planning and Design Institute, Shenzhen Institute of Building Research and other units has completed for comments; "The Questionnaire for Experts on Eco-city Planning Index System", "The Feedback Form of the First-round Questionnaire for Experts on Eco-city Planning Index System" and "The Feedback Form of the Second-round Questionnaire for Experts on Eco-city Planning Index System" and "The Recommendations Table for the Value, Scope and Mandatory Guide of the Eco-city Planning Index System" have been included to the Annex of Chapter Ⅲ: Methods and Techniques.

1 韧性城市：应对城市挑战与危机[1]
1 Resilient City: to Address Urban Challenges and Crises

近年来，在气候变化与经济全球化的背景下，现代城市普遍面临着来自于不同方面的挑战与危机，两者不同程度影响了城市经济-社会-生态环境系统的稳定与功能实现。作为人类主要的聚集地，如何有效地应对城市中的种种挑战和危机，已成为学术界的研究热点。韧性城市（或称"弹性城市"）是一种从应对城市挑战与危机角度出发的城市发展理念，强调城市系统能够消化吸收外界干扰，并保持原有主要特征、结构和关键功能的能力（黄晓军，黄馨，2015），为构建城市的可持续发展提供了一条新的实施路径。韧性城市理论构建与规划建设已成为一个新的学术前沿阵地（廖桂贤，等，2015），将对中国低碳生态城市发展产生重要影响。

1.1 韧性城市界定与特点

1.1.1 城市韧性界定、类型及特点

韧性（弹性）是 Resilience 的通常翻译，我国学者早期译为"弹性"，近些年来学界多认为译为"韧性"更为贴切，本文统一使用"韧性"。"韧性"一词经历了从物理学、心理学、生态学再到城市研究领域的历程。其作为学科用词，最早出现在 20 世纪 50 年代的物理学和机械学科，用来表示物体发生形变后恢复至原来状态的一种性质。20 世纪 80 年代，西方心理学研究将其用于描述精神创伤之后的恢复情况（Alexander, 2013）。1973 年，Holling 最早将韧性的概念引入生态系统研究中，将其定义为：应对气候变化和减缓自然灾害时，"系统能够较快恢复到原有状态，并且保持系统结构和功能的能力"（Holling, 2003）。韧性理论自 20 世纪 90 年代开始逐渐深入到城市研究领域及发展实践中。一些研究从城市防灾、减灾的角度提出韧性的概念，这些城市能够通过预先设计来预测、承受自然灾害或恐怖袭击并从其影响中恢复（Rgodschalk and Xu, 2015）。近年来

---

[1] 沈清基，孟海星，同济大学建筑与城市规划学院教授。

对于城市韧性的认识已从最初防御和减少自然灾害造成的影响，扩展到了经济和社会领域。

简而言之，城市韧性指城市对灾害的承受能力、快速恢复功能的能力。已有的"城市韧性"定义有两类（表3-1-1）：一是按城市应对外部干预的三个时间阶段划分；二是按城市不同子系统或功能维度划分（Cutter，S L，et al.，2008；蔡建明等，2012；周蜀秦，2015）。此外，Lila（2014）基于防灾韧性角度对城市韧性进行了分类（表3-1-2）。

基于外部干预与城市子系统/功能维度的城市韧性分类　　　表3-1-1

按危机应对阶段	按城市子系统/功能维度
前期：敏感防御能力 中期：应对处理能力 后期：适应吸收能力	工程韧性（或称技术/基础设施韧性）、经济韧性、社会韧性、生态韧性、制度韧性、社区韧性、文化韧性等

来源：作者整理。

基于防灾韧性指标的城市韧性分类　　　表3-1-2

分类	描述
经济韧性	社区的经济活力和地方经济的多样，以上两点可以指示社区生活的稳定性
机构制度韧性	机构制度的韧性有关灾害之前及发生早期的经济，减缓措施，规划编制和资源管理
基础设施韧性	社区应对灾害以及从灾害中恢复的能力，需要对社区基础设施的脆弱性进行评估
社区属性	社区个人之间以及与周边邻居和整个社区的关系，关注三个关键的主题，社区归属感，地方依恋感，市民参与
社会韧性	社区本身及不同社区间的不同社会能力

来源：（Singh-Peterson，et al.，2014）

另有研究从城市韧性构建过程的角度提出了城市韧性的特点（表3-1-3）。

基于城市韧性构建过程的城市韧性特性　　　表3-1-3

特点	描述
对现状的认知	认知和维持周边环境现状的能力，包括对周边物理设施维护和对现行政策的科学评估
对趋势和未来威胁的认知	基于对现状的认知，对未来趋势和可能发生的风险灾害的识别和感知能力
从过往经验学习的能力	总结学习以往各种经验的能力，在类似灾害发生时能够及时有效地应对
设定目标的能力	在应对洪涝、气候变化等灾害风险事件方面设定韧性目标的能力，要求视野广阔，多方协作科学合理设定目标

续表

特点	描述
具体应对措施的启动能力	城市当局政策制定和执行的能力
发动公众参与的能力	发动公众参与城市韧性构建，在公共政策制定中有一定的公众参与度和公众知情度，对公众关心的问题要及时回应

来源：(Lu and Stead，2013)

1.1.2 韧性城市概念界定

国内外对韧性城市的概念界定见表 3-1-4。

国内外对韧性城市的概念界定　　　　　表 3-1-4

提出者（机构）及时间	定　义	特　点
韧性联盟（Resilience Alliance），1999年成立后（Alliance，2010）	城市或城市系统能够消化并吸收外界干扰，并保持原有主要特征、结构和关键功能的能力（Alliance，2010）	吸收力、稳定性
国际地方政府环境行动理事会（ICLEI），2002	城市能够吸收冲击和压力，恢复和维持其功能、结构和特性，在持续的变化中使城市具有适应力并持续保持繁荣（Otto-Zimmermann，2014）	吸收力、恢复力及稳定性
韧性城市组织（ResilientCity.org），2000年以后	城市能够吸收来自于社会、经济、技术和基础设施系统的冲击和压力，并保持系统维持原有的结构、关键的功能和特性（Org，2010）	吸收力、稳定性
David R. Godschalk，2003	韧性城市是一个由物质系统和人类社区组成的可持续网络。韧性城市具有承受剧烈冲击而不引起混乱或永久性破坏，并从自然灾害冲击中恢复的能力（Rgodschalk and Xu，2015）	可持续性、承受力、恢复力
政府间气候变化专门委员会（IPCC），2007	描述一个系统能够吸收干扰，同时维持同样结构和功能的能力，也是自组织、适应压力和变化的能力（Carrió，2012）	吸收力、稳定性、适应性
联合国国际减灾署（UNISDR），2009	是一个系统、社区或社会暴露于危险中时能通过及时有效的方式抵抗、吸收、适应并且从其影响中恢复的能力（UNISDR，2015）	吸收力、恢复力
洛克菲勒基金会，2013	韧性城市是指城市中的个体、社区、机构、城市机能和城市大系统无论受到何种慢性压力和急性冲击的影响下所具备的生存、适应和成长的能力（Foundation，2013）	承受、适应力，发展
Alberti，2012	城市一系列结构和过程变化充足之前所能够吸收与化解变化的能力与程度（Alberti，et al.，2012）	吸收性、适应性

续表

提出者（机构）及时间	定　义	特　点
纽约市长办公室，2013	韧性城市首先具有有效的防护体系使城市得到保护，并能够缓和气候变化带来的影响，产生适应力；第二，当城市防护体系被不定时的灾害事件冲击后，能够比较快速地恢复（崔胜辉，等，2011）	防护性、适应性、高效性
周蜀秦，2015	城市的经济、社会、政治、文化及物质环境等各个系统应对外部干预，吸收与化解压力及变化，并仍旧保持其基本结构和功能的能力（周蜀秦，2015）	吸收力、稳定性
卢文超，2015	韧性城市是在慢性压力和急性冲击的影响下，城市或城市系统能够消化、吸收外界干扰，并保持原有主要特征、结构和关键功能，且不危及城市中长期持续发展（徐洁，2015）	消解力、稳定性、可持续性
范维澄，2015	城市系统适应不确定性的能力（范维澄，2015）	适应性
石婷婷，2016	是为了加强城市的自适应性，确保城市在遭受不确定或突发城市灾害时能够快速分散风险并恢复稳定的自动调整能力（石婷婷，2016）	自适应性，稳定性

来源：作者整理。

1.1.3　韧性城市的特点

国内外学者分别提出了韧性城市的特点（表3-1-5），这些韧性城市特点有些基于韧性概念，有些基于城市系统，并带有城市地方特点。学界对于城市韧性的特点提法虽有不同，但反映出了韧性城市的一些共性，包括：多样性、冗余性、适应性、高效应、协作性、地方性。

国内外学者提出的韧性城市的特点　　　　表3-1-5

学者（机构）	韧性城市特征
Wildavsky，1988	兼容特征（多元性）、冗余度、扁平特征（灵活和适应）、缓冲特征、动态平衡特征、高效率的流动特征（Wildavsky，1988）
Ahern，2011	生态和社会的多样性、冗余度和模块化特征、有适应能力的规划和设计、多功能性、多尺度的网络连接性、高效性（Ahern，2011）
Rgodschalk，等，2015	多样性、冗余性、适应性、自治性（Rgodschalk and Xu，2015）
ICLEI，2002年后	多样性、冗余、柔韧度、平稳过渡、支撑能力、分散、能源效率（Otto-Zimmermann，2014）

续表

学者（机构）	韧性城市特征
邵亦文，等，2015	多元性、储备能力、适应性和灵活性（邵亦文，徐江，2015）
田祚雄，2013	多样化、适度冗余、灵敏性、耐久性、减量化、本地化、自然法则（田祚雄，2013）

来源：作者整理。

1.2 韧性城市研究动态

1.2.1 研究领域

国外韧性城市研究领域可归纳为3个方面：理论上，多从系统论出发，分析环境现象与社会以及自然系统之间的联系，分析部分与整体之间的关系；将生态学基本概念及理论应用到社会经济系统（Alliance，2010）。方法上，有关韧性的定量测度、GIS及RS空间分析开始引入，借用景观、流域分析以及土地覆盖模型，分析空间异质性，如有研究（Wang，2015）从网络视角对北京和伦敦不同规划形式下的街道网络的可靠性进行比较研究，丰富了城市韧性研究的切入点与方法。研究尺度上，包括家庭、基础设施、社区（Ainuddin and Routray，2012）、园区、城市、城市群（Cutter, et al.，2008）等不同层面。

1.2.2 韧性城市评估指标体系

洛克菲勒基金会针对城市系统提出了韧性指标框架，包括经济、环境、制度、基础设施等诸多领域。联合国减灾署于2012年发起"让城市更具韧性"倡议，构建了"让城市更具韧性十大指标体系"（表3-1-6）。

联合国减灾署"让城市更具韧性十大指标体系" 表3-1-6

1：基于更多市民组织和民间团体的参与，促进城市减灾意识防范的组织协调工作，促进地方联盟，确保所有部门明确他们在城市减灾工作中的角色和要做的工作
2：提供城市减灾专项预算，并鼓励市民、低收入者、商业和公共部门增加对相应的防灾减灾工作的投资
3：确保对城市危害或脆弱性因素的数据更新和风险评估，并将评估结果作为制定城市规划和决策的依据。确保公众知悉城市风险评估的结果，并充分参与到城市决策制定
4：投资关键基础设施（如防洪设施）的维护，应对尤其是气候变化带来的风险
5：评估所有学校和卫生健康设施的安全性，并做必要的维护升级

续表

6：推广并强制执行具有可行性的安全建筑条例和土地规划原则。确保低收入群体的用地安全并根据实际情况进行灵活的升级措施	
7：在学校和地方社区确保减灾防灾的教育培训项目的开展	
8：保护城市的生态系统和自然屏障，以抵御洪水、风暴潮或其他灾害	
9：增强城市的早期预警和紧急情况响应能力，并定期进行公众防灾演习	
10：确保灾后幸存者能够及时有效地获得救灾物资或援助，协助市民和社区组织和实施灾后重建和恢复	

来源：UNISDR，2015。

纽约州立大学布法罗分校开发了韧性能力指数（Resilience Capacity Index，RCI），分为三个维度：①区域经济属性：收入公平程度、经济多元化程度、区域生活成本可负担程度、企业经营环境情况；②社会—人口属性：居民教育程度、有工作能力者比例、脱贫程度、健康保险普及率；③社区联通性：公民社会发育程度、大都会区稳定性、住房拥有率、居民投票率（Studies）。

亚洲城市应对气候变化韧性网络项目（Asian Cities Climate Change Resilience Network；ACCCRN）于 2012 年发布了应对气候变化韧性指标（共有 40 项）（徐振强，等，2014）。Cutter 等（2008）提出了基于社区的韧性指标（表 3-1-7）。

社区韧性指标　　　　　　　　　　表 3-1-7

维度	备选指标
生态层面	拥有湿地面积及丧失面积
	侵蚀率
	不透水界面比（%）
	生物多样性
	海岸防护系统结构
社会层面	人口统计学指标（年龄、种族、阶层、性别、职业等）
	社会网络与社会嵌入性
	社区价值观凝聚认同度
	宗教组织
经济层面	就业
	财产价值
	财富增长
	地方财政收入

续表

维度	备选指标
机构制度层面	减灾项目参与度
	减灾规划
	紧急情况服务
	街区建筑标准
	应急预案
	信息联络畅通
	预案的有序执行
基础设施层面	生命线与关键基础设施
	交通运输网络
	家居储备和期限
	商业与制造业设施
社区能力层面	当地居民的危机认识
	咨询服务
	精神病理诱因（酗酒、毒品、离婚等）
	健康医疗恢复（较低的精神问题发生率）
	生活质量（生活满意度）

来源：Cutter, S L, et al., 2008.

Orencio 等（2013）基于德尔菲法和层次分析法提出了一种局部灾难韧性指数来评估沿海地区的社会韧性水平（Orencio and Fujii, 2013）。Jaunatre（2013）等通过社区结构完整性指数、标准化社区结构完整性指数和物种丰富度指数来测量目标社区的土地恢复成功度，并以此评估社区的韧性水平（Jaunatre, et al., 2013）。Kusumastuti 等（2014）将预备量和脆弱性的比值作为韧性值，分别选取 49 个预备量的二级指标、18 个脆弱性的二级指标，利用层次分析法确定指标权重，建立了自然灾害的韧性指标评估模型。

李彤玥等（2014）提出了城市韧性（弹性）指数的概念，即城市系统承受能力提升的百分率与威胁增强的百分率之比值，并提出度量二者的分项指标和计算方法，同时提出要针对城市不同的发展情景，对经济-社会-环境不同方面进行韧（弹）性管控。

笔者认为，由于城市的多样性和地方性的特点，城市面临的主要威胁以及城市尺度的不同，在韧性城市评估指标的选择上，也应考虑"韧性"原则，针对不同类型或区位的城市采用有针对性的评估指标。

1.2.3 韧性城市规划理念与框架

已有的以韧性理念为导向的城市规划或工作框架实践上大都采取了城市脆弱

性分析与灾害识别、韧性目标设定、城市韧性构建与评估、城市管治与信息共享与再评估的工作方案（Cabinet Office，2011；Allan and Bryant，2011；Cutter，Barnes，Berry，Burton，Evans，Tate and Webb，2008；Ainuddin and Routray，2012；Jabareen，2013；黄晓军，黄馨，2015）。

城市是由技术元素和社会元素相互作用的复杂动态系统，规划构建城市的韧性需要融合一些貌似相斥的城市特征，包括冗余与效率，多样与依存，力量与灵活，自主与协作，以及规划与应变（Rgodschalk and Xu，2015）。国内外已有的韧性城市案例，基本上是针对不同的地方性灾害而构建的策略，具有本土化和问题导向特征。Yosef（2013）将复杂性与不确定性分析引入到城市韧性的构建过程，认为韧性城市规划涉及经济、社会、空间和物理等多种组分，在规划实施过程中会涉及各类利益相关者，其提出的韧性城市规划理论框架见图 3-1-1（Jabareen，2013）。

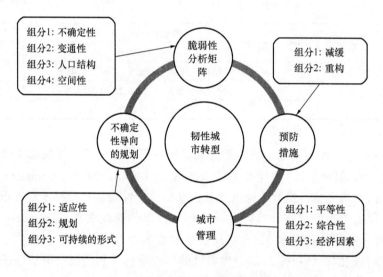

图 3-1-1　韧性城市规划理论框架
来源：Jabareen，Y，2013

1.2.4　韧性城市与人居环境可持续发展

关于当代城市的韧性与可持续性之间的关系，已有一定的研究成果。Tobin（1999）提出理想城市的政策包括韧性和可持续性社区，其通过风险减缓模型、恢复模型、结构与感知模型，界定了一个具有韧性和可持续性的社区应具有的特点和能力（Tobin，1999）。2002 年联合国可持续发展大会提到，当代城市的发展如欲实现可持续性，首先就必须让城市具有应对灾害的韧性。

城市可持续性包括社会、经济与生态环境不同的层面，具有复杂的目标体系；城市韧性构建在实现城市复杂的可持续性目标下扮演了基础性的重要角色，并提供了切入性的实施路径。对于城市建成环境的可持续性评估，需从整个生命周期的角度进行，并且要包含可能对城市造成冲击的其他因素。因此，在城市的可持续发展评估之前，有必要对城市的风险因素或灾害事件进行识别和评估，并且对其在城市发展生命周期可能造成的物理层面的影响进行评估（Buhl and Mccoll，2014）。

构建城市韧性的根本目的是在当前各种不确定性的危机发生频率增加的背景下，使得人居环境在不同尺度上更加健康、稳定和宜居，最终保障人类的可持续发展。Ahern 从本质上探讨了可持续发展与韧性之间的关系，他认为城市韧性应该被视作实现可持续发展的一种新思路（Ahern，2011）。韧性城市理念和方法，使得我们能够从社会生态系统的多重维度考虑系统持续变化和不确定性，通过不同利益相关方的联合协作，共同构建社会—人居环境的韧性，应对已知的和不可预期的变化（Alliance，2010）。

Chen Xueming 等提出城市韧性理念为人类提供了一种新的路径来理解如何使用自然资源，解释了为何单纯依靠提高能源效率并不能解决资源问题，韧性理念能够帮助人类对于社会生态系统的理解和管理，使其处于可持续发展的状态下（Xueming Chen，2013）。

在景观和城市规划领域，早期的关于可持续性的思想趋向于静态——可持续性被设想成一种持久的、稳定的，有时是公式化"安全防御"的城市形态或者状况，一旦达到，就可以通过如"精明增长"等方式长久地持续下去。从非均衡视角而言，这种可持续性和稳定性混合的观点是矛盾的，其原因在于一个静态的景观环境或城市系统难以在变幻莫测的扰动和变化环境里做到可持续（杰克·埃亨，等，2015）。与之相反，指导韧性城市的韧性理论提供了一个新的视角，或者说一种可能的方式，去解决可持续性悖论。其中重要的内容包括：规划师需识别出特定的景观或城市有可能会面临的随机过程和扰动、这些事件的发生频率和强度，以及为城市构建经受扰动而保持其功能状态的适应能力（杰克·埃亨，秦越，刘海龙，2015）。

1.3　国外韧性城市规划建设动态

1.3.1　伦敦防灾城市韧性构建

（1）城市风险管理体系

伦敦明确提出了"伦敦韧性"，核心是评估伦敦对可能发生的重大灾害事故风险的应对能力和措施，以便当重大事故发生时伦敦可以适应承受和快速决策响应，减少损失（范维澄，2015）。同时探索建立了一套以全面风险登记为特点的城市风险管理体系，提高城市风险防范和应急管理能力。风险管理是英国应急管理工作的基础和关键。用科学方法发现风险、测量风险、登记风险、处置风险，是英国各地区各部门应急管理的重点工作（国家行政学院，2015）。

1）管理组织体系

伦敦共有7类不同性质的机构参与全市的风险管理工作，共同构成了一个"以伦敦地区韧性论坛为平台，以伦敦地区韧性项目委员会、伦敦风险顾问小组为辅助，以伦敦韧性小组、伦敦消防和应急规划局为枢纽，以地方韧性论坛、市区韧性论坛为基础"的上下联通、左右衔接的城市风险管理组织体系。

2）风险登记管理

设立"伦敦社区风险登记表"制度，提供由地方复原力论坛确认、对伦敦可能产生潜在影响的各种自然灾害和人为威胁风险信息。各地按照英国内阁办公室统一的格式进行风险登记，归纳列出本地区所面临的各级各类风险，最终形成本地区的风险登记库。风险登记表的主要内容包括风险编码、一级风险、二级风险、后果描述及可能进展、可能性、影响、风险等级、现有控制措施、危及相邻地方的风险、现有预警信息措施、牵头责任部门、评估日期等12个方面。各个市县、地方和地区的风险登记册编制完成后，需要根据风险态势的变化、复原力论坛讨论结果等对风险进行更新。同时，每次风险评估和登记的结果都在伦敦消防队等网站及时进行公布，接受社会各界的监督和反馈。

（2）基础设施韧性元素

英国内阁办公室2011年提出基础设施韧性包括4个主要元素（图3-1-2）。即：①抵抗力，指基础设施通过自身强度提供保护，免除或对抗灾害造成的损失或破坏的能力。②可靠度，指在特定程度内的危机下基础设施各组成部分能够有效运转，以达到减缓灾害损失的能力。③冗余度，主要与系统或网络的设计和容量有关，指危机发生导致系统功能中断时，系统或网络中能够产生替代效应或备

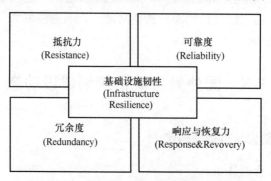

图3-1-2　英国内阁办公室基础设施韧性元素组成
来源：根据2011年英国内阁办公室国家韧性构建导则绘制

用容量，使得系统服务能够持续。④响应与恢复力，是在破坏性事件发生时系统能够较快地有效反应，对造成的功能破坏尽快恢复（Cabinet Office，2011）。

1.3.2 纽约韧性城市构建

为应对气候变化及21世纪的其他挑战，纽约市长办公室最早在2007年的城市长期可持续发展规划中，就前瞻性地提出了构建城市韧性抵御飓风等灾害的倡议，2012年12月纽约启动了《城市重建与韧性特别行动》，计划对纽约的基础设施、建筑、社区提供更多的保护。并随后在2013年发布了《构建更强大和韧性的纽约》规划报告（York，2013），着重考虑了纽约作为海岸带城市易受风暴潮等极端气候事件的影响，有针对性地构建城市韧性。针对城市基础设施和建成环境11个管控对象，提出了40条提升策略及189项具体倡议行动；对纽约4个分区进行韧性评估，并编制相应的规划方案，提升各分区韧性。相应要点和行动如表3-1-8所示。

《构建更强大和韧性的纽约》韧性构建策略　　　　表3-1-8

管控方面	管控对象（11）与分区（4）	提升策略	具体行动数量（189）
城市基础设施与建成环境	海岸带防护	1）增加海岸线高程 2）减少波浪直接冲击区 3）增强风暴潮防护能力 4）加强海岸带设计与管理能力	37
	建筑	1）加强新建和可持续重建结构强度，以达到韧性标准 2）尽可能的翻新改造旧建筑以增强韧性	14
		3）社区与经济恢复（建筑相关）	6
	保险业	1）针对低收入投保人的可负担的保险计划 2）确立现有建筑韧性标准 3）结合韧性标准制定保险计划及制定多样的投保价格选项 4）加强保险意识和宣传	10
	基础公共设施	1）改革管理框架提高韧性 2）加强现有基础设施抵御气候事件的能力 3）重新配置基础设施网络确保冗余和韧性 4）降低设施运转能耗 5）为用户配置设施服务中断情况下的备选方案	23
	液化燃料	1）加强液化燃料供应结构和能力 2）增强供应链能力，在灾后发生中断时快速恢复供应 3）确保城市重要公共设施和私人关键设备的燃料供给	9

续表

管控方面	管控对象（11）与分区（4）	提升策略	具体行动数量（189）
城市基础设施与建成环境	健康卫生	1) 增强医疗卫生及重要配套系统的冗余度，确保其运转能力并避免受到物理性破坏 2) 疏通紧急事件发生及之后的医护工作的障碍	12
		3) 社区防备与响应	4
	电信通讯	1) 极端天气下的通讯快速恢复 2) 建立通讯韧性的责任制 3) 增强设施强度抵御天气变化影响 4) 增强系统冗余度，避免通讯中断风险	9
	交通	1) 交通设施保护，确保系统稳定运行 2) 做好预案，确保极端气候事件后恢复交通服务 3) 扩展与革新服务体系，增加系统的冗余度和灵活性	18
	公园	1) 对公园和公共绿地进行适应性扩展改造，在极端气候事件发生时，作为临近社区居民的避难所 2) 对公园设施进行翻新改造和增加强度以承受气候变化的影响 3) 保护湿地，城市森林和其他自然生态区域 4) 开发气候变化适应性规划设计的工具	16
		5) 环境保护与修复	7
	水与污水管理	1) 增强污水处理设施的强度和功能 2) 增强和扩展排水设施功能 3) 增强供水设施的灵活性和冗余度，保障持续的安全水供应	15
	其他关键系统	食物安全 1) 食物供应及配套系统安全持续保障 2) 识别和加强食物分配系统结构与功能 固体废物 3) 保护固体垃圾收集与处理设施	9
社区重建与韧性空间规划	布鲁克林-皇后区滨水区		
	斯塔顿岛东岸与南岸		
	南皇后区		
	布鲁克林南部		
	曼哈顿南部		

来源：York，2013.

2015年纽约再次制定《构建一个强大和公正的纽约》报告，在"城市韧性"的章节中，提出了从邻里环境、城市建筑、基础设施和服务以及海岸带防护的四个方面构建纽约韧性的实施路径。

（1）提高社区、社会和经济韧性，构建更安全的邻里环境

通过纽约市民和市政机构的通力协作，加强和稳固社区应对灾害的恢复能力，在未来可能的长期的恢复工作中，应确保受到灾难影响的居民能够参与到他们社区的恢复中。其中一项至关重要的工作就是政府和社区利益相关方之间有效的交流，通过建立畅通的沟通机制，对现有避难设施进行翻新改造，为灾难发生做好准备。

（2）升级城市建筑，以应对气候变化带来的影响

纽约新建建筑改进了安全和能源的有效利用以满足现有的标准。随着洪泛区面积的扩大，新的洪水区域和不断上涨的洪水保险费要求区域实施调整新的建筑规范来降低洪水威胁、提高抗击其他灾害的能力。

（3）基础设施适应性改造，使其继续提供服务维持城市韧性

纽约市力争在城区以及跨区域范围内调整改造基础设施系统，以此来应对气候变化带来的影响，保证关键的公共服务系统在紧急状况下能持续运转，并用各个基础设施子系统的有效运行来维持城市的韧性。

（4）海岸线防护，应对风暴潮和海平面上升的威胁

1900年纽约市的海平面高度上升了1.1英尺。到2050年，海平面高度将继续上升1~2英尺。随着海平面高度的上升，洪泛区面积也将不断扩大，纽约市采取了加固海岸防护线、为关键性海岸线加固项目注入新资金、政策支持海岸线防护等策略来增强城市的海岸带防洪韧性。

1.3.3　汉堡防洪韧性城市构建

气候变化和持续的城市化进程使城市遭遇洪水灾害的可能性和脆弱性大大增加，德国汉堡市认识到依靠传统的洪水控制方法并非万全之策，提出了一套构建城市防洪韧性的策略性工作框架，包括：防洪韧性的概念界定、评估标准与方法、构建城市韧性的实施策略与路径。Restemeyer（2015）从整体性的角度基于防洪的目标，提出构建城市韧性包括三个要求，即稳健性、适应性和转换性。稳健性指城市必须足够强壮以承受洪灾的影响；适应性是对稳健性的必要补充，避免和减少洪灾发生时对城市腹地造成实质性的损害，除了对城市物理防护设施或方法加强的同时，还要对社会组织及市民的防灾减灾的意识和技能进行培训。转换性要求城市要基于新的理念和知识转换思想并寻找新的路径方法以应对洪灾，形象地比喻为将以往"与水斗争"的思想转换成"与水共存"的思想（Restemeyer, et al., 2015）。以上关于城市韧性构建的三个要求属于构建韧性的不同侧重面，需要实现三个方面之间的协同效应，最终实现城市防灾减灾，整体性提升城市韧性的目的。基于以上的城市韧性认知，从实施内容、背景构建和程序三方

维度，汉堡提出了构建城市韧性的策略框架（表3-1-9）。

德国汉堡基于防洪的城市韧性构建策略框架　　　　表3-1-9

	稳健性 降低洪灾可能性	适应性 降低洪灾影响	转变性 促进社会变革
内容 措施与政策工具	• 技术措施（堤坝、拦河坝、栅栏等） • 空间措施（河道拓宽等）	• 减少洪泛区脆弱性的土地使用 • 加强洪泛区建筑与基础设施的防洪性能 • 预警与疏散方案 • 洪灾保险/恢复基金	• 提升风险意识与信息沟通 • 私人（宣传手册、公共集会、在校期间的早期教育） • 公共机构（舆论控制、伙伴关系构建、决策支持工具）
背景 战略问题，机构制度与立法	• 水资源与气候变化：与水相关的威胁识别 • 强烈的水资源管理责任感 • 在具体项目上水资源管理部门与空间规划部门之间的合作	• 土地使用与社会经济变化：协同效应 • 公共-私人的责任共享 • 水资源管理部门、空间规划与灾害管理部门之间在所有项目上的紧密合作	• 社会变革：设立水资源的产权 • 通过非正式的网络促进水文化的形成 • 鼓励跨学科的智库或研究机构建设
程序 智力资本 社会资本 政治资本	• 工程学与规划专家 • 水资源管理与空间规划者之间的联系 • 政治和财力层面强烈的支持（如公共资金）	• 专业知识和地方性的资讯（降低脆弱性与适应性增强的策略） • 水资源管理部门、空间规划部门和灾害管理部门之间的良好沟通与合作关系；鼓励市民在防洪防灾方面的投资 • 基于防灾的和适应性的措施，来自政治和财力方面强有力的支持	• 对新知识、理念的开放、吸收与创新 • 公共与私人部门之间的互信，以及社会对新型跨学科机构或网络的接受 • 对非正式的跨学科机构或网络的代理、领导机制和财力支持的改革创新

来源：Restemeyer，B，Woltjer，J and Brink，M V D，2015.

"港口城"（Hafen City）和"跨越易北河"（Leap across the river Elbe）是汉堡市两个正在进行的城市开发项目，旨在开发易北河中部的盐沼湿地区域和小岛，联通易北河南北两岸的城市发展。由于临近江边，河网密布，这两块区域受洪水灾害的威胁较大。在增强城市建筑稳健性方面，汉堡市要求临江住宅的堤防高程至少要提高7.5m，地下室一般改造为停车库或商店，不用于居住，并且在洪水发生时，使用临时安装的防洪门关闭窗户和其他开放敞口，尽可能防止洪水倒灌。图3-1-3、图3-1-4表示的是港口城某临江建筑平时及发生洪水时候情况。

1　韧性城市：应对城市挑战与危机

图3-1-3　Hafen City临河建筑地下室
平时状况
来源：Restemeyer，B，Woltjer，J and Brink，
M V D，2015.

图3-1-4　Hafen City临河建筑地下室
2007年洪水淹没状况
来源：Restemeyer，B，Woltjer，J and Brink，
M V D，2015.

1.3.4　日本强韧化国土规划

（1）强韧化国土规划概念

日本基于2011年"东日本大地震"带来的教训，在应对灾害风险策略上发生了深刻转变，提出了构筑"强大而有韧性的国土和经济社会"的总体目标，将"强韧化国土"概念确定为："国土、社会经济及日常生活在应对灾害或事故时不会受到致命的破坏而瘫痪、并且能够快速恢复"，并将其分解为4个基本目标：①最大限度地保护人的生命；②保障国家及社会重要功能不受致命损害并能继续运作；③保证国民财产与公共设施受灾最小化；④具有迅速恢复的能力。

（2）地域强韧化规划通用模型

日本的国土强韧化规划主体部分由国土强韧化基本规划和地域强韧化规划组成，分别由国家和地方编制。地域强韧化规划采用了PDCA Cycle的通用模型，即"P（计划）—D（执行）—C（检查）—A（处理）—下一个PDCA"的循环模式，该规划的主要成果是各个风险事态下的相应对策集合，并给出与对策相关的重点项目，因此其核心部分在于P（计划）中的风险事态、脆弱性评价和应对策略的讨论等主要方法（图3-1-5）。地域强韧化规划从可以预想的最坏情景出发，来探寻城市系统的薄弱点和解决方法、考虑城市未来发展策略。

（3）强韧化规划韧性策略制定的依据

脆弱性评价是强韧化规划编制方法的主体，也是韧性策略制定的最主要依据。脆弱性评价主要内容包括：①对于特定的风险事态，分析其对城市各方面的影响，对照所应达到的目标，评价目前在设施、管理方面所存在的脆弱性；②分析脆弱性产生的原因；③对当前所采取的政策、措施等做出脆弱性评价。

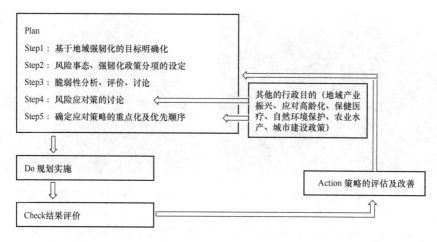

图 3-1-5　PDCA Cycle 模型图
来源：吴浩田，翟国方，2016

在进行脆弱性评价时重点考虑：①为避免最坏事态的发生什么是必要的？②现有的对策中是否考虑到不同主体之间的协作？③是否重视以市民为主体的地域防灾能力的提升？④是否考虑了确保设施的代替性、冗余性？

脆弱性评价的实施顺序包括：①设定评价领域，包括个别领域与横向领域，前者即行政机能、住宅、医疗、教育、金融、通信、产业、交通等城市各个功能系统，后者为国家现阶段的政策背景，如风险沟通、老龄化对策等。②以纵轴为风险事态，横轴为评价领域，制成脆弱性评价表。

（4）国土强韧化规划韧性策略构成

基于脆弱性评价结果，制定针对各个领域的未来发展策略（图 3-1-6），使得

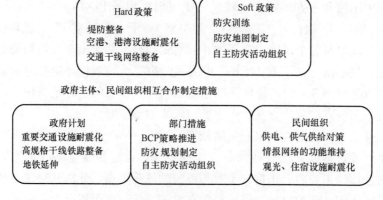

图 3-1-6　日本国土强韧化规划韧性策略构成
来源：吴浩田，翟国方，2016

政策领域与脆弱性评估保持一致。

1.4 中国韧性城市规划建设研究实践

1.4.1 黄石韧性城市建设实践

黄石作为我国重要的矿冶城市和原材料工业基地,经历了先有矿山后有城市,先生产后生活的城市发展过程。长期以来的矿山采掘和开山取石,造成了较为严重的环境污染。

2014年12月黄石入选美国洛克菲勒基金会设立的"全球100韧性城市",启动了黄石韧性城市建设。该市制定了城市"韧性路线图"(韧性规划),指导城市未来韧性建设工作。规划涵盖多种因素,包括伙伴关系、联盟、资助机制,并将重点关注如何满足贫困及弱势人群的需求,旨在帮助城市做好准备承受慢性压力及急性冲击(凤凰网,2015)。黄石在"生态立市"的发展战略下,以韧性思维、计划和行动实践韧性城市建设,修复治理5万多公顷的石漠化荒地,关停80%以上的矿山,大冶湖水面恢复至$75km^2$,并全面展开工矿废弃地修复。

1.4.2 上海:基于多元城市风险的韧性城市规划建设

石婷婷(2016)基于上海面临的可能的城市威胁(图3-1-7)及分析,提出

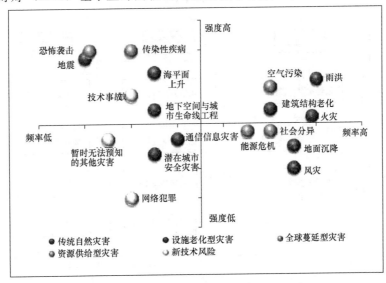

图3-1-7 上海未来可能面临的多元城市风险

来源:石婷婷,2016

了构建上海韧性城市规划建设的总体构想，主要包括：①构建上海韧性城市信息化综合管理平台（图3-1-8）；②加强上海"生活圈－城镇圈－市域"全空间尺度的韧性建设。目的是当突发城市灾害时，发挥各个空间尺度的韧性效应叠加作用，共同分散城市风险；③构建多元参与联合共治的社会治理体系（图3-1-9）；④确立上海韧性城市规划建设策略与路径。包括工程技术、空间防御和社会治理三个层面。

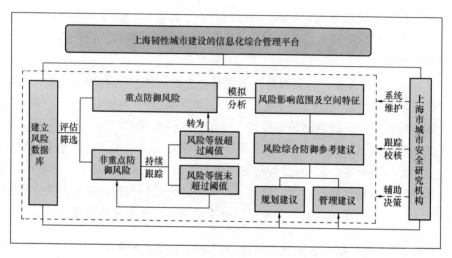

图 3-1-8　上海韧性城市建设的信息化综合管理平台框架

来源：石婷婷，2016

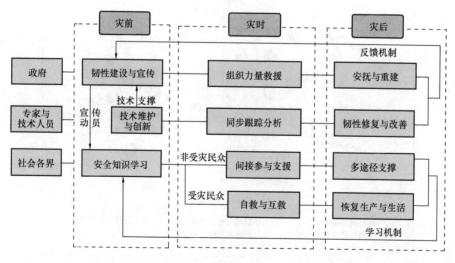

图 3-1-9　上海韧性城市多元参与社会共治模式示意图

来源：石婷婷，2016

1.4.3 汕头：韧性规划视角下的城市用地开发管理

王欢等（2015）以汕头市中心区北岸地区容积率控制为例，探讨了韧性规划视角下的城市用地开发管理，分析了韧性思维在汕头市现有规划中的应用。具体为：总规中城市空间发展总体结构的韧性把控、详规中对旧城改造地区在地块生态韧性范围内的潜力释放，以及规划法规与标准中具体地块控制指标的韧性（表3-1-10）。该研究以汕头市中心城区2030年土地利用规划为基础，从"数量韧性"的角度进行了分析，但并未考虑"布局韧性"所带来的更多变化与可能性（王欢，等，2015）。

汕头市韧性规划分析　　　　表 3-1-10

类型	韧性构成				特点分析
总体规划	总规韧性方面	用地类型	空间要素构成	空间格局	空间体系完整空间格局有机专门的韧性用地
	总规韧性释义	专门划定"韧性用地"（预备用地）	产业空间，基础设施空间，生态开放空间	功能完善，职住平衡，支撑系统有力，均好性强	
详细规划	详规韧性方面	压力疏解	功能再生	渐进实施	聚焦于旧城更新
	详规韧性释义	通过用地调整疏解人口与交通压力	强化有机更新和功能再生，培育街区活力	有序分期，渐进实施规划，促进旧区可持续发展	
规划法规与标准	方面	规划及控制的灵活性	空间利用的多样性	对经济社会的支撑力	地块空间利用的灵活性与多样性
	释义	赋予规划地块功能多种可能性	提高土地利用的兼容性	容积率奖励	

来源：根据（王欢，等，2015）绘制。

1.4.4 深圳：形态韧性、控制韧性与发展韧性

（1）形态韧性

指城市空间形态既坚持空间发展目标又充分满足多样空间使用需求的特性。深圳市的带状组团结构具有开放的空间结构属性，既保证了城市核心空间要素的稳定性，又保证了空间形态的弹性，从而实现了城市规划在空间形态上的韧性特征。

(2) 控制韧性

指规划控制指标体系既能保证地区建设的整体均好性，又能为多样的市场建设行为保留足变通空间的特性。建设整体均好性的实现要求城市规划必须明确规定具体建设行为所须承担的公共职责，同时又采用灵活变通的管理手段控制引导市场建设行为服务于公共利益。深圳规划控制指标体系既以保障公共利益为核心目标，同时又运用市场化、灵活统筹的弹性管理手段激励建设主体承担公共职责，使规划控制体系具有了相应的控制韧性特征。

(3) 发展韧性

发展韧性指城市规划体系通过系统性的组织生成韧性机制能力的特性。多层级、精细分工的规划体系可使城市规划建设持续完整地贯彻规划目标；而开展动态、连续的城市规划实践则是提升城市规划应对外在环境变化的能力的重要措施。深圳城市规划建立的刚性规划制度加强了各空间尺度上的规划实践，提高了时间维度上的规划编制频率，在时空两个层面上建构了精细、动态、反应敏捷的规划系统，在提升城市规划整体导控能力的同时，也使城市规划实践具有了灵活适应外在环境变化的内在能力，提升了城市的发展韧性水平。

1.5 韧性城市研究及实践展望

城市作为复杂多元的物质社会生态系统，发生不确定危机的风险不言而喻。韧性城市理念的提出为人居环境改善和实现城市可持续发展提供了新的思考和实施路径。韧性城市具有多样性、冗余性、适应性、高效性、协作性和地方性的特点，通过识别灾害风险，设定韧性指标，展开适应性规划设计，可为提升城市韧性提供积极的作用。韧性城市的理论和规划建设还在不断发展和实践中，以下几个方面值得关注和重视。

其一，重视低碳生态城市的韧性。郑艳等（2013）提出了低碳韧性城市的概念，指出在应对气候变化的共同目标下，协同考虑城市减缓温室气体排放、灵活应对气候灾害风险两大任务，促进城市可持续发展能力。这表明，将"韧性"作为低碳生态城市的发展目标之一具有其重要意义。

其二，建立与城市发展规律相关联的韧性城市理论框架。韧性是从应对扰动的过程中建立的（廖桂贤，林贺佳，汪洋，2015），城市是在与扰动的博弈中逐渐成熟并获得发展。因而，扰动—适应—韧性是城市发展轨迹中不可忽视的现象，在某种程度上反映了城市发展的规律。韧性城市理论框架将扰动—适应—韧性作为理论框架的思考出发点，可对城市发展规律的研究产生积极的作用。

其三，确立以人为主体的韧性规划原则。提高城市韧性、进行韧性城市建设不仅仅是物质建设，还应包括社会关系、社会结构、社会机制以及文化系统的重建。其中,城市市民是提升城市韧性和建设韧性城市的主要因素(托马斯·J·坎帕内拉,等,2015),在进行韧性城市规划建设中不能忽视。

其四,加强地方性韧性城市指标体系研究。我国地域辽阔,城市的多样性和地方性特点突出,城市面临的主要威胁及城市尺度的差异,决定了韧性城市指标的选择必须具有地方性,注意因地制宜,针对城市面临的地方性主要威胁,科学设定韧性目标和指标,才能对城市威胁和韧性程度进行科学评估,从而才能制定合理有效的适应性韧性应对策略。

其五,推进韧性城市规划法制化建设。日本2013年颁布了《国土强韧化基本法》,切实为国土强韧化提供了保障。借鉴日本经验,我国未来韧性城市法制化重点有:①建立韧性城市基本法,将其作为韧性城市规划建设的最根本依据;②确立起韧性城市规划的法定地位,保障韧性城市规划顺利实施(吴浩田,翟国方,2016)。

其六,构建生态－智慧－韧性城市。2015年,美国国家自然科学基金委和国家标准局分别出资2000万美元资助城市韧性研究,其中一个资助方向,就是韧性城市迈向韧性智慧城市研究(范维澄,2015)。韧性城市具有智慧内涵,生态城市则同时具有韧性和智慧内涵,因此,将低碳生态与智慧、韧性相结合,构建生态－智慧－韧性城市,在理论与实践层面均具有极大的必要性。

2 规划融合：绿色基础设施规划与传统规划技术的对接[1]

2 Integrated Planning: Coordination of Green Infrastructure Planning and Traditional Planning Techniques

快速城市化导致土地开发速度达到了前所未有的阶段，基于灰色设施的传统开发模式，对人类赖以生存的生态环境造成极大的污染和破坏（仇保兴，2010），导致和加剧了城市环境恶化（White，2009）。各种建设用地消耗了绿色开放空间，使自然系统破碎化加剧，生态系统服务功能降低，由此造成了自然区丧失、水资源退化、系统自适应能力降低等环境问题（李博，2009；颜文涛等，2014；颜文涛和萧敬豪，2015）。城市绿色基础设施（Green Infrastructure，以下简称 GI）可以有效解决上述环境问题（张晋石，2009），但由于城市 GI 缺乏与传统规划体系的对接，城市 GI 在城市开发过程中无法有效实施和管理。

由于 GI 与城市用地布局、自然和历史保护、交通和市政设施建设、城市防灾减灾等传统规划内容相关性明显（俞孔坚等，2005），通过将 GI 和传统城市规划技术体系结合，可以为 GI 的实施提供规划技术途径。国内外对 GI 的研究主要包括功能特征、构建方法、评价体系、实施管理等（Walmsley，1995，2006；俞孔坚，2005；McDonald et al.，2005；Zhang et al.，2006；Weber et al.，2006；Konstantinos et al.，2007；Hostetler et al.，2011），但较少研究 GI 与城市规划体系的相关关系，本节通过分析 GI 与传统规划体系之间的相关关系，探索城市 GI 的规划实施途径，为解决城市环境问题提供系统化方法。

2.1 概念内涵及研究动态

2.1.1 概念界定

GI 是对应市政基础设施（如道路、管网等）和社会基础设施（如医院、学

---

[1] 颜文涛，博士，重庆大学建筑城规学院，教授，博士生导师；邹锦，重庆大学建筑城规学院，博士生；叶林，重庆大学建筑城规学院，副教授；王正，重庆大学建筑城规学院，副教授。

校等）等灰色基础设施概念而提出的，与生态基础设施（Ecological Infrastructure，EI）的概念基本一致。目前大致可划分为两类概念：第一类概念将GI定义为具有自然环境支撑功能的绿色空间网络，如：美国保护基金会（1999）将GI定义为"是国家的自然生命支持系统，一个由水道、湿地、森林、野生动物栖息地和其他自然区域，绿道、公园和其他保护区域，农场、牧场和森林，荒野和其他维持原生物种、自然生态过程和保护空气和水资源以及提高美国社区和人民生活质量的荒野和开敞空间所组成的相互连接的网络"；英国的《GI规划导则》将GI定义为"一个多功能的开放空间网络，包括公园、花园、林地、绿色通道、水体、行道树和开放的乡村"；Benedict and McMahon（2006）认为GI具有内部连接性的自然区域及开放空间的网络，以及可能附带的工程设施，这一网络具有自然生态体系功能和价值，为人类和野生动物提供自然场所，如作为栖息地、净水源、迁徙通道，它们总体构成保证环境、社会与经济可持续发展的生态框架；俞孔坚等（2001）认为它是维护生命土地的安全和健康的关键性空间格局，是城市和居民获得持续的生态服务的基本保障，这些生态服务包括提供新鲜空气、食物、体育、休闲娱乐、安全庇护以及审美和教育等；张红卫等（2009）认为GI由各种开敞空间和自然区域组成，包括绿道、湿地、雨水花园、森林、乡土植被等，这些要素组成一个相互连接、有机统一的网络系统，系统可为野生动物迁徙和生态过程提供起点和终点，系统自身可以自然地管理暴雨水，减少洪水的危害，改善水的质量，节约城市管理成本。第二类概念将GI定义为灰色基础设施工程的生态化（Moffatt，2001；沈清基，2005），是指以生态化手段来改造或代替道路工程、排水、能源、洪涝灾害治理以及废物处理系统等问题。综上所述，GI可以定义为具有自然环境支撑功能的绿地系统和生态化的灰色基础设施系统（如生态化的防灾避险系统和雨水排水系统等）共同构成的支持生命系统的空间网络，连通性、多样性、复合性、多尺度性和适应性等是其基本特征。

2.1.2 内涵解析

GI是能够指导土地利用和经济发展模式往更高效和可持续方向发展的重要战略，用以应对大规模城市蔓延导致的全球和区域环境问题以及一系列城市问题，寻求土地发展与保护并重的模式。GI的内涵主要表现为：环境层面上，GI具有维持自然生态过程、保护空气和水资源的功能，如吸纳雨水和地表径流、减轻雨洪危害、沉积物保持、水质净化、碳汇作用、吸收氮磷等污染物质等方面发挥了重要的环境支撑功能（Benedict and McMahon，2006；付喜娥等，2009；李开然，2009）；生物多样性保护层面上，GI实施为避免蔓延式发展导致的栖息地消失/退化和物种入侵提供了条件，通过引导人类集聚区远离重要的栖息地以及保护连接栖息地的关键廊道，最终将使生物多样性得到有效保护（俞孔坚和张蕾，

2007；俞孔坚等，2008；刘娟娟，2012）；社会层面上，GI 的构建离不开人的参与，尤其是大众的参与，比如屋顶绿化、雨水花园管理、乡土植物应用等，这使得生态、环保、节水节能的概念能够对公众产生深远的影响，促进公众的绿色生活模式；文化层面上，GI 可以为人们提供游憩空间，承载文化的保护与传播、空间审美和环境教育等功能（俞孔坚等，2008）；经济层面上，GI 具有生物生产和提供食物等功能，其环境支撑功能可以有效减少灰色基础设施的投入，其引发的休闲游憩活动可为地方经济提供活力（张红卫等，2009）；安全防护层面上，GI 的构建可以促进城市快速发展的同时，可以有效避让城市突发性灾害的危险区，并为人们提供防灾避难空间。

2.1.3 国内外研究动态

GI 具有促进生态系统健康、生物多样性保护和传承区域文化等功能，重点实现维持生态系统结构的完整性和主要生态过程的连续性，对于国家乃至地区间的生态安全格局构建具有更加明显的作用。国内外主要从功能特征、评价体系、构建方法等方面研究 GI 的相关问题。

Konstantinoset al. (2007) 运用绿色基础设施规划促进生态系统和人类健康，并提出绿色基础设施规划的概念框架；Hostetler et al. (2011) 通过创建绿色基础设施达到保护城市生物多样性的目标；Walmsley (1995) 认为城市绿色基础设施具有强大的塑造城市形态的作用；Schilling and Logan (2008) 针对美国老工业城市的萎缩现象，提出了将废弃土地转换为宝贵的城市绿色基础设施模型，提升城市环境品质，激发城市的活力；张晋石 (2009) 认为构建 GI 目标是建立一个空间框架，为城市和区域的土地利用规划提供一种绿色结构以改善城市问题和环境问题，其目的并不是孤立地服从自然、为野生动物创造一个独立的网络，而是让自然融入社会，以一种弹性方式保护自然资源和城市本体的安全，让自然生态系统为人类服务；张红卫等 (2009) 认为 GI 理论能够指导城市和区域生态环境的规划和管理，GI 的体系构建经常是跨越行政边界的，因此能够促进相关政策制定的宏观性和科学性；李咏华和王竹 (2010) 认为 GI 网络框架与技术细节可转化为相关地方标准以支持国家与区域尺度的主体功能区划与生态功能区划。对 GI 的评价研究主要采用价值评估方法和风险评估方法，McDonald et al. (2005) 分析 GI 的不同目标之间的冲突及其消解策略，采用设定目标的价值评估方法和风险评估方法，分析 GI 网络中的土地使用方式转变的动力和概率，确定 GI 网络的优先保护地区。

GI 的构建方法主要包括基于垂直生态过程的叠加分析法、基于水平生态过程的空间分析法、基于图论的分析法、形态学空间格局分析法等四种方法。Zhang et al. (2006) 基于景观格局指数和网络分析方法提出生态网络规划方法，颜文涛等（2007）将综合适宜度评估结果形成的绿色空间结构作为确定区域开发建设的依据；Walmsley（2006）通过基于垂直生态过程的适宜性分析方法，将综合适宜度评估结果形成的绿色空间结构作为确定区域 GI 的依据；Weber et al.（2006）在 GIS 技术支持下采用最小阻力面模型，提取连通各"网络中心"最适宜的"连接通道"，通过基于水平生态过程的空间分析方法，构建了区域 GI 网络；俞孔坚（2005）通过分析自然过程、生物过程和人文过程，基于对多种过程的景观安全格局的整合，是现有的或是潜在的生态基础设施，形成了较为完整的建构生态基础设施的理论方法体系；Kong et al.（2010）基于图论和重力模型，研究每个绿色空间相对重要性，确定城市绿色空间网络；Wickham et al.（2010）运用形态学空间格局（morphological spatial pattern analysis，MSPA）分析方法的研究国家 GI 网络；裴丹（2012）对上述 GI 的四种构建方法进行对比评价，认为四种方法各有优劣。

对 GI 的实施管理方面的研究，发达国家对 GI 实施更侧重于关注城市内外绿色空间的质量，注重大范围内的网络建设，并对 GI 在维护城市景观、提升公众健康、降低城市犯罪等方面的作用展开了一系列的规划实践，如美国州级生态网络（成为美国国土生态空间、国土空间利用、生态网络建设和防灾减灾的重要体系）、欧洲跨国项目（连通阿尔卑斯山和喀尔巴阡山脉的野生动物通道）、荷兰国家生态网络、波兰国家生态网络、"西雅图 2100 开放空间"网络等，但是由于对城市尺度的 GI 投资不足，导致缺乏建设城市 GI 的实践经验（Young，2011）。国内 GI 建设主要集中在城市区域，如广州番禺片区生态廊道控制性规划、宝鸡市渭河南部台塬区生态建设规划、深圳市基本生态控制线规划、上海市基本生态网络规划，主要包括区域生态空间结构、基本生态网络空间、生态空间规划控制等内容，均是对绿色基础设施规划实践的有益探索。

2.2 GI 的尺度和构成

2.2.1 GI 的尺度

GI 是一个框架系统，大到国土范围内的生态保护网络，小到住区的雨水花园，可分为区域尺度、城市尺度和社区尺度三个层级。

区域尺度的 GI 主要作用是体现该尺度战略性的环境和社会资源，为维持区域生态系统结构的完整性提供空间支撑；主要包括国家自然保护区、国家徒步旅行网络、国家森林公园、文化娱乐走廊、重要江河水系廊道等；实施重点是确定最高等级的要素和路径，提取那些有可能从整体上高质量改善区域生态环境的要素和跨越行政边界的路径，建立 GI 发展策略，形成区域的公共环境政策。

城市尺度的 GI 主要作用是从质量上提高城市环境整体效益，为地区生态过程连续性提供空间支撑；主要包括大型城市公园、郊野公园或森林公园、地方自然保护区、重要的河流走廊、重要的休闲路线、湖库和河流水域、大型湿地、农场和林地、城市慢行网络、游憩场地等；实施重点是为城市休闲、游憩和美化提供环境空间，为保护生物多样性提供足够的绿色空间，考虑各个要素的连接，使其在纵向和横向两个层面实现与周边区域 GI 的衔接。

社区尺度的 GI 主要作用是通过环境特征增强社区的归属感，提升社区的环境品质；主要包括社区花园、街道景观、私家花园、小型水体和溪流、屋顶花园、社区雨水花园、下凹式绿地、雨水滞蓄设施等；实施重点是为休闲、游憩和美化提供环境空间，强调社区基础设施工程的生态化，有潜在价值的微观生态设施的保护和治理改善，也是 GI 规划的重要组成部分，通过对私人花园的有效利用、雨水系统的整治和管理等，达到 GI 的累积效应，在这一尺度上，公众参与和组织协作极为重要。

2.2.2 GI 的构成

从网络结构上，GI 是由枢纽（或称中心控制点、网络中心）和连接通道（或称连接廊道）组成的天然与人工化绿色空间网络系统（Opdam et al.，2006）。"枢纽"是野生动植物的主要栖息地，同时也是整个大系统中动植物、人类和生态过程的"源"和"汇"，包括自然保护区、森林公园、风景名胜区、生产性土地、城市公园和社区公园；"连接"是联系各个枢纽的带状区域，促进生态过程流动，包括生物保护廊道、河流廊道、缓冲绿带、景观连接体（张晋石，2009）。

从系统结构上，可以将 GI 分为相互联系的六个系统：城市（或区域）游憩系统、生物生产系统、环境净化系统、生物栖息地系统、可持续水系统、生态化防护系统。其中城市（或区域）游憩系统主要包括城市和社区公园、景观连接体等人工化绿色开放空间，具有文化传承和保护、空间审美和环境教育等功能；生物生产系统主要包括农田、林场、牧场等生产性用地，具有生物生产和提供食物等功能；环境净化系统主要包括自然和人工湿地、生态化的环卫设施等，具有净化水质、保护空气和土壤的环境支撑功能；生物栖息地系统主要包括自然保护区、森林公园和小型生境单元等，具有生物多样性保护的功能；可持续水系统主要包括河流、湖泊、库塘以及周边的缓冲区域，具有维持自然水文过程、纳污净化、保持环境容量等功能；生态化防护系统主要包括防护绿带、组团绿带、防灾避难绿地等，具有防灾减灾、安全保护等功能。

2.3 GI 与传统规划技术体系的融合方法

将不同尺度的 GI 与不同层次的城乡规划技术体系结合,将区域尺度、城市尺度和社区尺度的绿色基础设施分别和区域规划、总体规划、控制性详细规划融合,可以在不同层次的规划中有效实现 GI 的规划目标、规划内容和战略重点(贺炜和刘滨谊,2011)。GI 导向的空间发展策略可以应对传统规划的被动环境保护问题,有利于寻求保护和发展的平衡,基于 GI 网络引导空间发展方向,实现土地利用的整体效益和精明保护的目标(李咏华和王竹,2010)。

2.3.1 区域 GI 与区域规划的融合

区域规划重点解决空间发展方向、协调城镇空间布局、区域生态环境保护、区域性重大基础设施的布局等问题,确定生态环境、土地和水资源、能源、自然和历史文化遗产保护等方面的综合目标和保护要求,提出空间管制策略,划定重点开发区、限制开发区和禁止开发区,关键控制要素为产业和区域性设施(胡序威,2006;武廷海,2007;颜文涛等,2011)。区域 GI 为区域性设施的重要组成部分,可为区域生态环境保护和主体功能区划确定提供整体性空间框架,体现了该尺度战略性的环境和景观资源,为确定弹性适应空间和刚性约束空间提供依据。

具体融合途径:

1) 确定区域 GI 网络设计目标和要素。如战略目标是良好的水量和水质,则应把流域和水资源特征作为区域 GI 要素,包括大型湖泊湿地、区域性蓄滞分洪地区、地下水补给区、水源涵养区等 GI 网络元素。

2) 评价区域 GI 要素,构建区域 GI 网络。通过 GIS 技术生成和提取生态"汇集区"和"廊道"来构建区域 GI 网络,分析区域 GI 网络元素的生态风险,确定区域 GI 网络的保护等级,根据 GI 网络结构的重要性进行分级控制。

3) 明确区域 GI 网络的生态功能,提出 GI 的生态建设分区,确定生态保护区和生态复建区,尤其是连接各类重点保护区的廊道,需要进行保护性复建,使其更加充分发挥其生态服务功能。

4) 减少区域交通对 GI 网络的破碎化和片段化。区域交通等线性区域基础设施对区域 GI 连通性影响明显,区域交通等线性基础设施的布局要尽量顺应 GI 网络,减少对网络的破碎化和片段化,在规划区域交通线路的时候,加入基础设施生态化的内容,通过累积效应,实现生态化目标。

5) 基于 GI 网络确定区域生态化空间结构。GI 作为一种重要自然和人文资源,是区域城镇发展的基础性条件,可以引导城市功能定位和区域重点产业战略布局(如区域 GI 可为旅游业等第三产业的布局和功能提供环境支撑),结合主体功能区划和生态功能区划,从区域的资源环境基本特征、发展需求和限制因素,合理定位城市发展方向,确定区域性低碳生态化空间结构模式,采用不同的发展策略分类分区引导城市依据生态理念发展,推进区域有序城镇化发展战略(李迅等,2010)。

2.3.2 城市 GI 与总体规划的融合

总体规划重点解决城市规模、总体布局、市政和社会基础设施、重要自然和人文资源等问题,明确适建区、限建区和禁建区,关键要素为土地和设施(颜文涛等,2011)。城市 GI 可提高城市环境整体效益,为保护城市重要自然和人文资源提供空间框架,为该尺度的空间管制策略提供依据。总体规划的部分强制性内容包括城市风景区、城市湖泊湿地、水源保护区以及其他生态敏感区等控制开发区域,以及城市市政基础设施、文化遗产保护、城市防灾工程等,而关键生物栖息地、城市湖库湿地、河流水系、城市历史文化遗产等是城市 GI 的主要组成部分,GI 概念的加入,增强了自然和人文系统的联系,增加城市整体的自然、经济、社会效益。

具体融合途径:

1) 确定城市 GI 生态目标和社会目标。分析社会、经济和生态的各种数据信息,建立基础数据库。

2) 根据城市 GI 设计目标,选择城市 GI 要素。评估城市 GI 网络元素的组分、质量和功能,寻找潜在的城市 GI 元素,包括关键生物栖息地、城市风景区、城市湖泊湿地、水源保护区、河流水系、城市历史文化遗产以及其他环境敏感区等。

3) 连接城市 GI 网络元素,构建城市 GI 网络格局。依据城市 GI 网络格局和功能确定建设用地布局和建设用地规模,划定适建区、限建区和禁建区,确定城市空间拓展方向,明确空间总体布局和功能分区,有效利用土地资源,控制城市的无序蔓延。

4) 市政和社会基础设施布局应顺应城市 GI 网络。尽量减少对 GI 的破坏,将灰色基础设施融入自然环境中,提出灰色基础设施工程的生态化内容,通过累积效应,实现生态化目标。

2.3.3 社区 GI 与控制性详细规划的融合

控制性详细规划重点解决用地功能的组织,制定各项规划控制条件,关键要素为土地、设施和建筑控制(颜文涛等,2011)。社区 GI 通过环境特征增强社区的归属感,提升社区的环境品质,形成社区空间支撑结构。控制性规划的部分强制性内容包括土地使用控制、环境容量控制、建筑建造控制、基础设施配置、历史文化保护等，而自然山体林地、小型水体和溪流（如水库、水塘）、小型湿地（如低洼地）、径流通道、历史步道和文化遗迹等是社区 GI 的主要组成部分，通过将社区 GI 网络与城市和区域 GI 网络连接，提升社区的活力和场所感，以社区 GI 的生态承载力为作为确定社区建设容量的合理依据。

具体融合途径：

1）确定社区 GI 网络设计目标，明确人文社会环境层面和生物物理环境层面的目标，强调休闲游憩目标和绿色出行目标，列出社区资源环境详细目录清单；

2）选择社区 GI 元素，包括自然山体林地、小型库塘水体、湿地、水系和径流通道、社区公园、雨水花园、下凹式绿地、历史步道和文化遗迹等，评估社区 GI 元素的质量和功能，寻找潜在的维持水文过程、生物过程和人文过程的生态结构，连接社区 GI 元素，构建社区 GI 网络，将社区 GI 与城市和区域 GI 网络连接，将城市和区域 GI 的服务功能导入社区内部；

3）基于社区 GI 网络确定建设用地布局结构，划定保存区、保护区和发展区，明确用地选择和功能安排，提出社区发展的环境容量，有效利用土地资源；

4）结合社区 GI 网络中的绿色慢行体系配置社会服务设施，提出社区灰色基础设施工程的生态化措施，如雨洪利用的生态化途径，能源系统、固体废弃物系统等基础设施生态化内容。

2.4 实 例 研 究

2.4.1 广州番禺片区生态廊道控制性规划

番禺片区规划面积为 450 平方公里，位于广州中心区的边缘，不合理的开发在一些环境敏感地段已经造成了严重的损害，一些重要的生态服务功能已经开始退化。针对上述问题，确定番禺片区 GI 网络规划目标：对番禺片区生态廊道用地实施有效的控制管理，保护廊道内具有特殊价值的生态敏感地，维护区域生态安全格局与生态平衡要求；合理利用土地资源，控制廊道内建设区土地使用性质与建设强度；优化城市空间格局和用地布局，规避城市建成区域的无序发展和恶性扩张所造成的生态损失和土地浪费；促进区域内城乡关系的整体协调，维持区域范围内城市生态系统和其他生态系统的相对完整性；推进以城市物质空间为依托的社会、经济、文化等子系统的协调发展，增强城市内在活力和发展潜能。

番禺片区 GI 网络构建方法和规划实施途径：

1）确定区域 GI 网络要素，主要包括鸟类自然保护区、沿海滩涂湿地保护区、自然原始特征的山丘林地区（如湖滨湿地、河滨湿地、滩涂湿地）、自然景观区与文化景观区（如具有历史人文特征的古村落文化区）、优质水田、地表水源涵养区、洪水海潮威胁区域等（图3-2-1）；

2）采用"斑块—廊道"相结合方法的构建区域GI网络结构，划定14个重要的复合性生态功能区"斑块"（由7类城市生态功能单元组合形成）和5条重要的"结构性廊道"（不同的廊道和斑块往往包含这7种生态功能的某几类单元，形成3横3纵的空间形态（图3-3-2））；

3）将区域GI网络划分核心保护区、生态缓冲区、建设协调区，并提出相应的规定性指标、指导性指标和建设导引；

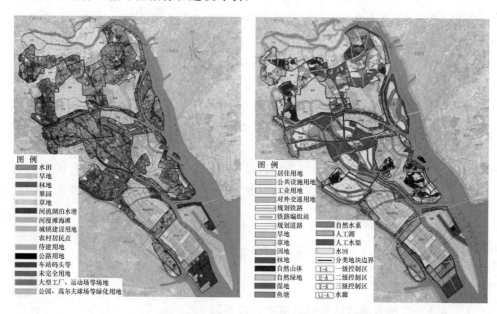

图3-2-1 番禺片区GI土地利用现状　　　图3-2-2 番禺片区GI土地利用规划

4）根据番禺片区GI网络规划目标，确定GI网络的生态服务功能，调整GI网络的土地利用类型（图3-2-2）。

2.4.2 宝鸡市渭河南部台塬区生态建设规划

渭河南部台塬区生态建设规划区位于宝鸡市南侧和秦岭北麓，面积约105平方公里，生态环境资源丰富但相对脆弱，是秦岭北麓自然保护区的门户，城市建设现状已经危及到了生态资源，急需一种有效保护生态资源，支撑城市建设的方法。针对上述问题，确定规划区GI网络规划目标：优化空间格局和用地形态，避免规划区无序发展所带来的城市生态损失和土地资源的浪费，引导规划区合理有序发展；建立以GI网络为载体的城市生态环境支持系统，建立生态安全体系和格局，引导城市健康持续发展；保护关键性的生态廊道和斑块，形成特有的生态系统格局，发挥其高效的生态服务功能；明确GI网络生态功能，控制和引导城市建设用地的使用性质和开发强度,为合理利用土地资源提供依据;促进规划区内的城乡关系整体协调,引导村镇合理建设和农村经济转型(颜文涛,2007)。

宝鸡市台塬区 GI 网络构建方法和规划实施途径:

1)确定宝鸡市台塬区 GI 网络要素,主要包括土地利用类型、河流水系、滨水廊道、山脊线、森林斑块和其他生境等,评估每个网络元素的组分、质量和功能;

2)连接 GI 网络元素,构建以结构性廊道为依托、"三横五纵"的宝鸡市城市 GI 网络格局(图 3-2-3)依据宝鸡市城市 GI 网络格局和功能确定建设用地布局和建设用地规模;

3)确定城市空间拓展方向,明确空间总体布局和功能分区,有效利用土地资源,控制城市的无序蔓延(图 3-2-4);

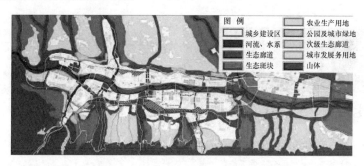

图 3-2-3 宝鸡市城市 GI 网络结构

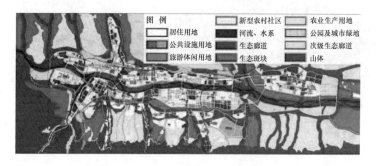

图 3-2-4 宝鸡市土地利用规划

4)廊道系统包括生物廊道、水系廊道、通风廊道、景观廊道四种类型,分二级控制,根据不同廊道类型、等级、现状及生态功能综合确定其控制宽度。

2.4.3 贵州仁怀市南部新城生态控制规划

仁怀市中心城区总体结构为"一城三片、组团发展、融山融水"的网络城市格局,分别为中枢片区、茅台片区和南部新城,南部新城规划区面积约 18 平方公里。为了维护茅台酒原产地的生态环境，确保茅台酒特殊生产用水以及酿造环境的安全，针对仁怀市南部新城控制性详细规划，提出可持续规划方法和生态化设计策略，减缓和避免传统开发建设对茅台酒原产地气候环境和水环境的影响，维护区域水环境和生态系统的健康，科学指导南部新城的开发建设。

图 3-2-5　基于可持续水管理的 GI 网络

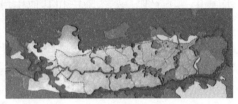
图 3-2-6　基于生物多样性保护的 GI 网络

图 3-2-7　适应小气候过程的 GI 网络

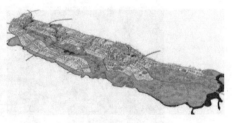
图 3-2-8　南部新城综合 GI 网络

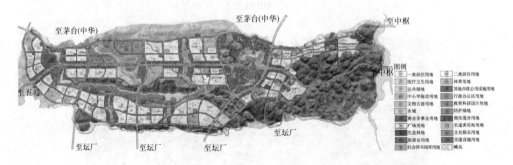
图 3-2-9　南部新城土地利用规划

贵州仁怀南部新城 GI 网络构建方法和规划实施途径：

1）结合新城水环境保障的需求目标，通过构建基于湿地塘链系统的 GI 网络，调节城市水量和改善城市径流水质，维持和保障健康的鱼鳅河水生生态系统；

2）构建基于生境单元的 GI 网络，首先将大型植被斑块有机联系，通过生态廊道向城市内部延伸，形成自然生境延伸的良好绿色空间，其次梯度保留孤立峰丛，作为生境网络体系的"踏脚石"，以纵向生态走廊（西部低山、东部鱼鳅河、中部湿地塘链生态序列、城市人工绿带)、横向生态屏障(北部盐津河谷、南部分水岭低山),构建完整、自然、和谐、安全的生态空间网络,在野生生物和市民之间建立一个 GI 网络体系;

3) 构建基于通风廊道的 GI 网络,使城市开放空间形成良好的网络,注意与主导风向结合,成为城市的通风走廊,缓减夏季热岛效应;

4) 针对生物过程、水文过程、小气候过程等各个过程,综合生物多样性保护、水环境保护和风环境利用的空间规划,构建综合 GI 网络:以盐津河谷、北部临谷峰丛、西部低山、鱼鳅河谷及峰丛系列、内部孤立峰丛为重要生态源地(动植物栖息地和水源涵养地),以其他山地、林地和湿洼地为斑块,通过河流水系、径流通道、林荫道、步行道等线性元素建立连接廊道,构建南部新城网络状绿色基础设施,维护区域自然、生物和人文过程的健康和安全(图 3-2-9)。

2.5 结　语

GI 提供了一种绿色结构以综合改善城市问题和环境问题,目的并不是孤立地为服从自然创造一个独立的网络,而是让自然融入社会,以一种弹性方式保护自然资源,让自然生态系统为人类服务,因此 GI 对实现低碳生态城的目标具有积极的意义。基于 GI 的概念、内涵、尺度和构成,提出 GI 与传统规划技术体系的融合途径,并结合不同尺度的项目案例,研究不同尺度 GI 的规划实施途径,探索不同尺度 GI 的规划内容和控制要素,以望对我国 GI 规划建设的理论与实践提供参考。

3 物质能量流动：寻求城市低碳生态化途径[1]
3 Material and Energy Flow: To Seek the Way of Low-carbon Ecological Urbanization

城市和城市生活对于生态的重要性和危害性正随着城市日益扩张的范围和日益增长的影响力而变得日益严重。有学者对我国的能源消费量与城市人口的关系进行了分析研究，研究表明城市化水平每提高1%，城市居民将增加3800万吨标准煤的能源需求。随着我国城市化率的不断增加，人们生活水平的不断提高，这种需求还将有上升的趋势，我国的能源供应将会出现严重的缺口，碳排放将严重超出城市所能承受的范围。

城市系统的新陈代谢（物质流动、能量流动）思想最初源于生物学，将经济系统或者是城市系统也看作一个活的生物体一样发生能源的生物化学过程。城市新陈代谢理论将城市模拟为一个能从自然汲取食物与养分并向自然排放废弃物的有机体。城市在新陈代谢的过程中进行着物质、能量的流入与流出，它是城市生长、繁荣的必要条件，当这种流入与流出接近相等，也就维持了城市生态系统的循环平衡。反之，城市中则出现三种不良的生态环境效应，即物质流的改变、能量流的改变和生态平衡的破坏。生态平衡的关键在于：一方面使物质和能量的输入输出接近相等，另一方面将外来干扰限定在一定范围内，使得生态系统能通过自我调节（或人为控制）恢复到原初的稳定状态。

本节以西安为例从城市物质能量代谢入手，深刻分析城市代谢的过程和机理，寻求城市物质流动和能量流动的生态化途径，以期解决我国城市发展及城市化过程中所面临的资源、污染、环境和生态的各种问题。

3.1 物质流分析

3.1.1 城市物质流分析框架

城市物质流分析框架以"欧盟导则"确立的框架为基础，结合了城市层面物质流的特点及西安的实际情况进行了必要的修正。总体结构分为9个部分，输入

---

[1] 沈丽娜，副教授，西北大学城市与环境学院

物质分为调入、本地开采、平衡项（水和空气）；经济系统包含物质净存量和通量；输出物质分为调出、本地废物排放、耗散性物质、平衡项（CO_2和水）。城市物质流分析框架如图 3-3-1 所示。

依据"欧盟导则"确立的基本方法，结合西安市实际能调研到的数据，将主要分析的数据进行如下划分：

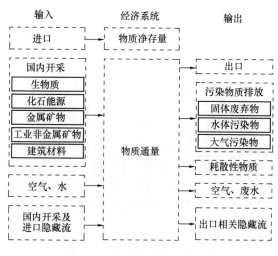

图 3-3-1　城市物质流分析框架

（1）生物物质。包括农、林、牧、渔各业的生物产量。
（2）非生物物质。包括金属矿物、工业矿物、化石燃料和建筑材料。
（3）调入/调出物质。城市与其他地区进行的物质流通。
（4）污染物。包括固体废弃物、大气污染物、水体污染物。
（5）耗散性物质。主要是指农药化肥的耗散流失。

3.1.2　数据来源及计算

选取西安市 2005～2014 年 10 年的基础数据进行西安市物质流分析。其中物质输入输出资料多数取自《西安市统计年鉴》、《西安市环境质量报告》、《中国环境统计年鉴》等，还有部分数据由对相关部门调研得来。具体输入输出数据如表 3-3-1 所示。进、出口数据是指西安市域内与中国其他省市物质流通以及与国外各国、地区的贸易。

表 3-3-1 2005~2014 西安市城市生态系统物质输入与输出统计表（×10⁴ t）

年份			2005	2006	2007	2008	2009	2010	2011	2012	2013	2014
GDP（亿元）			1313.93	1538.94	1856.63	2318.14	2724.08	3241.69	3862.58	4366.10	4924.97	5492.64
人口（万人）			741.7	753.1	764.3	772.3	781.7	782.7	791.8	796.0	806.9	815.3
输入（万吨）	生物物质	农	465.95	449.52	465.31	520.29	553.04	573.80	549.15	578.07	591.24	606.11
		林	0.6032	0.5514	2.5385	0.8146	0.8095	1.701	2.2294	2.388	2.272	2.377
		牧	60.42	58	63.02	70.51	74.44	77.02	79.26	81.81	81.53	81.99
		渔	0.94	1.2	1.24	1.25	1.3	1.19	1.18	1.40	1.42	1.42
		合计	527.9132	509.2714	532.1085	592.8646	629.5895	653.711	631.82	663.67	676.46	691.897
	非生物物质	金属矿物	4.2	4.82	3.92	4.56	4.92	6.25	2.47	2.7	3.3	3.9
		工业矿物	15.34	16.2	18.64	15.8	11.63	12.01	5.32	—	—	—
		建筑材料	121.01	156.57	263.13	404.76	487.72	236.5	409.99	534.2	391.1	412.69
		合计	140.55	177.59	285.69	425.12	504.27	254.76	417.78	536.9	394.4	416.59
	进口物质	能源	733.74	813.5	866.1	876.76	936.56	951.26	916.68	980.87	1262.27	1153.14
	合计		1402.203	1500.361	1683.899	1894.745	2070.42	1859.731	1966.28	2181.44	2333.13	2261.63
输出（万吨）	污染物排放	大气污染物	19.22	17.14	14.69	13.73	12.01	11.36	14.56	13.37	12.44	12.95
		固体废弃物	153.69	169.54	173.25	160.88	187.36	245.2	223.3	253.76	259.67	279.12
		水污染物	5.19	5.06	7.14	5.25	5.18	4.98	6.88	6.31	6.45	5.91
		合计	178.1	191.74	195.08	179.86	204.55	261.54	244.74	273.44	278.56	297.98
	耗散性物质	农药化肥的耗散	52.73	53.42	50.78	53.72	51.76	54.25	54.57	55.89	57.58	59.43
	合计		230.83	245.16	245.86	233.58	256.31	315.79	299.31	329.33	336.14	357.41

3.1.3 数据分析

（1）资源投入量

资源投入量表示西安市在发展过程中所耗费的物质资源的量，用以衡量西安市的发展对自然环境的影响，表中数据显示，西安市的物质资源投入总量（见图3-3-2）总体上呈逐年递增趋势，对能源依赖度较高，从2005年的1402.2万吨增长到2014年的2261.63万吨，2013年达到2333.13万吨的峰值水平，平均年增长率为5.46%。能源的投入量从2004年的733.74万吨增长到了2014年的1153.14万吨，平均年增长率为5.15%，略低于资源投入总量的平均年增长量。因其能源都从外部调入，西安市的发展对自身的环境资源破坏较小，对物质调入的依赖程度较高。

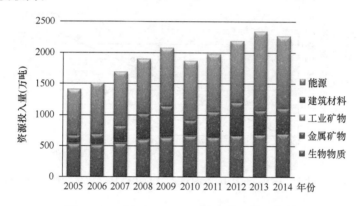

图 3-3-2 西安市 2005～2014 年资源投入结构

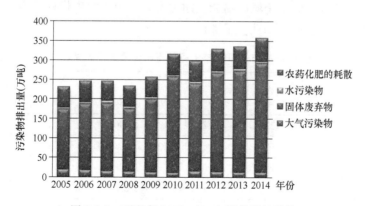

图 3-3-3 西安市 2005～214 年污染排放结构

（2）污染物排出量

污染物排放量是人们在生产生活中不能充分利用的物质资源排放到自然环境中的有害剩余。从图3-3-3中可以看出，大气污染物、水体污染物、农药化肥的耗散所占比重较少,且变化起伏不大,固体废弃物在所有污染物排放量中所占比重较大,且决定了污染物排放总量的变化趋势,固体废弃物占的比重由66.9%上升到78.1%。大气污染物占的比重由8.3%降到3.6%。耗散性物质占的比重由22.8%降到16.6%。水污染基本保持在2.3%左右。此处并不能说明对西安市环境影响最大的为固体废弃物,因为部分大气污染物、水污染物的含量虽小,却能对环境造成较大影响。

对西安市污染物的排放量与资源的投入量没有明显的相关性(见图3-3-4)。其中资源投入量呈明显的上升趋势,而污染物的排放量并没有相应的起伏,说明西安市在污染物的综合利用和治理方面情况良好,而物质净存量的增长在一定程度上延缓或减轻了环境压力。

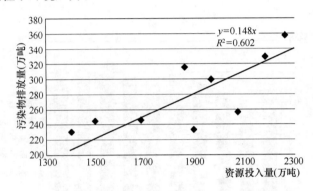

图3-3-4 西安市2015～2014资源投入量与污染物排放量线性拟合分析

(3) 资源效率与环境效率

资源效率与环境效率是城市物能代谢生态效率中的两项指标,表示单位资源消耗和污染负荷所能提供的社会服务量。

西安市2005～2014年资源效率与环境效率计算表　　　表3-3-2

年份	2005～2006	2006～2007	2007～2008	2008～2009	2009～2010	2010～2011	2011～2012	2012～2013	2013～2014
GDP变化倍数	1.171	1.206	1.249	1.175	1.190	1.192	1.130	1.128	1.115
资源投入量变化倍数	1.070	1.122	1.125	1.093	0.898	1.057	1.109	1.070	0.969
污染物排出量变化倍数	1.062	1.003	0.950	1.097	1.232	0.948	1.100	1.021	1.063
资源效率	1.095	1.075	1.110	1.075	1.325	1.128	1.019	1.054	1.151
环境效率	1.103	1.203	1.314	1.071	0.966	1.257	1.027	1.105	1.049

需要说明的是,表3-3-2中的数据并没有以某一年为基准,而是将2005年至2014年分为9个年度,每个年度都是以前一年为基准,数值表示后一年相对于前一年的变化系数,这样便能观察西安2005～2014年资源效率和环境效率的变

化趋势。数值为 1 时，说明资源效率和环境效率并没有发展，停留在原来水平；数值大于 1，说明社会服务量的增长所需的资源减少或排出的污染物减少，效率提高；数值小于 1，则反之。

从资源效率上来看，除了 2009～2010 年度数据变化较大，总体上西安的资源效率呈提高趋势，但数值较小，资源效率提高并不明显，尚未实现 GDP 的增长与资源投入量的"解耦❶"。从环境效率来看，变化波动较大，2009～2010 年度下降较多，环境压力依然不容忽视。

(4) 西安市 2014 年物质流全景

基于上述分析研究绘制了 2014 年物质流全景图如图 3-3-5 所示。以 2014 年为例，西安市的物质投入总量为 2261.63 万吨，其中进口能源占 51%，生物物质占 31%，建筑材料占 18%；污染物排放总量为 357.41 万吨，固体废弃物占 78%，耗散性物质占 17%，大气污染物占 4%。输入部分的能源和输出部分的固体废弃物仍然在各部分占有最大比重。相较于 2013 年，资源投入量中的能源部分有所降低，预计在未来几年内，还会有下降趋势；固体废弃物的排放量不断增长而且所占比例继续上升，将来可能会继续升高，这一方面说明人们的物质生活条件不断提高，另一方面又说明现在人的生活习惯还不够环保，包装物质过多，隐藏流系数较大。

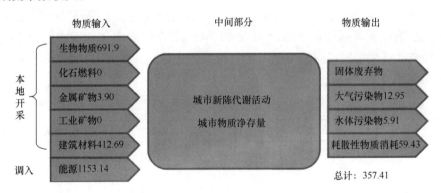

图 3-3-5 西安市 2014 物质流全景图（万吨）

3.2 能量流分析

建立能源流动图能清晰的认识整个城市的能源流向，可以对不同能源品种的节能潜力予以质和量的标定，为生态城市的建设提供科学依据，通过统观能量流

---

❶ 解耦就是用数学方法将两种运动分离开来处理问题，常用解耦方法就是忽略或简化对所研究问题影响较小的一种运动，只分析主要的运动。

动全局，找出节约能耗的途径，提高能源的利用效率，以达到城市可持续的发展，同时对国内同类城市的能源使用提供示范和借鉴的作用，优化城市的能量代谢和城市健康发展的结构体系。

3.2.1 数据来源与处理

研究绘制能流图以 2014 年西安市能源消耗数据为依据，进行能流分析以 2005~2014 年 10 年为研究年限，相关的能源数据来源于《西安市统计年鉴》和发改委能源办等。由于城市的统计年鉴中对能源统计与国家和省级的统计略有不同，在参考国际能源统计体系准则、中国能源统计方法和在 CNKI 中能查到的个别省（如山东省）能源统计方法，对西安市 2014 年能源平衡表做适当调整：

（1）进出口量调整。进口量包括市调入量，出口量包含市调出量。

（2）加工转换部门调整。将洗选煤、炼焦、制气和煤制品加工归为煤炭加工。可再生能源发电和火电统一归纳为发电。

（3）终端消耗部门调整。终端能耗部门为农业、工业、交通和民用商用；其中农业包括农、林、牧、渔、水利业的能源消耗，工业包括工业和建筑业的能源消耗，交通包括铁路、公路、水运、民用航空和管道的能源消耗，民用商用包括批发和零售贸易业、餐饮业、生活消费和其他。

在建立了西安市能量流动平衡表如表 3-3-3 的基础上，绘制了西安市能源流动图。绘图样式参照中国 2003 年、2004 年、2005 年能流图，图中的数字含义为：源流动或消耗所对应标准量所占基数据的比例。按此方法，西安市 2014 年能流图如图 3-3-6 所示。

2014 年西安市能源平衡表　　　　　表 3-3-3

项目	原煤	煤制品	原油	油制品	天然气	热力	电力
一、可供本地区消费的能源量	688.22	0.86	211.51	293.52	273.92	83.94	85.43
1. 一次能源生产量	0	0	0	0	0	0	6.32
水电	0	0	0	0	0	0	3.14
太阳能	0	0	0	0	0	/	0
风能	0	0	0	0	0	/	2.89
地热能	0	0	0	0	0	/	0
2. 回收能						/	
3. 调入量	706.59	0.87	213.44	687.64	274.00	83.94	79.11
4. 调出量	0	0	0	−430.49	0	0	0
5. 年初库存（+）	46.12	0.04	8.75	41.07	0.04	0	0
6. 年末库存（−）	−64.49	−0.05	−10.68	−46.92	−0.1	0	0

续表

项　目	原煤	煤制品	原油	油制品	天然气	热力	电力
二、加工投入(－)产出(＋)量	－623.59	1.70	－211.50	170.71	－0.4	423.86	197.93
1. 火力发电	－197.93	0	0	0	－0.0012	0	197.93
2. 供热	－423.86	0	0	0		423.86	0
3. 煤加工	－1.81	1.70	0	0	－0.4	0	0
4. 炼油	0	0	－211.50	170.71		0	0
三、损失量	/	/	/	/	/	21.06	
四、终端消费	63.86	10.38	0	188.96	274.00	266.34	290.28
1. 农林牧副渔业	/	0	0	10.92	0	0	11.77
2. 工业	63.86	0.78	0	12.93	26.27	79.71	122.37
3. 交通运输	0	0	0	164.07	/	0	10.89
4. 民用及商用	0	9.60	0	1.04	247.72	186.66	145.25
五、平衡差额	0.77	－7.81	0.009	275.27	－0.45	219.86	－6.91

注：1. 本表中所有数据均已按照国家统计局标准折标煤系数计算方法折算为标准煤，单位为 10^4 吨；
　　2. 市一级缺乏部分统计数据，在表中以"/"表示；
　　3. 按照发电煤耗计算法得到，由于缺少数据，本表未给出按照发电煤耗计算法统计的各终端消费部门的能源消费量；
　　4. 本表中部分数据摘自西安市"十二五"能源发展规划中2011年新能源统计数据，包括太阳能、和地热能的发热发电量。

3.2.2　西安市能源供应分析

（1）能源消耗与碳排放

根据能流图、西安市统计年鉴（2005～2014）及西安市主要能源碳排放系数，计算规模以上工业碳排放量，如表 3-3-4 所示。

西安市规模以上工业行业碳排放总量　　　　表 3-3-4

年份	2005	2006	2007	2008	2009	2010	2011	2012	2013	2014
能源（万吨）	733.74	813.5	866.1	876.76	936.56	951.26	916.68	980.87	1262.27	1153.14
碳排放总量/万吨	2019.76	2146.22	2393.22	2257.02	2747.36	2618.41	2499.05	2651.46	3398.93	3026.30

由表 3-3-4 和图 3-3-7 可见，西安市规模以上工业行业能源的消耗和碳排放逐年增加。2009 年，国务院提出我国 2020 年控制温室气体排放行动目标，陕西省提出了发展低碳产业、建设低碳城市、倡导低碳生活的目标，并成功成为国家首批低碳试点省区。在此背景之下，西安市 2010～2011 年，规模以上工业行业

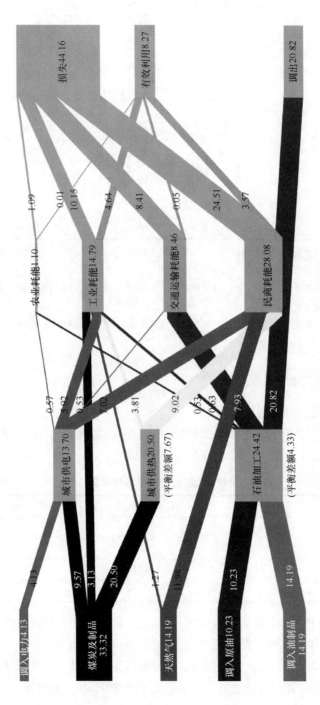

图 3-3-6 西安市 2014 年能源流动图

碳排放总量均呈现下降趋势，碳排放总量下降了，但近三年能源消耗与碳排放波动较大，2013年又达到峰值。

（2）能流图分析

从2014西安市能流图可以看出，2014年西安市能源消费结构中煤炭占47%，石油占34%，天然气占18%，可持续能源（包括水电、风能）占1%。在西安市能源供应结构中，煤炭和油制品等利用率较低、污染较大的能源占据着主导地位。而可持续能源（本市主要为水电、风能）和天然气等清洁能源所占比例为19%。

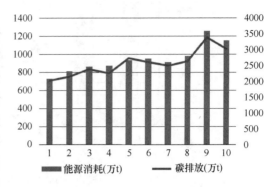

图3-3-7　西安市2005～2014年能源消耗与碳排放

2014年西安市煤炭消费方面，如图3-3-6所示火力发电占26%，城市供热占57%，工业生产占17%；石油消费方面，交通运输占消费总量的86.82%，工业生产占6.84%，农业生产占5.78%；天然气消费方面，居民生活及餐饮业天然气消费量占总消费量的90.4%，工业生产占9.6%。西安城市自供用电主要为火电。火力发电存在许多问题。概括来说有两方面内容，首先，能源转化过程中的效率低下，对能源是一种较大的浪费。其次，火力发电使用的能源为煤炭，其单位热值含碳量高，在燃烧的过程中对城市环境造成严重的污染，加剧了温室效应。

通过能流图可以直观地看出，消费终端耗能中，民用及商用和工业消耗的能源占主导。西安市2014年居民生活及商业活动消耗能源590.27万吨标准煤。主要消耗能源为天然气、热力、电力和煤制品，分别占耗能总量的比例为42%、32%、25%和1%，如图3-3-6所示清洁能源（天然气）占的比重较大，而煤炭占的比例较小，说明能源结构较为合理。西安市作为陕西省省会、西北地区经济、政治和文化中心，吸引了周边中小城市大量的人口定居于此，据《西安2014年统计年鉴》统计数据显示，西安市2014年总人口为815.3万人，市区人口为560.9万人。作为一个500万人口以上的超大型城市，每年仅居民生活和商业活动就消耗大量的能源，其能源消费结构的优化具有巨大的节能潜力。

在工业生产中，碳排放、耗能较多的行业有交通运输设备制造业、农副食品加工业、非金属矿物制品业、专用设备制造业、造纸及纸制品业和化学原料及化学制品制造业（图3-3-8）。工业能耗中交通运输设备制造业和非金属矿物制造业占的比重较大，为节能重点行业。

西安市交通运输业消耗能源仍以石油制品为主，对天然气和电力等清洁能源

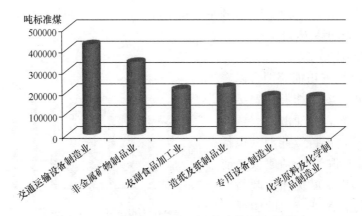

图 3-3-8　西安市 2014 年工业综合能源消费量图

利用较少。原因在于西安市的 CNG 汽车（天然气汽车）普及度不够。目前西安市的 CNG 汽车主要以公共交通运输车辆和出租车营运车辆为主，私家车基本仍是燃油车。而以天然气为燃料的公交车和出租车仅占西安市机动车保有量的 1.55%。未来几十年内，西安市机动车保有量仍然会持续上涨。届时，如果不能优化交通运输业的能源消费结构，将会消耗大量的石油，并且燃油汽车大量的尾气排放，也会加重碳排放、温室效应和空气污染。目前来看，交通运输业的能源消费结构优化途径主要有两个方向：一是燃油车改 CNG 汽车，二是大力发展公交汽车。

3.3　低碳生态化途径研究

3.3.1　减少工业能耗

由"2014 年西安市能流图"可以看出，西安市 2014 年能源消耗终端部门中，工业生产耗能占较大比例。应大力发展高新技术产业，稳固发展装备制造业，缩减重化工业的份额。

3.3.2　减少民用商用能耗

2014 年末，民商耗各种能源（包括热能、电力、天然气和煤炭制品）折合标准煤为 590.27 万吨，其耗能量在四大消费终端部门中所占比例最高，为 47%。应改变社区居民生活方式，建设完善的社区服务设施，社区规划设计应注意各种服务设施的提供，如商业、医疗和娱乐等，使更多的社区居民的日常需求在社区范围内可以得到解决，减少出行，降低交通能耗，促进城市节能。城市居民应该主动寻找可持续的绿色能源代替化石能源或其他不可持续能源。

3.3.3 减少交通运输能耗

随着西安市社会经济的快速发展、城市规模的不断扩大以及城市人口和机动车保有量的快速增加,西安市的交通面临的压力越来越大。目前西安市的城市交通系统中以燃油为动力的交通工具仍然占据着主导地位,因此,城市交通系统的燃油消耗也将会随之增加,而世界石油储量的不断减少无疑会给未来的交通运输带来巨大的能源危机。作为未来的城市规划者,必须认清这一点,通过规划的手段减少交通运输的能耗。

3.4 结　　语

(1) 随着人口的增长,西安市的资源投入量和污染物的排放量以及二者的强度都在逐年增加。由于净存量的增加,污染物的排放量和资源投入量之间的差越来越大,这在一定程度上延缓或减轻了环境压力。但低碳生态城市的建设,需要达到"低投入、低排污"的目标,西安市的发展有待进一步改进。

(2) 从西安市能源的终端利用部门可以看出,能源的主要使用为民用商用、工业及交通用能。民用商用中以热力、电力和天然气为主,较为合理;工业用能以原煤和电力为主,应发展清洁能源;交通用能以油质品为主,未来应发展使用天然气及电力等清洁能源。

4 公私合营模式（PPP）：公共基础设施领域的 PPP 模式
4 Public Private Partnership Model (PPP)：PPP for Public Infrastructure

4.1 具有良好发展势头的 PPP

在党的十八届三中全会提出"允许社会资本通过特许经营等方式参与城市基础设施投资和运营"后，在财政部《关于2014年中央和地方预算草案的报告》中，中国官方首次使用了 PPP 的概念（PPP 模式即 Public—Private—Partnership 的字母缩写，直译为"公司合作伙伴关系"，在中国被译为"政府与社会资本合作"，指的是政府与私人组织之间，为了提供某种公共物品和服务，以特许权协议为基础，彼此之间形成一种伙伴式的合作关系）。明确要"推广运用 PPP 模式，支持建立多元可持续的城镇化建设资金保障机制"。自此，从中央到地方，各级政府政策频发、项目频出。国家发改委于2015年5月发布的 PPP 项目库显示，2014年以来，中国已推出 PPP 项目共计1043个，总投资1.97万亿元，涵盖水利、市政、交通、公共服务、资源环境等多个领域。截止到2015年11月底，国家发展改革委公开推介的第一批1043个 PPP 项目中，已签约项目达到329个，占推介项目数量的比例为31.5%。

4.2 公私合营模式在公共基础设施领域的应用

目前，城市公共基础设施投资总体上成扩张趋势，但是人均基础设施量和年均供给能力仍相当不足，尤其是随着城市化进程的加速，许多城市的基础设施供给增长跟不上经济和城市人口增长的速度。与此相对应的是，我国现行投融资体制已经不能满足城市基础设施建设需要（表3-4-1）。

城市基础设施项目总投资巨大，如果全都从政府预算中支出，政府将不堪重负，通过引入 PPP 模式，以吸引私营部门参与城市基础设施项目，可以帮助政府转变职能，减少财政负担。

中国现行融资体制　　　　　　　　　　表 3-4-1

财政融资	地方财政收支存在巨大缺口，直接制约财政预算内资金支出比例
负债融资	银行债务融资给城市的可持续发展带来了沉重的负担，较多城市只能够偿还利息，通过借新债还旧债，而且银行贷款大部分集中在城市基础设施建设上，会给银行带来大量不良贷款，再加上政府信用风险，会孕育不少的金融风险
企业积累融资模式	随着城市基础设施收费和价格机制改革，自筹资金占的比例越来越高
经营资源融资模式	主要有土地出让/转让收入、经营无形资产收入和存量资产经营权转让收入
外商直接融资和民间资本融资模式	但是目前外商直接投资只占利用外资的 17% 左右，民间资本投入数量也相当有限

公私合营模式在公共基础设施领域的实施应用应遵循以下几个原则：市场准入、风险分担、利益分配、激励约束、监管和后评价机制。其中市场准入原则指的是：由于城市基础设施是复杂的系统工程，具有一般商品和服务不具备的特征，必须保证能够满足消费需求和社会效益，因此，其控制权必须掌握在政府或国有经济手中，故而对于民营资本进入有一定的限制；风险分担原则指的是在PPP模式中合作双方的风险分担更多地考虑双方风险的最优应对、最佳分担，尽可能做到每一种风险都能由最善于应对该风险的合作方承担，进而达到项目整体风险的最小化，例如：项目设计、建设、融资、运营维护等商业风险原则上由社会资本承担；政策、法律和最低需求风险等由政府承担。

当前，PPP在我国主要采用购买服务、特许经营、股权合作三种方式开展，这种分类方法基本对应了世界银行根据社会资本参与程度由小到大所作的三分法，即将PPP模式分为外包、特许经营和私有化三类（表3-4-2）。

中国PPP的主要模式　　　　　　　　　表 3-4-2

方式	类型	定义	合同期限	项目种类	主要目的
购买服务	O&M	指政府将存量公共资产的运营维护职责委托给社会资本或项目公司，社会资本或项目公司不负责用户服务的政府和社会资本合作项目运作方式	≤会年	存量	引入管理技术
	MC 管理合同	指政府将存量公共资产的运营、维护及用户服务职责授权给社会资本或项目公司的项目运作方式	≤政年		

续表

方式	类型	定义	合同期限	项目种类	主要目的
特许经营	TOT 转让—运营—移交	指政府将存量资产所有权转让给社会资本或项目公司，并由其负责运营、维护和用户服务，合同期满后资产及其所有权等移交给政府的项目运作方式	20~30年	存量	引入资金。化解地方政府性债务风险
特许经营	ROT 改建—运营—移交	指政府在TOT模式的基础上，增加改扩建内容的项目运作方式	20~30年	存量	引入资金。化解地方政府性债务风险
股权合作	BOT 建设—运营—移交	指政府在TOT模式的基础上，增加改扩建内容的项目建造、运营、维护和用户服务职责，合同期满后项目资产及相关权利等移交给政府的项目运作方式	20~30年	增量	引入资金和技术，提升效率
股权合作	BOO 建设—运营—移交	指由社会资本或项目公司承担新建项目设计、融资、建造、运营、维护和用户服务职责，在合同中注明保证公益性的约束条款并拥有项目所有权的项目运作方式	长期	增量	引入资金和技术，提升效率

4.3 公共基础领域的PPP模式应用实践

珠三角城市在低碳生态城市建设方面具有创新的理念和良好的实践基础，同时珠三角的九市都开展了对PPP模式的应用实践的尝试和探索，并取得了丰富的经验。

惠州：公共自行车领域的公私合营

自行车公共服务系统是惠州市2012年十大民生实事之一，采用PPP模式，由政府提供政策及资源支持，例如经营场地、补贴运营费用，以及授权运营单位管理后期的衍生资源等等，由企业出资，进行市场化运作，最终达到构建低碳环保城市生活的目的（图3-4-1）。

惠州市政府与广东惠民运营系统管理有限公司合作，建立市民卡公司，整合惠州市绝大部分的公共通卡资源，使惠州市民的超过80%的各种功能的卡能合成到一张市民卡上使用，顺畅相关部门和行业的信息化，和电子支付领域的发展。

截至目前，惠州市公共自行车系统运营状况良好，系统安全稳定，100个站点建设完毕，近10000辆自行车全面投入运营。在一定程度上弥补了公交出行"最后一公里"和缓解交通出行难的问题，市民出行更加便利，获得社会各界的

4 公私合营模式（PPP）：公共基础设施领域的 PPP 模式

图 3-4-1 惠州市公共自行车站点分布图

好评（图 3-4-2）。

图 3-4-2 惠州市公共自行车与公共自行车道

惠州市公共自行车项目的成功，离不开政府的大力支持与合理规划，也离不开公司的市场化管理手段与运营，在政府资金缺乏与管理手段僵化的现状下，采取 PPP 模式引入资金雄厚同时市场化管理经验丰富的民间企业，将对公共基础领域建设起到巨大好处。

4.4 展　　望

PPP 在中国的发展主要是由地方政府的融资需求所推动的，与此同时，思想层面的逐步开放也为 PPP 的发展扫清了障碍，然而，目前中国还存在项目吸引力与可获得性不足、政府"重融资、轻管理"、体制机制不健全等问题，严重制约着 PPP 的持续健康发展。面对当前存在的瓶颈与障碍，可以从以下几个方面入手，努力营造出适合 PPP 发展的生态环境，推进 PPP 可持续发展：

（1）树立契约精神，坚持平等协商、互利互惠、诚实守信和严格履约，公共部门不能利用自身强势地位侵占、挤压私人部门的合法权益和合理收益，私人部门也不能利用信息优势牟取暴利、损害公众利益；

（2）转变思想观念，公共部门要充分认识到 PPP 在提高公共服务供给质效、促进经济结构转型调整等方面的重要作用，主动转变自身职能定位，努力提高专业知识技能，积极适应 PPP 带来的治理能力挑战；

（3）完善法律法规，及时清理、修订现存的、不适应当前 PPP 发展的法律法规，积极推动更高层次的立法，争取出台统一的基础性法律，解决相关法律、部门规章和规范性文件衔接不畅、相互冲突的问题；

（4）加强部际协调，建立跨部门的监管协调机制，既避免监管重叠，又防止监管缺位，改善目前"政出多门"、各行其是的条块分割现象；

（5）建立健全体制机制，完善 PPP 所需的各项配套措施，包括出台物有所值评价指引、建立常规性的"再谈判"机制等，打造科学、完备的 PPP 操作流程，方便 PPP 项目流程化推进；

（6）引入第三方监督评估机构，加强信息披露和社会监督，在兼顾各利益相关方利益诉求的同时，增强 PPP 项目的透明度，防止可能的道德风险。

5 智慧城市：全面感知、信息共享和智能解题

5 Smart City: Comprehensive Perception, Information Sharing and Intelligent Solution

2016年3月5日，李克强总理在全国人大所作的报告上提出"互联网＋"行动计划，并强调要发展"智慧城市"，保护和传承历史、地域文化。更重要的是，要通过智慧城市建设，有效治理污染、交通拥堵等城市病，加强城市供水供气供电、公交和防洪防涝设施等能效建设，达到让城市生活更便捷、环境更宜居的目的，实现城市的善治。

从内容上，智慧城市涵盖城市产业、民生、环境、防灾减灾、行政治理、资本配置等；从理念上看，以智慧系统为"粘合剂"将集约、低碳、绿色、人文等新理念融入城镇化全过程；从难度上看，智慧城市建设最大的难点是将信息孤岛连接起来，通过信息共享、系统共生来消除部门"信息孤岛"和利益壁垒。

在珠三角各城市将打造智慧城市作为城市的一项重要发展目标，并为之投入大量人力与物力，到目前为止，珠三角各城市在建设智慧城市方面均取得了不错的成效，本节以能耗监测和智慧交通为例，进行展开介绍。

5.1 能耗监测—建立实施监控平台

截至2015年11月，广东省共完成国家机关办公建筑、大型公共建筑和中小型公共建筑能耗统计21472栋，审计121栋次，能耗公示1709栋次，对82栋建筑进行了能耗动态监测。在广东省，广州、深圳、惠州、江门等市也相继建立了能源在线监测平台，对能耗高的企业实施能源实时监控，以此保证城市的能耗监测能够控制在一定的水平范围内。

5.1.1 能耗监测平台建设

以珠三角城市的江门为例，江门市能源管理系统由市级能源信息管理平台和企业能源管理中心系统组成，各系统以互联网进行连接和数据交换。（图3-5-1）。

其中，企业能源管理中心的核心内容是能源在线监测，系统应由数据采集

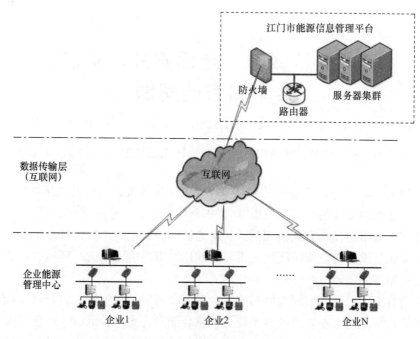

图 3-5-1 江门市能源管理系统网络结构图

层、数据传输层和管理应用层等三层结构组成,主要应用设备包括:能耗监测仪表、数据采集/转换设备、网络传输设备以及服务器等。

在进行监测平台建设过程中,需要遵循以下的原则:

首先,监测平台建设需要遵循需求适应性:(1)政府节能管理需要:实现公共开放接口,能耗在线监测与上报等功能;(2)满足用能单位能源管理需求:实现能耗的精确计量与智能分析,提升企业节能管理水平。

第二,监测平台建设需要遵循功能实用性:平台需保证能耗数据实时展示功能、能耗数据统计分析功能、能源利用状况报告生成功能,并实现自动上报、产品定额设定及分析功能、异常报警功能、能耗数据备份功能等。

第三,监测平台建设需要遵循技术先进性:系统架构应根据企业实际情况进行设计,选择支持分布式事务管理,保障可靠、高效的分布式应用系统。

5.1.2 能源管理中心应用实践案例

1. 惠州市能源管理中心应用

在惠州市,为了加快推进惠州市工业和信息化融合,加大对重点用能单位节能监管,提高企业能源管理水平和能源利用效率,进行能源管理中心建设。

具体做法包括:(1)统筹协调,分级管理,由市经信局负责全市重点用能单位能源管理中心建设工作的总体统筹、指导和推进；(2) 严格考核，落实责任：在年度节能考核中，各试点企业、"国家万企"未按要求备案或完成建设并接入市能源管理中心的，均视为节能措施不落实，一律作扣分处理；(3) 加强监督，具体落实；(4) 加强培训，积极引导：组织市监管重点用能单位，各县（区）经济和信息化主管部门和节能监察机构负责人培训；(5) 加强扶持，鼓励先进：对于完成建设并接入市能源管理中心的市重点用能单位能源管理中心项目，纳入市节能循环经济专项资金重点扶持范围。

通过以上手段，截至2015年底，惠州市31家重点用能单位（其中国家万家企业23家，市监管重点用能单位4家，县区监管重点用能单位4家）（表3-5-1）已完成能源管理中心建设并接入市能源管理中心平台，23家国家万企实现与省能源管理平台对接，能源在线监测率达80%。

惠州市第一批重点用能单位能源管理中心名单　　表3-5-1

序号	企业名称	所在县区
1	中海壳牌石油化工有限公司	大亚湾区
2	中海油炼化有限公司	大亚湾区
3	惠州塔牌水泥有限公司	龙门县
4	惠州深能源丰达电力有限	仲恺区

2. 佛山市能耗在线监测系统建设

目前，佛山市能耗在线监测系统建设主要包括两个平台的建设——市电力需求侧管理平台和市区域能源管理中心平台。

(1) 市电力需求侧管理平台

平台集成了供电局负荷系统计量数据，覆盖了全佛山的大客户关口数据，实现了全部大客户的关口实时数据监测。目前，全市已有17000多家工业企业用户关口数据接入，100%覆盖全市规模以上工业用户（图3-5-2）。

平台建立了宏观经济分析功能板块。利用大数据分析技术，为政府提供基于区域、行业、产业以及企业的宏观数据。根据全市经济运行分析要求，实现重点行业、企业的用电情况监控功能，重点监控全市11个行业，109家企业，建立每月的全市工业用电分析，为全市经济分析提供参考材料。

(2) 市区域能源管理中心平台

市区域能源管理中心平台实现企业能源利用状况报告数据收集及在线采集数据的综合管理及决策分析，为政府与重点用电单位提供统一的能源管理服务。

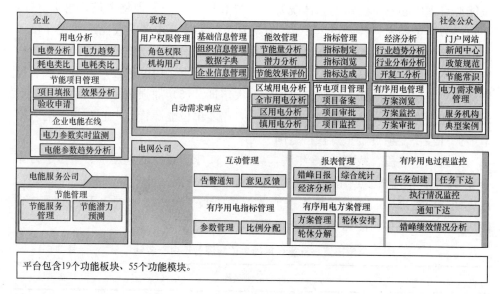

图 3-5-2　电力需求侧管理平台

5.2　智慧交通—加强公共交通数据采集、运营调度监管和信息发布

5.2.1　智慧交通平台建设

　　智能公交规划主要面向地面常规公交系统，按照数据采集与处理、数据管理、信息发布的业务层次，主要规划内容包括加强公共交通数据采集、提升公共交通运营监管和扩大信息发布三大方面。

　　公交智能化的整体架构可以分为数据采集层、数据存储与应用层、服务层。数据采集层主要是进行公交数据采集，是整个公交行业管理与服务的数据来源。数据采集层主要是采集两方面的数据，一方面是公交外场设备如车载调度终端、车载视频终端、场站视频等，另一方面是来自公交运营企业的如司乘人员、线路排班等信息。

　　在进行智慧交通平台建设时，需要建立统一的公共交通运营监管机构和管理系统，实现数据集中处理和统一管理，提高城市公共交通集中调度和智能化管理，提高公共交通管理水平与能力。同时以中心城区为试点，推动建设公交管理信息化平台。

5.2.2 智慧交通应用实践案例

（1）惠州："惠民交通"平台设计

惠州市交通局为了更好实施"互联网＋交通"行动，加强整合交通行业各类数据资源，创新交通便民服务载体，为市民提供全方位的便利出行信息服务，建成并推出了"惠民交通"公众出行信息服务平台（图3-5-3）。

图 3-5-3　惠州市智慧公交系统

惠州的"惠民交通"平台设计包含了9大功能，涵盖高速公路、市区路况、实时公交、出租电召、长途客运、航空铁路、交通公告、便民自行车和惠州通网点查询等。

此外，"惠民交通"平台还提供了丰富的便民查询功能，涵盖了"惠州通"充值网点、全市自行车租赁点、惠州机场航班及机场大巴和途经厦深铁路的动车、惠州至全国各地客车等相关信息的查询、导航、购票等功能。

（2）佛山："车来了"手机APP

佛山市交通局通过大半年的时间，完成全市5500辆公交车，5000多个公交站点，400多条公交线路的基础数据整合，并充分利用"车来了"获得市场验证的精准算法，完成佛山公交实时查询功能模块。在此基础上交通部门再进行资源整合，将已有的"佛山行的"出租车召车服务集成到"佛山·交通"，打造能更全方位提供公共交通出行服务的"佛山·交通"APP。

目前，"佛山·交通"的公交信息服务主要是基于佛山"车来了"的功能，实现公交线路、站点、换乘、车辆进出站实时状态查询及线路评价等功能，同时，市交通运输局通过线路评价功能可以收集市民对公交行业的服务意见或建议。而出租车电召服务则集成了原有"佛山行的"APP（图3-5-4）。

图 3-5-4 佛山"车来了"APP

网址：http：//epaper.citygf.com/fsrb/html/2015-05/27/content_33387.htm

6 人文需求：城市社区绿色建筑规划需求评估[1]

6 Humane Demands: Assessment on the Needs for Green Building Planning in Urban Community

城镇化的核心是人的城镇化。推进新型城镇化，必须坚持以人为本的理念，高起点、高质量做好规划，充分发挥规划的带动作用，不断提高城镇化水平和质量。但目前尚未对社会人文需求评估技术进行系统梳理和总结。社会人文需求是指出于人类个体的精神满足以及人与人之间的社会关系的目的性而产生的需求。社会人文需求即人对社区绿色建筑及其组成的周边环境特征的物质和精神需求。为贯彻落实新型城镇化战略，提升城市社区绿色建筑规划建设水平，指导绿色建筑规划建设预评估与诊断工作，更好地满足社会人文需求。

城市社区绿色建筑规划的社会人文需求评估应统筹考虑绿色建筑规模化发展的特征及其与社区基本功能需求、多元化需求、便利性需求、人性化需求、健康性需求、公平性与公众参与需求等方面的关系，充分体现以人为本的核心理念。评估范围应包括城市社区及其周边潜在利益相关者的社会人文需求。分为建筑空间多样化需求、公共服务人文需求、交通人性化需求、生态环境健康性需求、社会公平性与公众参与需求等。

城市社区绿色建筑规划的社会人文需求评估应遵循下列原则：1）应选择适用的科学方法，制定科学的评估方案。2）评估过程中应主观评价与客观测算、静态分析与动态分析、定性分析与定量分析相结合。

城市社区绿色建筑规划的社会人文需求评估可按下列流程（图3-6-1）进行：

（1）评估前期：收集评估范围的人群构成信息，根据规划区的未来定位预测未来社区居民特征，制定评估方案；

（2）评估内容：选取科学的方法，基于客观的数据资料，分析社区空间多样化、公共服务、交通人性化、生态环境健康性、社会公平性与公众参与需求；

（3）评估结果：采用适宜方法确定评估项和指标项权重，综合各指标项评估

---

[1] 具体内容可参阅，深圳市建筑科学研究院股份有限公司，《城市社区绿色建筑规划社会人文需求评估导则》，中国建筑工业出版社，2016。

结果，将城市社区绿色建筑规划对社会人文需求的满足程度划分为优良中差4个等级，为城市社区绿色建筑规划提供依据。

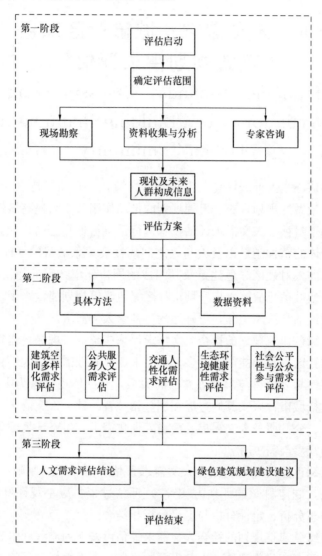

图 3-6-1　城市社区绿色建筑规划建设的人文需求评估技术路线

6.1　城市社区绿色建筑规划的社会人文需求评估

6.1.1　建筑空间多样化需求评估

建筑空间多样化需求评估从居住舒适性和便捷性的角度出发，评估城市社区绿色建筑是否符合人文需求的空间形式多样化要求，建筑空间多样化评估对象包括户型设置多样化、建筑产品标准多样化、公共建筑功能多样化三个层面。

建筑空间多样化需求评估前，应进行社区区位、自然生态环境与社会人文状况等基础资料收集，并包括下列内容：(1) 社区建筑设计图纸、方案；(2) 社区居民的人口与家庭数量、家庭构成、空间分布、居住状态等现状数据以及未来社区居民特征数据；(3) 社区建筑的用途、户型、数量、面积等数据；(4) 社区周边相关配套的资料。

户型设置多样化应根据社区内的住宅户型设计，衡量其是否能够满足未来社区不同类型家庭的使用需求。评估内容包括户型组成结构和室内空间，具体评估指标应包括户型比例和室内空间可变性。建筑产品应满足不同使用者的需求，具有多样化特征；建筑产品应包括普通住房、高档住房、商住混用、商务办公、单身公寓、专家公寓、公租房、廉租房等。建筑产品标准多样化的评估内容包括社区内设置的建筑产品规模与结构，具体评估指标应包括社区内设置的建筑产品总量和建筑产品比例。通过分析现状及未来居民的分布状态、人口构成、家庭结构等方面的数据，估算建筑产品的未来需求总量，评估未来社区居民对建筑产品的总量需求。应根据社区居民的消费习惯、生活方式、居住状态分析估算居民对各类建筑产品的需求比例，评估未来社区居民对建筑产品的比例配置需求；公共建筑功能多样化是指同一公共建筑内部的功能混合。建筑功能多样化设计是建筑的空间功能提升的一种特殊方法，是由建筑功能满足人的生理、精神、文化等需求决定的。公共建筑功能多样化旨在根据人的活动时空规律设计相应的功能空间，使公共建筑功能分区及空间组合与人的生活方式相适应。公共建筑内的功能混合设计情况可以用功能多样化指数进行衡量。

6.1.2 公共服务人文需求评估

公共服务人文需求评估应从生活便利性、舒适性的角度评估不同居民对绿色建筑规模化发展的社区公共服务配置的需求，评价不同人群对公共服务设施的满意程度，为后期绿色建筑规划建设提供依据。公共服务人文需求评估对象应包括一般公共服务设施需求、社区老年人日间照料中心需求、不同开放性的活动空间需求和针对不同人群的活动空间需求。

(1) 一般公共服务设施的配建规模必须与居住人口规模相适应，并应与住宅同步规划、同步建设和同时投入使用。评估内容应包括公共服务设施的可达程度和配建规模，具体评估指标宜包括公共服务设施可达性与每千人用地面积。评估是针对城市社区绿色建筑规划方案的评估。

（2）社区老年人日间照料中心❶。应规模适宜、功能完善、运行安全，能够满足日托老年人在生活照料、保健康复、精神慰藉等方面的基本需求。社区老年人日间照料中心的评估内容应包括建设规模、项目构成、可达程度、医疗服务便利程度、建筑标准，具体评估指标应包括建筑面积、各类用房面积比例、社区老年人到达日间照料中心的平均耗时（可达性指标）、到达医疗机构耗时、建筑指标等。

（3）不同开放性的活动空间需求。

1）开放性活动空间应与城市社区总体规划相协调，达到空间布局合理、规模与功能匹配，满足居民日常生活和社会公共使用以及相应空间景观氛围的要求。开放性活动空间是社区公共开放空间的重要组成部分，有两方面的特点：公开性，即非少数人而是社区公众均可以方便地进入到达；开放性，即空间的非封闭性，应和周边环境区域相疏通。社区的开放性活动空间有提供公共活动场所、有机组织社区空间与人的行为、提高社区生活环境品质、改善社区内交通、提高人口疏散速度、提高防灾能力、改变社区面貌、维护生态环境等作用。评估内容包括开放性活动空间的可达程度、空间规模、舒适程度、环境友好程度，具体评估指标应包括到达开放性活动空间的耗时（可达性指标）、人均开放性活动空间面积（人均面积指标）、舒适性、环境友好性。半开放性活动空间应具有适宜的尺度与合围度，形成明确的空间限定，并与周围环境相协调，为具有一定私密性的活动提供舒适、便捷的空间。

2）半开放性活动空间评估内容应包括可达程度、空间规模和舒适程度，具体评估指标应包括半开放性活动空间的到达半开放性活动空间的耗时（可达性指标）、人均半开放性活动空间面积（人均面积指标）、单个半开放性活动空间半径、舒适性。

（4）不同人群的活动空间需求。

1）老年人团体活动空间。老年人团体活动空间是在一天的某一时段内，专为老年人广场舞、乐队演奏、合唱等团体活动设置的场所。评估内容应包括安全程度、可达程度、空间规模、可管控性、隔音降噪设施等，具体评估指标应包括安全性、到达老年人团体活动空间的平均耗时（可达性指标）、人均老年人团体活动空间面积（人均面积指标）、管控设施配置情况、场地噪声等级。

2）年轻人运动健身空间。年轻人运动健身空间是专为年轻人设置的体育运

---

❶ 社区老年人日间照料中心是指为社区内生活不能完全自理、日常生活需要一定照料的半失能老年人提供膳食供应、个人照顾、保健康复、休闲娱乐等日间托养服务的设施。社区老年人日间照料中心是一种适合半失能老年人的"白天入托接受照顾和参与活动，晚上回家享受家庭生活"的社区居家养老服务新模式。面对中国社会老龄化不断加重的现状，照料中心的需求也不断增加，因此对老年人日间照料中心的评价是社会人文需求评价中必不可少的环节。

动空间，主要为年轻人田径运动与球类运动提供场所。评估内容包括可达程度、空间规模、全天候使用和夜间照明，具体评估指标应包括到达年轻人运动健身空间的平均耗时（可达性指标）、人均年轻人运动健身空间面积（人均面积指标）、典型天风力、排涝除雪措施与铺装防滑性、照明照度。

3）儿童游乐活动空间。儿童游乐活动空间是专为儿童嬉戏、玩耍设置的社区活动空间。一个设计规划合理的儿童游乐活动空间，能帮助儿童发展能力和智力，对儿童的成长有积极的作用。评估内容应包括空间规模、安全程度、卫生条件、空气质量、吸引力、可达程度、配套设施、可管控性，具体评估指标应包括人均儿童游乐活动空间面积（人均面积指标）、安全性、皮肤直接接触物品消毒频率、典型天标高0.6m空气质量、趣味性、到达儿童游乐活动空间的耗时（可达性指标）、配套设施完整性以及管控设施配置情况。

6.1.3 交通人性化需求评估

交通人性化需求评估应了解城市交通设计的基本情况，评估其是否符合微观个体需求，是否关注城市生活中各类人群的出行需求，深入研究出行者的心理和行为特征，从城市交通的细节入手进行设计，以保障出行的安全、便捷、舒适。评估对象应包括道路交通安全性评估、道路交通便利性评估、道路交通宜人性评估、道路交通公平性评估。

（1）道路交通安全性

道路交通安全性评估内容应包括人车系统安全性、道路行车安全性、行人过街设施安全性、交通安全配套设施。其中，人车系统安全性的具体评估指标为各类道路隔离方式合理性；道路行车安全性的具体评估指标包括机动车流量控制和安全行车设计与提示；行人过街设施安全性的具体评估指标有行人过街信号灯时间、行人过街设施位置与形式、机动车停止线到人行横道线距离和人行横道连续长度；交通安全配套设施包括公交站点安全性设计、安全监控与报警装置以及道路照明设施。

（2）道路交通便捷性

道路交通便捷性的评估对象应包括交通导向的便捷性、步行与自行车交通出行便利性、公共交通出行便利性。其中，交通导向的便捷性的具体评估指标为交通导向指引信息高度和指示牌便捷性；步行与自行车交通出行便利性的具体评估指标包括城市街道间距、人行过街绕行距离、行人过街路线和自行车停放设施150m覆盖率；公共交通出行便利性的具体评估指标有公交站点500m覆盖率、公交站点与步行和自行车交通无缝接驳率以及公共交通信息化服务。

（3）道路交通宜人性

道路交通宜人性要求沿步行与自行车道的建筑退线空间、绿化带、街道家具、公交站点及停车设施的设计应满足居民对于舒适性及休憩、遮阳避雨、视觉感受、私密等方面的需求,并应遵循鼓励步行、自行车与公交出行的原则。评估内容应包括步行与自行车道路宜人性、公共交通宜人性,具体评估指标包括步行与自行车道遮阴率、步行与自行车道配套、沿街景观宜人性、高峰时段公交车载客率和公交车站配套设施。

(4) 道路交通公平性

道路交通公平性是指道路设计、设施配套应实现无障碍设施全覆盖与无障碍连通,尤其是要保障老年人、婴幼儿、残障人士享有公平的出行权利。道路交通公平性评估内容应包括无障碍路面设计、无障碍设施设置、无障碍标志设置、无障碍道路可见性,具体评估指标应包括无障碍路面设计、人行道宽度、公交车站有效通行宽度、无障碍路面设计合理性、无障碍设施合理性、无障碍标识合理性和无障碍道路可见性。

6.1.4 生态环境健康需求评估

生态环境健康性需求评估应满足居民对周边生态环境健康、宜人性的需求,从生态节点分布均好、景观环境宜人、生态系统健康等角度考虑,评估社区的绿色建筑规划是否符合人文需求,为后期社区规划设计提供依据。评估包括人体健康性评估、植物多样性与乡土性评估、生态环境美学评估、生态环境舒适性评估、生态环境归属感评估、历史人文景观营造评估、生态节点分布均好性评估。

(1) 人体健康性

人体健康性应从视觉、听觉、触觉、嗅觉等角度评估生态环境要素是否会对人体产生积极或消极影响。评估内容应包括社区绿化、空气环境、声环境、日照情况、水体水质,具体评估指标包括绿视率、环境空气质量优良率、声环境质量达标率、日照达标率、水质综合达标率。人体健康性评估应采用现场抽样测量的方法,分别针对绿视率、环境空气质量优良率、声环境质量达标率、日照达标率、水质综合达标率指标选取观测点,基于观测数据对人体健康性进行评估。

(2) 植物多样性与乡土性

植物多样性通常包括遗传多样性、物种多样性和生态系统多样性,城市社区的植物多样性评估主要是指物种多样性。植物多样性的保护和利用是实现人与自然协调发展的目标之一,也是社区绿色建筑规划方案生态环境健康评估的重要方面。植物乡土性主要指将乡土植物作为景观植物进行种植,体现了乡土植物物种的主导性,使社区绿化更加生态。从生态学原理看,植物多样性与乡土性高的生态系统,其稳定性通常也高。评估内容应包括植物丰富程度、植物多样性程度、植物分布均匀程度、乡土植物物种主导性,具体评估指标应包括物种丰富度指数、物种多样性指数、物种均匀度指数、乡土植物物种比例。

(3) 生态环境美学

生态环境美学即城市社区的居民对于社区生态环境美学性的审美评价，从人与自然、人与社会、人与人之间的审美关系出发，考察主客体是否和谐统一且符合生态规律，主要基于居民对当地自然地理位置、自然气候、风俗文化等方面的理解所产生的审美关系。生态环境美学主要包括景观植物配置是否合理，是否构成多层次的复合生态结构，景观轴线是否体现空间环境与人文特色的和谐融合，评估景观视线通廊、门户节点、天际轮廓线等。

(4) 生态环境舒适性

生态环境舒适性主要关注居民的自然享受和身心健康，其内容主要涉及完善的设施、良好的物理条件、出入安全等因素。评估内容应包括景观设计、机动车道景观与绿化、气候适宜性，具体评估指标包括景观组成、景观设计与住宅及道路匹配度、景观设计与公共设施协调度、行走与停留适宜程度、机动车道景观与绿化美观性、景观设计是否符合当地气候条件。生态环境舒适性评估可采用主观评价法对生态环境进行逐项评估分析；利用结构化问卷进行调查，对游憩设施设置和居民满意度等进行评分，分值越高表示设施完整、居民满意度高。

(5) 生态环境归属感

生态环境归属感应对生态环境构成要素引发的居民对社区生态环境的认同、喜爱和依恋等心理感觉进行客观评估。评估内容包括景观小品和文化设施、住区形式、交往空间、近人尺度环境要素等，具体评估指标应包括是否具有场地特征和社区特点的景观小品和文化设施设计、边界开敞的住区形式、多种交往空间及其层次变化、近人尺度的环境要素配置。评估宜对规划设计方案进行分析，并采用主观评估法，对场地特征和社区特点体现程度、边界开敞的住区形式设计、多种交往空间及其层次变化以及近人尺度环境要素设计情况进行评估。

(6) 历史人文景观营造

历史人文景观是指历史形成的、与人的社会性活动有关的景物构成的风景画面，包括名人居所、文物古迹、宗教建筑、人文掌故等。历史人文景观评估内容应包括本土特色人文景观、修补性植被恢复和培护、城市人文景观保护、景观轴线连续性和视觉通廊通透性，具体评价指标应包括本土特色人文景观体现程度、修补性植被恢复和培护率、城市人文景观保护、景观轴线连续性和视觉通廊通透性。

(7) 生态节点分布均好性

生态节点一般以植物造景为主，配套一定规模的活动场地和服务设施，形成景观系统的生态型游憩节点。生态节点的构建有助于提高区域景观的连通程度，对维持景观生态功能的健康发展有重要意义。评估对象包括不同等级生态节点的服务范围、结构组成、节点规模、可达程度，具体评估指标应包括服务半径、结构组成、节点规模、生态节点服务半径覆盖率、生态节点可达性。生态节点评估分级方法如下：一级生态节点——一级廊道与一级廊道的交点；二级生态节点——一级廊道与二级廊道的交点；三级生态节点——二级廊道与二级廊道的交点。不同等级的生态节点与生态廊道共同构成社区的生态网络。因而，评估不同等级生态节点的服务半径、规模及功能，有助于优化社区生态网络构建，解决人工活动带来的景观破碎化等问题，是生态环境健康需求的重要组成部分。

6.1.5 社会公平性与公众参与需求评估

社会公平性与公众参与需求评估应通过对比不同人群享用城市资源和参与城市发展决策方面的机会平等性，尤其是弱势群体（老年人群、残障人群、农民工等）的话语权及在享受城市公共服务、基本养老与就业保障、住房与教育资源等方面的保障程度，社区居民在城市社区规划规划建设过程中的参与程度，协助加强社会公平性。评估内容包括：

1) 公共服务设施享用公平性评估，对公共服务设施的覆盖率、免费开放使用情况进行评估；2) 弱势群体的意见表达渠道；3) 弱势群体服务体系，对居家养老服务、社区养老服务、失业和残障人士的就业介绍和技能培训服务体系、农民工城镇住房和子女就近入学保障体系进行评估；4) 公众参与信息共享，对城市社区规划建设信息发布与反馈途径进行评估；5) 公众参与组织形式，对公众参与组织方式、参与机构、参与阶段进行评估。

（1）公共服务设施享用公平性

公共服务设施享用公平性是指让所有居民都能够享用社区内的各类公共服务设施，是城市人文关怀和社会进步的重要体现。公共服务设施享用公平性评估内容应包括公共服务设施可达程度、使用成本、灾害预警信息发布，具体评估指标宜包括公共服务设施覆盖率、公共服务设施免费率、灾害预警信息公众覆盖率。

（2）弱势群体服务体系

弱势群体服务体系是指为增强弱势群体自尊、自信、自立和发展及解决弱势群体生活、就业、住房、子女教育等问题而专门建立的服务体系。老年人、残障人群、农民工、低文化程度人群是典型的城市弱势群体，需要专门的服务体系解决其生活、就业、住房、教育及子女教育等问题。评估内容应包括心理咨询、居家养老、社区养老、技能培训与就业介绍、免费继续教育、住房保障、子女就近入学保障，具体评估指标应包括免费的弱势群体心理咨询机构数量、居家养老服务人员与老年人的人数比例、每千名老年人拥有养老床位数、残障人士的免费技能培训与就业介绍机构完整性、低文化程度人群免费继续教育体系的完整性、农民工城镇住房和子女就近入学保障体系完整性等。

（3）公众参与信息共享

公众参与信息共享是指为了及时为公众提供客观的社区规划、建设与管理信息而建立信息共享机制。完善的信息共享机制是社区公众参与的基础。公众参与信息共享途径主要由信息发布和反馈的各种途径构成。完善、有效、便捷的多途径信息发布与反馈有助于提升公众参与的积极性与参与效率。评估内容应包括信息发布途径、信息反馈途径、处理机构的层级，具体评估指标应包括信息发布途径数量、信息反馈途径数量、信息反馈途径便捷性、意见处理机构的层级及回复方式。

（4）公众参与组织形式

公众参与组织形式是针对不同社区居民对公众参与方式的喜好差异，为尽可能地吸引公众参与到相关规划、建设和管理决策过程中而提出的公众参与方式要求。恰当的、多样化、民主的公众参与组织形式能够提高社区居民参与的积极性，有助于全面准确地反映多方利益焦点，保护各方的合法权益。评估内容应包括公众参与的组织方式、参与机构、参与程度，具体评估指标应包括组织方式种类、参与机构种类、全过程知晓率、全过程参与率。

6.2 深圳湾科技生态园应用评估案例

6.2.1 背景介绍

深圳湾科技生态园位于深圳市南山区高新技术产业园南区，地处高新区核心地带，是国家赋予深圳经济特区未来创新发展的重要载体项目，是深圳市"十二五"期间战略性新兴产业基地和集聚区建设的重点工程项目，是引领高新产业园区转型升级的标杆项目，也是深圳市投融资体制改革的示范项目。深圳湾科技生态园项目定位于高科技上市公司总部和研发基地、加快培育战略性新兴产业发展的新平台、高新区南区配套服务中心、国家级低碳生态示范园。

6.2.2 建筑空间多样化需求评估：公寓户型与类型

根据深圳湾科技生态园的建筑使用主体特点，将建筑空间多样化需求评估的调查对象确定为企业用户。基于对深圳湾科技生态园目标企业用户及周边高新园区企业用户（共370家企业）的商业配套设施需求调查发现，用户对配套公寓的户型需求以一室一厅和二室一厅的小户型为主，两者占比分别高达38.2%和34.9%；三室两厅的大户型需求较小，仅占总需求的22.5%。用户对公寓类型的需求以商务公寓为主，占总需求的比重高达45.3%；对住宅公寓的需求也较高，比重达到36.3%；而对酒店型公寓的需求较小，占比仅为17.5%（图3-6-2）。

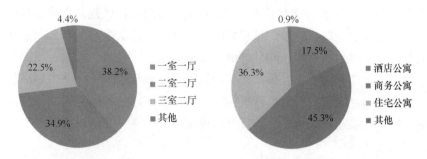

图3-6-2 深圳湾科技生态园及周边地区企业用户对公寓户型与类型的需求评估结果

6.2.3 公共服务人文需求评估：餐饮服务设施

根据规划前期调查结果，深圳湾科技生态园及其周边地区的公共服务设施配套不齐全，且空间分布不均（图3-6-3）。以餐饮服务设施为例，每个工作日中午时段，调查地区约有就餐需求27万人次。而园区周边全部餐位可解决就餐人数约12万人次；其他方式就餐人数比例按照30％计算，可分流约8万人次的就餐需求。因此，园区周边仍存在约7万人次的餐位缺口。除此之外，大部分的餐位主要集中在深圳湾科技生态园的北部和西北部地区，50％以上人群步行到达餐饮服务设施耗时超过10分钟。

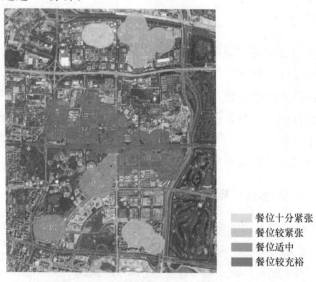

图 3-6-3 深圳湾科技生态园周边地区餐饮服务配套情况

6.2.4 交通人性化需求评估：遮阴避雨设施

深圳湾科技生态园属于热带海洋性季风气候，年降雨量接近2000mm，平均年日照时数2120.5小时，遮阴避雨设施是评估道路交通人性化的关键。根据现场调查结果，深圳湾科技生态园及其周边乔木树冠投影覆盖道路的面积占步行与自行车道路达到90%以上，夏季遮阴效果良好（图3-6-4）。公交站点的设计方面，设有遮阴避雨顶棚的候车厅和座椅的公交车站比例达到80%（图3-6-5）。

图3-6-4　深圳湾科技生态园及其周边地区步行与自行车道路夏季遮阴情况

图3-6-5　深圳湾科技生态园及其周边地区公交站点遮阴避雨与座椅设置情况

6.2.5　生态环境健康性需求评估：生态节点可达程度

深圳湾科技生态园内设有高新南十道入口、高新南九道入口、沙河西入口一、沙河西入口二、白石路及科技南路交接处入口共5个三级生态节点，采用9.3m、24m平台绿化、屋顶绿化等立体绿化技术。根据估计结果，生态节点服务半径覆盖率达到100%，园区内任意点出发到达最近生态节点的步行耗时均不超过15分钟（图3-6-6）。

6.2.6　社会公平性与公众参与需求评估：全过程知晓率

采用抽样调查方法对深圳湾科技生态园周边人群开展调查，基于获取的调查数据计算深圳湾科技生态园规划建设的全过程知晓率。基于周边工作、居住的165位居民的调查结果显示，对深圳湾科技生态园规划建设全过程非常了解的有

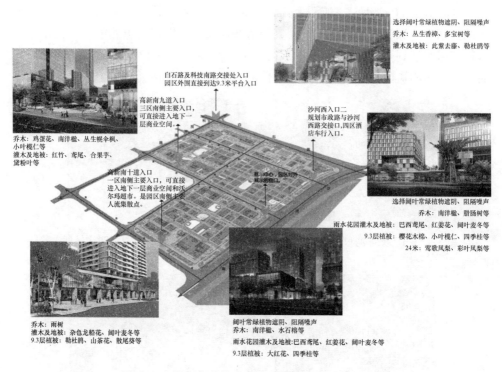

图 3-6-6 深圳湾科技生态园主要生态节点空间布局

102 人，比较了解的有 37 人，了解不多的有 24 人，几乎不了解的有 2 人。由此可知，深圳湾科技生态园规划建设的全过程知晓率达到 84.2%，公众参与程度较高（图 3-6-7）。

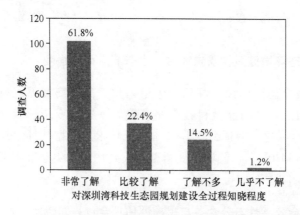

图 3-6-7 深圳湾科技生态园规划建设的全过程知晓率调查结果

6.3 荆门市大柴湖生态新城评估案例

6.3.1 案例简介

荆门市大柴湖生态新城位于江汉平原腹地，鄂西生态文化旅游圈和汉江生态经济带交汇处。该项目近期规划建设用地 4.5km^2、人口规模 4 万人，远期规划建设用地 11.93km^2、人口规模 10 万人。以"绿色低碳"、"生态田园"、"楚风豫韵"为设计理念，以"水之城"、"花之韵"、"慢生活"为主格调，打造具有鄂豫文化特色的生态宜居中国花城、超低碳城市和绿色生态田园城市。

6.3.2 建筑空间多样化需求评估：公共建筑功能多样化

根据对规划方案的调研结果，荆门市大柴湖生态新城的所有公共建筑至少兼具 2 种以上功能，最多具备办公、商场、金融、娱乐、教育、文化 6 种功能，功能多样化情况良好。根据估算结果，荆门市大柴湖生态新城的公共建筑功能多样化指数介于 0.62~2.58 之间，平均达到 1.30（图 3-6-8）。

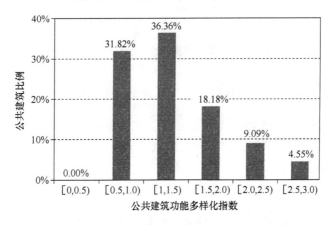

图 3-6-8 荆门市大柴湖生态新城公共建筑多样化指数分布

6.3.3 公共服务人文需求评估：公共服务设施

根据需求调研结果和对控制性详细规划的分析，荆门市大柴湖生态新城及其周边对教育科研服务及文化设施的需求较大，而控规中的地块单元功能划分使得教育科研及文化设施用地规模受到限制，因此对荆门市大柴湖生态新城地块功能进行调整：A-01 单元建议文化设施用地；A-03 单元增加教育科研用地，南侧商业用地建议置换；A-04 单元增加文化设施用地；A-06 单元商业用地位置建议调整，原行政办公用地建议调整为文化设施用地（图3-6-9）。

图3-6-9 荆门市大柴湖生态新城控制性详细规划公共服务设施用地调整

6.3.4 交通人性化需求评估：公共交通出行便利性

荆门市大柴湖生态新城有4条公交线路贯穿期间，包括上位规划公交线路3条、平价公交线1条。其中，平价公交线路为规划区公交首末站至工业区，区内线路总长6.8km。荆门市大柴湖生态新城规划共设公交站点26个，站点300m半径覆盖率90%以上，500m半径覆盖率100%（图3-6-10）。

6.3.5 生态环境健康性需求评估：生态节点分布均好性

荆门市大柴湖生态新城及其周边拥有一级生态节点7个、二级生态节点14个、三级生态节点23个，生态节点服务半径覆盖率达到100%。从荆门市大柴湖生态新城任意地点出发到达最近生态节点的步行时间不超过15分钟，生态节点的可达性良好。另外，各生态节点较好地利用了水系、绿地、人文景观等要素，结构组成合理（图3-6-11）。

6.3.6 社会公平性与公众参与需求评估：全过程知晓率

采用抽样调查方法对荆门市大柴湖生态新城规划范围内及周边的常驻人群开

6 人文需求：城市社区绿色建筑规划需求评估

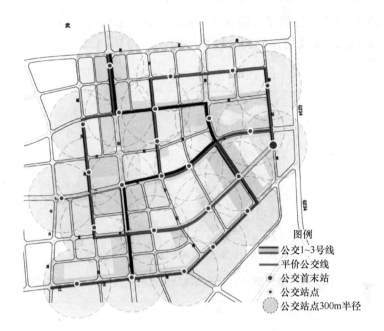

图 3-6-10　荆门市大柴湖生态新城公共交通规划图

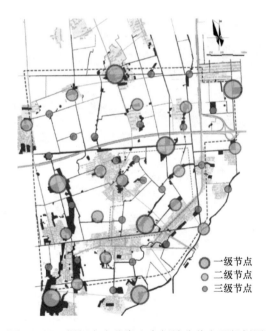

图 3-6-11　荆门市大柴湖生态新城公共交通规划图

展调查，基于获取的调查数据计算荆门市大柴湖生态新城规划建设的全过程知晓率。基于 310 位居民的调查结果显示，对荆门市大柴湖生态新城规划建设全过程非常了解的有 79 人，比较了解的有 211 人，了解不多的有 20 人。由此可知，荆门市大柴湖生态新城规划建设的全过程知晓率达到 94.4%，反映出公众参与程度较高（图 3-6-12）。

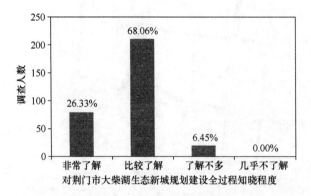

图 3-6-12　荆门市大柴湖生态新城规划建设的全过程知晓率调查结果

7 指标体系：评价城市低碳城市建设的程度
7 The Index System: to Evaluate the Cities' Degree of Progress of Low-carbon Urban Construction

7.1 生态城市规划导则指标体系❶

为了更好地指导和引领我国生态城市规划编制和管理工作，提高生态城市规划的科学性和可操作性，中国城市规划设计研究院、中国城市科学研究会、北京市城市规划设计研究院、深圳市建筑科学研究院股份有限公司联合编制《生态城市规划技术导则》。技术导则的编写经历1年的研究和编撰工作，编写组开展每月一次的专项讨论、中期评审和专家征询意见等多次讨论会，集思广益，尽量使得编制成果具有科学性与合理性。针对生态城市规划指标体系，采取多轮专家问卷调查法，共获得全国的武汉、重庆、北京、深圳、厦门、上海、南京等20余个城市，来自高校、企业、科研院所等40多家机构，近80名生态城市规划相关领域专家的200余条专业意见，工作年限在5~35年间，平均工作年限为20.6年。专业领域包括土地利用、生态环境、绿色交通、能源、水资源、绿色建筑、人文、产业等。同时可以看出将近2/3的专家对于土地利用、生态环境等方面较为熟悉，而在固体废弃物和智能信息化领域稍有缺乏，目前的专家研究正逐渐从传统的规划领域向生态化和信息化、智能化等方面转化（图3-7-1）。

2015年9月进行第一轮的专家问卷调查，调研时间持续7~14天，采用网络、微信公众号平台推送的方式（中国城科会生态委微信公众号平台），主要针对指标体系选取的合理性和建议展开调查，进而进行深入分析。回收到约50份专家反馈意见，共130条专业意见。

专家们针对每一个指标进行了认真、仔细的思考，凭借专业领域丰富的经验判断，给出了指标的适用情况评价和适用阶段的选取，在不同的专项、不同的规划阶段提出了一些具体指标项目。除去已经提出的指标项目外，专

---

❶ 住房和城乡建设部城乡规划司委托，由中国城市规划设计研究院、中国城市科学研究会、北京市城市规划设计研究院、深圳市建筑科学研究院股份有限公司联合编制的《生态城市规划技术导则》（征求意见稿）

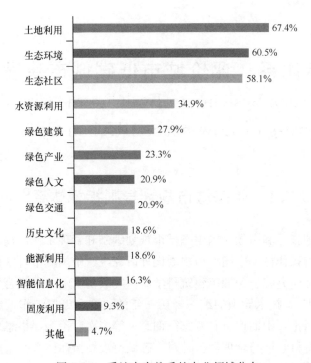

图 3-7-1 受访专家熟悉的专业领域分布

家们还推荐了"建设用地单位面积资源消耗量"、"空气质量指标"、"立体化慢性优先系统覆盖率"、"可再生能源建筑应用效率"和"地面透水率"等一系列指标。在第一轮专家反馈中,可以看出专家们普遍认为指标体系的构建必须结合当地的区域环境特点,区别不同地域和城市特点,因地制宜,进行差异化编制,避免全国一刀切的做法;同时,指标体系的建立应该以实用性为主,贴近百姓,易于考核,使得生态指标尽量在控规阶段落实落地,进入强制性指标序列。对于指标体系的具体设立,专家们认为导则架构可以考虑分层建立,处理好规划、街区、地块三个层面的指标关系,既有定性指标,也有范围定量指标和定量指标,形成一个完整的从定性逐步过渡到定量的指标链;对类似"万元GDP能耗"、"水耗指标"等关键指标纳入法定规划,而"关注互联网+出行"、"社区养老"等指标不宜过多,否则难以实施与实现。最后,指标体系的构建需要对关键的科学问题进一步明确,考虑现实的多样性、复杂性、阶段性、特殊性等因素,以"保底"的原则来设置导则指标体系,并对新的创新内容加以高度关注。

2015年11月进行第二轮的专家问卷调查,调研时间持续7～10天。主要针对已经拟定的各项指标进行赋值建议、适用范围、强制性特征意见的征集,通过向生态委专家发出填写问卷(包括word版与电子版链接)邀请,并在生态委微信公众平台推送，截至统计时共收到30余份问卷反馈，主要来自高校教授、规划设计单位的高级规划师/工程师，地产企业，园区或城市规划局的工作人员。在第二轮的专家反馈中，专家们对征集的土地利用、生态环境、绿色交通、能源利用、水资源利用、固废利用、绿色建筑、生态社区、绿色产业、智能信息化、历史文化和绿色人文等12个领域的人均建设用地面积、混合功能街区比例等42项指标进行了评价，专家总体认为构架较好，但是需要更多实践案例，并且需要更加充分考虑到不同类型城市的不同情况，结合地域、气候、生态本底条件、城市成熟度、地区经济差异，因地制宜，对各个城市的指标体系建设各有侧重和细化。根据专家意见，调整后的生态城市规划指标体系见表3-7-1。

其中部分专家还提出应当取消城市总规或者降低总规的法定地位，增强生态管控规划：在具体的方面，表现为增加人均水域面积指标，增加绿地覆盖率、绿地率指标，甚至是立体绿化率。此外，专家还特别提出要增加绿色交通指标建设，建议增加支路网间距指标，保证城市消防安全，为自行车、步行出行提供便利，避免在设定低碳控制性指标的同时和交通部的政策性指标发生冲突。

该生态城市规划指标体系的出台，对于生态城市建设工作起到积极的推动作用，对践行生态文明建设和2015年中央城市工作会议起到重要的作用。

生态城市规划指标体系 表3-7-1

指标名称	指标细则
土地利用	1. 人均建设用地面积
	2. 混合功能街区比例
	3. 轨道交通站点500m半径综合容积率
	4. 地下空间开发利用率
	5. 职住平衡指数
	6. 闲置地或废弃地再开发率
	7. 地块边长控制在150~250m的街区比例
生态环境	8. 建成区绿化覆盖率
	9. 人均公园绿地面积
	10. 本地植物指数
	11. 自然湿地净损失率
	12. 森林覆盖率
绿色交通	13. 建成区路网密度
	14. 公共交通分担率
	15. 慢行专用道覆盖率
	16. 绿色出行比例

续表

指标名称	指标细则
能源利用	17. 清洁能源使用率
	18. 新建居住建筑节能率
	19. 新建公共建筑节能率
	20. 可再生能源利用率
	21. 能耗监测覆盖率（大型公建）
水资源利用	22. 城市人均综合用水量
	23. 非传统水源利用率
	24. 城市污水处理率
	25. 供水管网漏损率
	26. 再生水管网覆盖率
固废利用	27. 城市垃圾资源化利用率
	生活垃圾无害化处理率
	建筑垃圾资源化利用率
	生活垃圾分类收集设施覆盖率
绿色建筑	28. 绿色建筑星级比例
	既有建筑绿色化改造比例
	新建建筑工业化建造比例
	绿色施工比例
生态社区	29. 公共服务设施 500m 可达性
	无障碍设施覆盖率
	中低收入家庭住房保障率
绿色产业	30. 单位 GDP 能耗
	第三产业增加值占 GDP 比例
	建立绿色投融资机制（定性评估）
智能信息化	31. 城区无线网络的覆盖率
	具有城区综合数字城管平台（定性评估）
	市民信息服务系统覆盖率
历史文化	32. 历史文化遗产保护（定性评估）
	城镇建设风貌体现地域文化特色（定性评估）
绿色人文	33. 开展绿色教育和实践，构建低碳教育宣传平台（定性评估）
	全过程的公众参与和互动机制（定性评估）
	公众对城市建设满意度

7.2 城市生态系统生产总值核算体系（GEP）及运用

除《生态城市规划技术导则》以外，社会各界也积极地探索更多能够衡量城市低碳建设的评估体系，于 2013 年 2 月 25 日发布的生态系统生产总值（Gross Ecosystem Product，简称 GEP）体系是其中的代表。GEP 旨在建立一套与国内生产总值（GDP）相对应的、能够衡量生态良好的统计与核算体系，其可以通过计算生态系统以及人工生态系统的生产总值，来衡量和展示生态系统的状况。通过对GEP体系的适当改进与应用，可对我国城市目前的低碳建设成效进行量化评估。

7.2.1 生态系统服务功能体系核算评估

（1）区域生态系统服务价值评估方法

现阶段GEP核算以全球和国家为代表的大尺度区域生态系统服务价值评估为主。对市县等微观尺度的GEP评估研究相对较少，理论体系和方法技术相对还不完善。除了全国尺度的研究，我国的学者在省级尺度开展了GEP核算的尝试。欧阳志云和朱春全等（2013）采用替代市场技术和模拟市场技术对生态系统服务功能进行定价，以贵州省为例开展了GEP估算研究；王保乾（2015）也采用相同的方法核算了江苏省的GEP。但马国霞和赵学涛等（2015）在其研究中强调，GEP核算目的是为局部地区生态环境绩效管理提供依据，大尺度的GEP核算只具有参考价值，不能作为区域生态环境绩效管理的依据。

（2）GEP核算的方法与参数

能值分析法、物质量评价法和价值量评价法是生态系统服务定量评价的三种主要方法。目前国内外普遍采用价值量评价法对生态系统服务经济价值进行评估。价值量评估法一般分为实际市场评估技术、替代市场评估技术和假象市场评估技术三类（图3-7-2）。

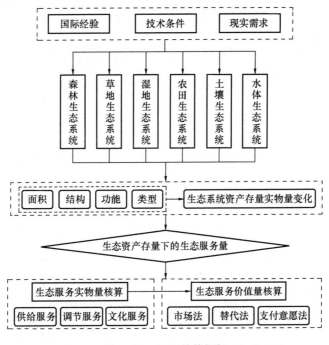

图3-7-2 GEP核算框架

欧阳志云和朱春全等（2013）开展的贵州省 GEP 核算指标体系由提供产品服务价值、调节服务价值、文化服务价值 3 大类 17 项功能指标构成（表 3-7-2）。其中，产品产量数据主要来源于省级统计年鉴，调节服务功能量数据主要依赖遥感介入和 GIS 数据处理，文化服务功能量数据主要依赖于问卷调查，包括各产品的产量或者功能量，以及价格等。

GEP 核算的数据需求（以贵州省为例） 表 3-7-2

项目		产品	
产品服务	农业产品	稻谷	
		小麦	
		玉米	
		大豆	
		马铃薯	
		油菜籽	
		……	
	林业产品	木材	
		生漆	
		油桐籽	
		花卉	
		……	
	畜牧业产品	牛肉	
		羊肉	
		猪肉	
		……	
	渔业产品	鱼	
		蟹	
		……	
	水资源	省内水资源量	灌溉用水量
			城市公共用水量
			工业用水量
			居民生活用水量
		输出水资源量	
	水电	水电发电量	
	生物能源	薪柴使用量	

续表

项目		产品
调节服务（按不同生态系统类型计算）	土壤保持	保肥量
		减轻泥沙淤积量
	水源涵养	水源涵养量
	洪水调蓄	湖泊调蓄量
		水库调蓄量
	碳固定	植被固碳量
	氧生产	产氧量
	大气环境净化	净化 SO_2 量
		工业烟尘量
		粉尘量
	水质净化	工业废水量
		生活废水量
	气候调节	植物蒸腾吸热量
		水面蒸发吸热量
	病虫害控制	天然林面积
文化服务	自然景点	国家级
		省级
		地方级

7.2.2 城市生态系统生产总值核算体系-盐田区政府运用

城市 GEP 是指城市自然生态系统和人居环境生态系统为人类福祉提供的产品和服务的经济价值总量。自然资本是大自然为人类经济活动所提供的商品和服务的经济概念的延伸，现阶段，企业生产经营的外部环境成本不能完全被转化为内部财务成本。通过计算行业对空气污染、气候变化和水资源短缺等6大环境指标的社会成本。通过 Trucost 的量化模型，可以帮助金融机构识别不同行业的未来环境风险，帮助其提前调整布局。社会经济发展和政府考核都逐渐将城市生态系统生产总值核算体系纳入。

2015年12月12日由中央编译局比较政治与经济研究中心主办的"第八届中国政府创新最佳实践交流对话会"在北京会议中心举行。盐田区人民政府城市生态系统生产总值核算体系及运用从全国119个申请项目中脱颖而出，荣获"中国政府创新最佳实践"奖。

城市 GEP 囊括了"自然生态系统"和"人居环境生态系统"两大一级指标、

11个二级指标和28个三级指标（表3-7-3）。在核算方法方面，主要采用直接市场法、替代市场法、条件价值法和成果参照法。

城市GEP指标体系　　　　　　　　表3-7-3

一级指标	二级指标	三级指标
自然生态系统价值	生态产品	农业产品
		林业产品
		渔业产品
		淡水资源
	生态调节	水土保持
		涵养水源
		净化水质
		洪水调蓄
		固碳释氧
		净化大气
		降低噪声
		调节气候
		维持生物多样性
	生态文化	文化服务
人居环境生态系统价值	大气环境维持与改善	大气环境维持
		大气环境改善
	水环境维持与改善	水环境维持
		水环境改善
	土壤环境维持与改善	土壤环境维持与保护
	生态环境维持与保护	生态环境维持
		生态环境改善
	声环境价值	声环境价值
	合理处理固废	固废处理
		固废减量
		固废资源化利用
	节能减排	污染物减排
		碳减排
	环境健康	环境健康

注：28项指标只是一个方向，不是具体的指标，难以量化。

不同于之前的GEP核算，盐田区创立的"城市GEP"核算体系，除了考虑城市中自然生态系统为人类生态福祉作出贡献的部分，还加入了城市中人居环境建设为人类生态福祉作出贡献的部分，并实现了量化核算。

深圳市环境科学研究院对盐田区的林地、城市绿地、河流湖库、近岸海域等生态资源的面积进行了初步核算，2013年盐田区城市GEP为1015.4亿元，是同年GDP的两倍；2014年初步核算约1070亿元，同比增长55亿元。在GDP增长10%的基础上，GEP仍增长5.4%。从中不难看出，盐田区城市GEP价值较高，自然生态服务价值占了城市GEP很重要的一部分，说明盐田区相当重视自然环境保护，自然生态功能维持在相当好的状态。

8 经济激励：传统与创新的激励思路[❶]

8 Economic Incentives: the Ideas of Traditional and Innovative Ideas

生态城市是与自然平衡的城市，是生态上健康的城市，是人与自然和谐的理想城市。我国生态城市的探索是可持续发展战略在城市发展中的体现，是建筑节能、绿色建筑向城市综合绿色发展的扩展，是治理城市环境污染和应对气候变化的要求。"十二五"以来，低碳生态城市从概念走向行动，主要体现在中央相关部委推出一系列与低碳生态城市相关的综合性或专项试点示范，以经济激励政策鼓励体制机制和绿色发展创新，初步积累了低碳生态城市规划、建设、管理的经验。本报告采取综合的广义低碳生态城市概念，将节能减排、循环经济、可再生能源开发应用、建筑节能与绿色建筑、绿色地区规划设计、绿色交通、海绵城市等相关的政策和行动都作为低碳生态城市的侧面纳入考察的范围，考察层面为中央部委的相关政策，时间主要为"十二五"时期。

8.1 低碳生态城市建设相关试点示范概况及经济激励政策

各部委发布的与低碳生态城市相关的主要政策汇总见表3-8-1。

各部委发布的与低碳生态城市相关的主要政策汇总表　　表 3-8-1

发布时间	发文单位	文件名称	激励政策
2009.01	财政部 科技部	《关于开展节能与新能源汽车示范推广试点工作的通知》（财建[2009]6号）关于开展私人购买新能源汽车补贴试点的通知（财建[2010]230号）	先后17项文件，中央财政对试点城市私人购买、登记注册和使用的新能源汽车给予一次性补助，对动力电池、充电站等基础设施的标准化建设给予适当补助
2009.07	财政部 住房城乡建设部	《财政部 住房城乡建设部关于印发可再生能源建筑应用城市示范实施方案的通知》（财建[2009]305号）	中央财政资金补助基准为每个示范城市5000万元。周期三年

[❶] 余池明，副教授，全国市长研修学院

续表

发布时间	发文单位	文件名称	激励政策
2010.07	国家发改委	《关于开展低碳省区和低碳城市试点工作的通知》，（发改气候[2010]1587号）	试点地区探索有效的政府引导和经济激励政策，研究运用市场机制推动控制温室气体排放目标的落实
2011.02	交通部	关于印发《建设低碳交通运输体系指导意见》和《建设低碳交通运输体系试点工作方案》的通知（交政法发[2011]53号）	交通运输节能减排专项资金中将列出部分资金，采取"以奖代补"方式支持试点
2011.03	财政部 住房城乡建设部	《关于进一步推进可再生能源建筑应用的通知》（财建[2011]61号）	地方财政部门要加大支持力度，建立稳定、持续的财政资金投入机制。要创新财政资金使用方式，建立多元化的资金筹措机制，放大资金使用效益
2011.04	财政部 国家能源局 农业部	关于印发《绿色能源示范县建设补助资金管理暂行办法》的通知（财建[2011]113号）	中央财政给予适当补助。示范补助资金（不含可再生能源建筑应用补助资金）规模根据各县符合支持方向的示范项目实际完成投资、新增绿色能源生产能力及用户数量等相关因素综合确定
2011.05	国家发改委	关于印发《循环经济发展专项资金支持餐厨废弃物资源化利用和无害化处理试点城市建设实施方案的通知》（发改办环资[2011]1111号）	安排循环经济发展专项资金6.3亿元对33个试点城市（区）给予支持
2011.06	财政部 国家发展改革委	关于开展节能减排财政政策综合示范工作的通知（财建[2011]383号）	中央财政除现有支持节能减排和可再生能源发展的各项政策优先向示范城市倾斜外，还将根据项目投资、地方投入和节能减排效果等因素对示范城市给予综合奖励
2011.11	交通部	关于开展国家公交都市建设示范工程有关事项的通知（交运发[2011]635号）	对试点城市给予必要的资金支持，并将国家"公交都市"建设示范试点城市作为"城市客运智能化应用示范试点"城市和"城市公交车辆新能源改造试点"城市

发布时间	发文单位	文件名称	激励政策
2012.04	国家发展改革委、财政部、国家林业局	《关于同意内蒙古乌兰察布市等13个市和重庆巫山县等74个县开展生态文明示范工程试点的批复》（发改西部[2012]898号）	纳入森林生态效益补偿范围，中央财政继续加大对试点市县的均衡性转移支付支持力度
2012.05	财政部、住房和城乡建设部	《关于加快推动我国绿色建筑发展的实施意见》（财建[2012]167号）	中央财政对经审核满足上述条件的绿色生态城区给予资金定额补助。资金补助基准为5000万元
2012.07	财政部、发改委	关于印发《电力需求侧管理城市综合试点工作中央财政奖励资金管理暂行办法》的通知（财建[2012]367号）	对通过实施能效电厂和移峰填谷技术等实现的永久性节约电力负荷和转移高峰电力负荷，东部地区每千瓦奖励440元，中西部地区每千瓦奖励550元
2012.11	国家发改委	《开展第二批低碳省区和低碳城市试点工作的通知》（发改气候[2012]3760号文）	无专门资金支持
2013.09 2015.09	国家发展改革委	《关于组织开展循环经济示范城市（县）创建工作的通知》（发改环资[2013]1720号）《关于开展循环经济示范城市（县）建设的通知》（发改环资[2015]2154号）	符合中央基建投资或相关专项资金支持条件的，在同等条件下给予优先考虑
2013.12	国家发改委等六部委	关于印发《国家生态文明先行示范区建设方案（试行）的通知》（发改环资[2013]2420号）	在政策、资金、项目以及制度建设等方面给予支持。对先行示范区建设，中央财政按照现有各项有关政策优先予以支持
2015.01	财政部、住房城乡建设部、水利部	《关于组织申报2015年海绵城市建设试点城市的通知》（财办建[2015]4号）	一定三年，直辖市每年6亿元，省会城市每年5亿元，其他城市每年4亿元。对采用PPP模式达到一定比例的，将按上述补助基数奖励10%
2015.08	国家发改委	《关于加快推进低碳城（镇）试点工作的通知》（发改气候[2015]1770号）	国家发展改革委会同相关部门研究发行绿色债券，拓宽融资渠道；对符合现有中央预算内投资和财政奖励资金支持方向的项目给予优先支持

8.1.1 国家发改委的试点示范

1. 低碳省区和低碳城市试点

国家发展改革委员会在 2010 年启动了第一批低碳省区低碳城市试点工作，结合区域代表性、地方的工作基础和工作意愿等因素，选择广东、辽宁、湖北、陕西、云南五省和天津、重庆、深圳、厦门、杭州、南昌、贵阳、保定八市作为低碳试点省市。2012 年，又启动了第二批试点工作，入选条件比第一批更为严格，并且提出了碳排放峰值目标和路线图。目前，中国共有 42 个国家低碳省区低碳城市试点，试点地区的人口占全国的 40% 左右，GDP 占全国总量的 60% 左右。国家层面并没有专门就试点省市出台节能减耗的指标，而是统一参照国家下达的"十二五"各地区节能减排目标，涵盖到 2015 年的单位 GDP 能耗以及二氧化碳排放强度。省级把节能和减排指标分配到地市，进行目标责任制考核。

2. 国家低碳示范城（镇）

国家发改委 2015 年 8 月下发了《关于加快推进低碳城（镇）试点工作的通知》（发改气候［2015］1770 号），选择了深圳国际低碳城、青岛中德生态城、镇江官塘低碳新城等 8 个国家低碳城试点。争取用三年左右时间，建成一批产业发展和城区建设融合、空间布局合理、资源集约综合利用、基础设施低碳环保、生产低碳高效、生活低碳宜居的国家低碳示范城（镇）。其主要路径和任务是：探索低碳城区规划建设新模式；打造低碳生产生活综合体；创建低碳发展政策创新试验田；形成低碳技术研发应用的新高地；探索低碳运营管理新机制；建设低碳发展国际合作新平台。国家发展改革委会同相关部门研究发行绿色债券，拓宽融资渠道；对符合现有中央预算内投资和财政奖励资金支持方向的项目给予优先支持。

3. 生态文明先行示范区

根据《国务院关于加快发展节能环保产业的意见》（国发［2013］30 号）中"在全国选择有代表性的 100 个地区开展生态文明先行示范区建设"的要求，2013 年 12 月，国家发展改革委、财政部、国土资源部、水利部、农业部、国家林业局六部门联合下发了《关于印发国家生态文明先行示范区建设方案（试行）的通知》（发改环资［2013］2420 号），启动了生态文明先行示范区建设。主要任务有：科学谋划空间开发格局，调整优化产业结构，着力推动绿色循环低碳发展，节约集约利用资源，加大生态系统和环境保护力度，建立生态文化体系，创新体制机制，加强基础能力建设等。六部委加强对建设地区工作的指导，在政策、资金、项目等方面给予支持。对先行示范区建设，中央财政按照现有各项有关政策优先予以支持。2015 年开展第二批试点，根据《中共中央国务院关于加快推进生态文明建设的意见》（中发［2015］12 号）、《国务院关于加快发展节能环保产业的意见》(国发[2013]30号)中关于开展生态文明先行示范区建设的要求,试点方案更加丰富。

《国家生态文明先行示范区建设目标体系》包括经济发展质量、资源能源节约利用、生态建设与保护、生态文化培育、体制机制建设五大类51个指标。对先行示范区建设,中央财政按照现有各项有关政策优先予以支持。

4. 国家循环经济示范城市(县)建设地区

2013年,国家发展改革委印发了《关于组织开展循环经济示范城市(县)创建工作的通知》(发改环资[2013]1720号),以下简称《通知》),启动了循环经济示范城市(县)创建工作。

2015年,国家发展改革委、财政部、住房城乡建设部原则同意将天津市静海区等61个地区确定为2015年国家循环经济示范城市(县)建设地区(《关于开展循环经济示范城市(县)建设的通知》(发改环资[2015]2154号))。目标是相关城市(县)的循环型生产方式初步形成,率先构建起覆盖全社会的资源循环利用体系,各主要品种废旧商品回收率高于全国平均水平,城市建筑、交通和基础设施基本实现绿色化,生产系统与社会生活系统的循环化程度明显提高,绿色生活方式普遍推行,形成浓厚的绿色循环文化氛围,循环经济发展长效机制基本建立,循环型社会建设取得实质性进展,生态文明建设取得阶段性成果。各建设城市(县)的资源产出水平提高幅度超出国家平均水平,节能减排的约束性指标完成情况优于上级政府分解指标。要求创新政策机制,基本形成循环经济发展的产业、投资、财税、价格、金融信贷等激励政策。

支持政策包括:示范城市(县)建设实施方案内的建设内容符合中央基建投资或相关专项资金支持条件的,在同等条件下给予优先考虑。积极研究利用现有资金渠道支持示范城市(县)建设的政策措施。国家将在建设地区率先试点促进循环经济发展的各项创新性政策。

5. 餐厨废弃物资源化利用和无害化处理试点城市(区)

2010年7月,国务院办公厅下发了《关于加强地沟油整治和餐厨废弃物管理的意见》(国办发[2010]36号)。2011年,国家发展改革委、财政部、住房城乡建设部会同环境保护部、农业部以城市为单位,启动了餐厨废弃物资源化利用和无害化处理城市试点工作并确定首批33个餐厨废弃物资源化利用和无害化处理试点城市(区)。《国家发展改革委办公厅、财政部办公厅关于印发循环经济发展专项资金支持餐厨废弃物资源化利用和无害化处理试点城市建设实施方案的通知》(发改办环资[2011]1111号)提出了利用循环经济发展专项资金支持餐厨试点工作的具体支持内容、支持方式和实施程序等。安排6.3亿元的循环经济发展专项资金对33个试点城市(区)给予支持。

2012年11月,第二批入围16个城市。2013年7月第三批17个城市。2014

年第四批 17 个城市。2015 年第五批 17 个城市。

6. 电力需求侧管理城市综合试点

2012 年 7 月 3 日，财政部、发改委关于印发《电力需求侧管理城市综合试点工作中央财政奖励资金管理暂行办法》的通知（财建［2012］367 号），对通过能效电厂和移峰填谷技术等实现的永久性节约电力负荷和转移高峰电力负荷，东部地区每千瓦奖励 440 元，中西部地区每千瓦奖励 550 元；对通过需求响应临时性减少的高峰电力负荷，每千瓦奖励 100 元。2012 年 10 月 31 日，财政部经济建设司、国家发展改革委经济运行调节局共同发布《财政部国家发展改革委关于开展电力需求侧管理城市综合试点工作的通知》（财建［2012］368 号），确定首批试点城市名单为：北京市、江苏省苏州市、河北省唐山市、广东省佛山市。2014 年，根据国家发改委的要求，上海将成为全国唯一一个实行电力需求响应试点工作的城市。2015 年国家发展改革委、财政部《关于完善电力应急机制做好电力需求侧管理城市综合试点工作的通知》（发改运行［2015］703 号）要求试点城市创新资金应用，建立长效机制。除支持项目实施、平台建设和能力建设外，还可支持投融资服务、政府和社会资本合作项目（PPP）的融资、建设和运维，以及电力需求侧管理平台的升级改造和运行维护等。

8.1.2 住房和城乡建设部的各类试点

1. 可再生能源建筑应用城市示范

2006 年，财政部、住房和城乡建设部两部委下发《建设部财政部关于推进可再生能源在建筑应用的实施意见》，全面启动了可再生能源在建筑领域的规模化应用示范工作，包括太阳能利用技术和浅层地能技术在建筑领域的应用。自此，可再生能源建筑应用得到了快速发展。截至 2008 年底，住房和城乡建设部联合财政部已组织实施 4 批可再生能源建筑应用示范项目，共 371 项，示范面积 4049 万 m^2，光伏发电示范装机容量 6.2MW，国家财政总补贴金额约为 27 亿元，项目覆盖了 27 个省/自治区、4 个直辖市、5 个计划单列市和新疆生产建设兵团。

2009 年 7 月 6 日，财政部、住房和城乡建设部《可再生能源建筑应用城市示范实施方案的通知》（财建［2009］305 号），要求今后 2 年内新增可再生能源建筑应用面积应具备一定规模，其中：地级市（包括区、州、盟）应用面积不低于 200 万 m^2，或应用比例不低于 30%；直辖市、副省级城市应用面积不低于 300 万 m^2。2009 年首批获得通过的城市仅有北京、上海、天津等 18 个城市。

2011 年，财政部、住房城乡建设部《关于进一步推进可再生能源建筑应用的通知》（财建［2011］61 号）明确，"十二五"期间，开展可再生能源建筑应用集中连片推广，进一步丰富可再生能源建筑应用形式，积极拓展应用领域，力争到 2015 年底，新增可再生能源建筑应用面积 25 亿 m^2 以上，形成常规能源替代能力3000万吨标准煤。"十二五"期间，财政部、住房城乡建设部将继续实施可再生能源建筑应用城市示范及农村地区县级示范。

2012年确定第四批21个城市，补贴标准：按照25元/m^2进行补贴，批准应用面积在200~240万m^2之间，最高补贴5000万元；240~300万m^2之间，最高补贴6000万元；300万m^2以上的，最高补贴7000万元。合计67800元。

对纳入示范的城市，中央财政将予以专项补助。资金补助基准为每个示范城市5000万元，具体根据2年内应用面积、推广技术类型、能源替代效果、能力建设情况等因素综合核定，切块到省。推广应用面积大，技术类型先进适用，能源替代效果好，能力建设突出，资金运用实现创新，将相应调增补助额度，每个示范城市资金补助最高不超过8000万元；相反，将相应调减补助额度。补助资金主要用于工程项目建设及配套能力建设两个方面，其中，用于可再生能源建筑应用工程项目的资金原则上不得低于总补助的90%，用于配套能力建设的资金，主要用于标准制订、能效检测等。

财政部、住房城乡建设部2012年3月《关于通报可再生能源建筑应用示范市县工作进度及加强预算执行管理的通知》（财建［2012］89号）规定，"对排名靠前的示范市县，财政部、住房城乡建设部将优先安排新增示范推广任务及补助资金，并对所在省优先安排新增示范市县。财政部、住房城乡建设部将适时举行授牌仪式，对工作进展较好的城市予以嘉奖。对工作进展缓慢的示范市县，财政部、住房城乡建设部将调减其示范任务及补助资金，并减少所在省新增示范市县安排。"

为规范可再生能源建筑应用城市示范及农村地区县级示范的验收评估工作，经财政部同意，住房城乡建设部制定了《可再生能源建筑应用示范市县验收评估办法》（建科［2014］138号）。

2. 绿色生态城区

财政部、住房和城乡建设部《关于加快推动我国绿色建筑发展的实施意见》（财建［2012］167号）（以下简称"实施意见"）提出了推进绿色生态城区建设，规模化发展绿色建筑的相关规定和鼓励措施。住房城乡建设部于2013年3月发布《"十二五"绿色建筑和绿色生态城区发展规划》，计划选择100个城市新建区域（规划新区、经济技术开发区、高新技术产业开发区、生态工业示范园区等）按照绿色生态城区标准规划、建设和运行。

中央财政支持绿色生态城区建设，申请绿色生态城区示范应具备以下条件：新区已按绿色、生态、低碳理念编制完成总体规划、控制性详细规划以及建筑、市政、能源等专项规划，并建立相应的指标体系；新建建筑全面执行《绿色建筑评价标准》中的一星级及以上的评价标准，其中二星级及以上绿色建筑达到30%以上，2年内绿色建筑开工建设规模不少于200万m^2。中央财政对经审核满足上述条件的绿色生态城区给予资金定额补助。资金补助基准为5000万元，具体根据绿色生态城区规划建设水平、绿色建筑建设规模、评价等级、能力建设情况等因素综合核定。对规划建设水平高、建设规模大、能力建设突出的绿色生态城区，将相应调增补助额度。补助资金主要用于补贴绿色建筑建设增量成本及城区绿色生态规划、指标体系制定、绿色建筑评价标识及能效测评等相关支出。2012年11月，贵阳中天未来方舟生态新区、中新天津生态城、深圳市光明新区、唐山市唐山湾生态城、无锡市太湖新城、长沙市梅溪湖新城、重庆市悦来绿色生态城区和昆明市呈贡新区八个城市新区被评为绿色生态城区，给予5000万补助。

3. 建设部国际合作低碳生态试点城市

2009年以来，依据相关合作备忘录，住房和城乡建设部分别与美国、德国、加拿大、芬兰、欧盟合作开展一系列低碳生态城市试点，试点城市共25个（表3-8-2）（其中合肥兼为中美和中欧合作的试点城市）。

住建部国际合作低碳生态试点城市一览表　　　表3-8-2

	项目名称	城　　市	数量
1	2009年签署《中华人民共和国住房和城乡建设部与美利坚合众国能源部建筑与社区节能领域合作谅解备忘录》开展中美低碳生态试点城市	河北省廊坊市 山东省潍坊市 2014～2017 日照市 河南省鹤壁市 济源市 安徽省合肥市	6
2	2011年，住房城乡建设部与德国建筑、交通和城市发展部签署了关于建筑节能和低碳生态城市建设技术合作谅解备忘录，中德低碳生态城市合作项目	张家口、怀来、烟台、宜兴、海门、乌鲁木齐 期限三年 2014～2017	6
3	2012年4月签署《加拿大联邦政府自然资源部与中华人民共和国住房和城乡建设部关于生态市建设技术合作谅解备忘录》	天津中加低碳生态城示范区项目（滨海新区）	1
4	2014年，国家住建部与芬兰环境署签署《关于建设环境合作谅解备忘录》	南京南部新城 内蒙古阿尔山市 山西榆林市空港生态区	3
5	中欧低碳生态城市合作项目是落实《中欧城镇化伙伴关系共同宣言》的务实合作，是我国与欧盟开展的"中欧低碳、城镇化和环境可持续项目"的组成部分。项目于2014年6月正式进入实施阶段，为期4年	珠海、洛阳入选综合试点城市 常州、合肥、青岛、威海、株洲、柳州、桂林、西咸新区沣西新城等入选专项试点城市	10
总计			26

另外，中国、新加坡两国政府共同建设中新天津生态城是战略性合作项目。住建部是部长级的"中新联合工作委员会"中方单位。

4. 国家节水型城市

为贯彻落实《国务院办公厅关于开展资源节约活动的通知》（国办发［2004］30号）精神，根据建设部、国家发展改革委《关于全面开展创建节水型城市活动的通知》（建城［2004］115号）要求，经各省、自治区、直辖市建设厅（建委）、发展改革委（计委、经贸委）初步考核，建设部和国家发展改革委组织专家评审、现场考核验收，城市节水工作已达到了《节水型城市考核标准》的要求，验收合格，被命名为国家节水型城市。2002~2010年，公布五批共57个城市。"十二五"期间，公布两批共15个城市。第六批"节水型城市"（七个2013年4月公布），第七批"节水型城市"（八个2015年2月公布）。

住房城乡建设部、国家发展改革委《关于进一步加强城市节水工作的通知》（建城［2014］114号）要求各地要因地制宜建立和完善节水激励机制，鼓励和支持企事业单位、居民家庭积极选用节水器具，加快更新和改造国家规定淘汰的耗水器具。

5. 与省和地方合作生态城项目

①2010年1月，国家住房和城乡建设部与深圳市政府签订了《关于共建国家低碳生态示范市合作框架协议》，深圳成为我国首个由部市共建的国家低碳生态城市，重点探索城市发展转型和南方气候条件下的低碳生态城市规划建设模式，以低成本、可复制、可持续为原则，为新时期国家城镇化发展战略转型提供经验。

②2010年7月3日，住房和城乡建设部与江苏省无锡市人民政府签署《共建国家低碳生态城示范区——无锡太湖新城合作框架协议》，并授予太湖新城国家低碳生态城示范区牌匾，无锡与瑞典合作的中瑞低碳生态城项目同期奠基开工建设。

③2010年9月，河北省政府与住房城乡建设部签署了合作备忘录，共同推进河北省"4+1"生态示范城建设，包括唐山湾新城、正定新区、北戴河新区、黄骅新城4个生态示范城以及涿州生态示范基地，为我国北方省份城市转型提供示范。

④2013年11月25日，广东省政府与住房城乡建设部在广州举行了《关于共建低碳生态城市建设示范省的合作框架协议》，双方将在推动城乡规划创新转型、加强城市基础设施建设、实施绿色建筑行动计划、改革创新体制机制等领域全面深化省部合作，力争到2020年，广东省城市低碳生态建设整体水平大幅度提高，城镇化发展质量明显提升，试点示范项目、节能减排工作和生态环境建设成效突出，成为全国领先的低碳生态城市建设示范省。拟由省财政设立低碳生态城市建设的专项资金。

6. 海绵城市建设试点城市

2015年1月20日，财政部办公厅、住房城乡建设部办公厅、水利部办公厅发布《关于组织申报2015年海绵城市建设试点城市的通知》（财办建[2015]4号），启动海绵城市建设试点工作。2015年10月16日，国务院办公厅下发《关于推进海绵城市建设的指导意见》（国办发[2015]75号）。根据竞争性评审得分，排名在前16位的城市进入2015年海绵城市建设试点范围，名单如下（按行政区划序列排列）：迁安、白城、镇江、嘉兴、池州、厦门、萍乡、济南、鹤壁、武汉、常德、南宁、重庆、遂宁、贵安新区和西咸新区。中央财政对海绵城市建设试点给予专项资金补助，一定三年，补助数额按城市规模分档确定，直辖市每年6亿元，省会城市每年5亿元，其他城市每年4亿元。对采用PPP模式达到一定比例的，将按上述补助基数奖励10%。

7. 城市地下综合管廊试点城市

2014年12月26日，财政部发布《关于开展中央财政支持地下综合管廊试点工作的通知》（财建[2014]839号），中央财政对地下综合管廊试点城市给予专项资金补助，一定三年，补助数额按城市规模分档确定，直辖市每年5亿元，省会城市每年4亿元，其他城市每年3亿元。对采用PPP模式达到一定比例的，将按上述补助基数奖励10%。进行绩效评价，评价结果好的，按中央财政补助资金基数10%给予奖励；评价结果差的，扣回中央财政补助资金。2015年4月，根据竞争性评审得分，排名在前10位的城市进入2015年地下综合管廊试点范围，分别为：包头、沈阳、哈尔滨、苏州、厦门、十堰、长沙、海口、六盘水、白银。合计一年支持34亿元。

8. 国家生态园林城市

2004年，住房城乡建设部启动国家生态园林城市创建工作；2006年，深圳成为首个创建国家生态园林城市示范城市；2007年，住房城乡建设部选择青岛、南京、扬州、苏州、昆山等11个城市作为创建试点；2012年，《国家生态园林城市分级考核标准》出台，形成了遥感测评、专家实地考察、第三方调查评估、市民满意度调查和综合评审相结合的立体考核评估办法，经过10余年的探索实践，在2016年1月29日召开的国家园林城市创建工作新闻通气会上，住房城乡建设部将徐州、苏州、昆山、寿光、珠海、南宁、宝鸡7个城市命名为首批国家生态园林城市。

8.1.3 财政部的试点示范

1. 节能减排财政政策综合示范城市

为加大政策集成，发挥政策合力，系统推进节能减排工作，财政部、发展改革委组织了节能减排财政政策综合示范城市工作（《关于开展节能减排财政政策综合示范工作的通知》（财建[2011]383号））。2011年，北京、深圳、重庆、杭州、长沙、贵阳、吉林、新余8城市被选定为首批示范城市。截至2012年底，中央财政累计向首批 8 个示范城市安排综合奖励资金 40 亿元，8 个城市所在省、市级政府安排资金超过 200 亿元。

2013 年石家庄、唐山、铁岭、齐齐哈尔、铜陵、南平、荆门、韶关、东莞、铜川 10 个城市为第二批节能减排财政政策综合示范城市。2013 年继续安排 8 个示范城市综合奖励资金 40 亿元。同时，除现有政策向示范城市倾斜外，中央财政还将按照 3 年示范期每个城市 15～20 亿元的规模再安排综合奖励资金。

拟纳入 2014 年节能减排财政政策综合示范城市名单为天津市、临汾市、包头市、徐州市、聊城市、鹤壁市、梅州市、南宁市、德阳市、兰州市、海东市、乌鲁木齐市。节能减排财政政策综合示范将围绕主要污染物减量化、产业低碳化、建筑绿色化、交通清洁化、可再生能源利用规模化、服务业集约化等六大方面展开。

中央财政除现有支持节能减排和可再生能源发展的各项政策优先向示范城市倾斜外，还将根据项目投资、地方投入和节能减排效果等因素对示范城市给予综合奖励。同时，要求示范城市政府加大财政支出结构调整力度，安排一定资金支持节能减排工作，形成政策合力。

8.1.4　环保部试点示范

1. 生态文明建设示范区

2000 年国务院印发的《全国生态环境保护纲要》提出生态省建设理念，得到环境保护部大力推动，各地积极响应。2003 年，为了深化生态示范区建设，国家环保总局进一步提出建设"生态省、生态市、生态县"概念。到目前为止，全国有福建、浙江、辽宁、天津、海南、吉林、黑龙江、山东、安徽、江苏、河北、广西、四川、山西、河南、湖北 16 个省（区、市）正在开展生态省建设，超过 1000 个市、县、区大力开展生态市县建设。114 个地区取得生态市县的阶段性成果、获得命名，建成 4596 个生态乡镇，也涌现了一批经济社会与资源环境协调发展的先进典型。

2013 年 6 月，中央批准"生态建设示范区"正式更名为"生态文明建设示范区"，这是中央对以"生态建设示范区"为平台推进生态文明建设所取得成效的充分肯定。目前，环境保护部已经印发《国家生态文明建设示范区管理规程（试行）》《国家生态文明建设示范县、市指标（试行）》。命名了上海市崇明县等 22 个市、县（区）第一批国家生态市、县（市、区）。

8.1.5　交通运输部试点

1. 低碳交通运输体系建设试点城市

2011 年 2 月底，交通运输部启动首批 10 个城市（天津、重庆、深圳、厦门、杭州、南昌、贵阳、保定、武汉、无锡）低碳交通运输体系建设试点，组织实施阶段为2011年7月至2013年10月。从2012年起到2014年纳入第二批试点的16个城市包括：北京、昆明、西安、宁波、广州、沈阳、哈尔滨、淮安、烟台、海口、成都、青岛、株洲、蚌埠、十堰、济源。试点城市可结合自身特点，围绕以下具体项目有选择地开展试点：建设低碳型交通基础设施，切实提升低碳建设理念，合理使用低碳建设和运营管理技术、设施、设备、材料、工艺等；推广应用低碳型交通运输装备，合理提升清洁能源和新能源车船的拥有比例，推广使用港口、站场设施装备和运营车船的节能减排技术；优化交通运输组织模式及操作方法，重点探索甩挂运输、多式联运的合理路径，优化城市公交、客运班线的线网布局和站场布局，落实城市公交优先发展战略；建设智能交通工程，加快物联网技术在公路、水路运输领域的推广应用；完善交通公众信息服务，努力建设和完善公众出行信息服务系统；建立健全交通运输碳排放管理体系，积极探索利用碳交易、合同能源管理等市场机制。

交通运输节能减排专项资金中将列出部分资金，支持低碳交通运输体系建设城市试点工作。专项资金主要采取"以奖代补"方式，对实际节能减排效果可量化的试点项目给予适当奖励，对节能减排统计监测考核体系、监管体系、信息服务系统等能力建设项目给予一定比例的资金补助。试点城市所在的省、市级交通运输主管部门应加强对重点试点项目的技术改造、设备更新以及其他建设和管理工作的支持，并积极争取同级财政资金支持。交通运输部联合财政部，从2011年以来共设立了15亿元人民币的交通运输节能减排专项资金，对781个公路水路交通运输节能减排项目给予了"以奖代补"，781个项目年节能能力达到约154.15万吨标准煤，替代约196.25万吨标准油的燃料量。

2. 公交都市创建工程

2012年，交通运输部启动了公交都市建设示范创建工程，前后两批共37个创建试点城市积极践行"公共交通引领城市发展"理念，城市公交优先发展政策体系进一步完善和落实，公交基础设施建设、运营保障能力和服务水平稳步提升。河北、天津、内蒙古、宁夏等10多个省份，济南、广州、南京等城市陆续制定实施了一系列推动公交优先的政策措施，公交优先政策保障不断"加码"。而定制公交、商务快巴、旅游专线、社区巴士等特色公共交通服务在全国推广。推进绿色发展，要求发挥公交在解决交通拥堵、空气污染等"城市病"中的重要作用，大力发展低碳、高效、大容量的公共交通系统，加快推广新技术和新能源装备，倡导绿色出行，优化城市交通出行结构。

8.1.6 国家能源局试点示范

1. 新能源示范城市

国家能源局2012年发出《关于申报新能源示范城市和产业园区的通知》（国

能新能〔2012〕156号），启动新能源示范城市申报工作，鼓励各省（区、市）及申报城市结合本地实际，制定有利于城市新能源发展的经济扶持政策。2014年1月，中国国家能源局公布了第一批新能源示范城市（产业园区）的名单，总计81个城市和8个产业园区，并给出了到2015年替代能源量和占当地能源消费比例的详细指标，以及相应的重点建设内容。

国家能源局联合国家开发银行开展新能源示范城市金融创新试点，鼓励金融机构建立地方投融资平台，为新能源示范城市（产业园区）建设提供创新性金融服务，建立适合分布式新能源特点的融资模式，优先安排信贷资金规模，对小规模企业和个人，采取统借统还模式予以支持。

8.1.7 科技部试点

1. 公共服务领域节能与新能源汽车示范推广试点城市

财政部、科技部等部委下发一系列文件，包括《财政部 科技部关于开展节能与新能源汽车示范推广试点工作的通知》（财建〔2009〕6号）；《财政部 科技部 工业和信息化部 国家发展改革委关于扩大公共服务领域节能与新能源汽车示范推广有关工作的通知》（财建〔2010〕227号）；《财政部 科技部 工业和信息化部 国家发展改革委关于增加公共服务领域节能与新能源汽车示范推广试点城市的通知》（财建〔2010〕434号）；《财政部 科技部 工业和信息化部 国家发展改革委关于开展私人购买新能源汽车补贴试点的通知》（财建〔2010〕230号）；《关于进一步做好节能与新能源汽车示范推广试点工作的通知》（财办建〔2011〕149号）。于2009年开始在13个试点城市的公交、出租车等领域推广使用节能与新能源汽车，13个试点城市为北京、上海、重庆、长春、大连、杭州、济南、武汉、深圳、合肥、长沙、昆明、南昌，主要在公交、出租车、公务、环卫和邮政等公共服务领域推广试点。中央财政重点对试点城市购置混合动力汽车、纯电动汽车和燃料电池等节能与新能源汽车给予一次性定额补助。2010年增加天津、海口、郑州、厦门、苏州、唐山、广州7个试点城市，试点城市两批共20个。在落实好中央试点政策的同时，要积极研究针对新能源汽车落实免除车牌拍卖、摇号、限行等限制措施，并出台停车费、电价、道路通行费等扶持政策，广泛调动政府、企事业单位和个人购买、使用节能与新能源汽车的积极性。据统计，截至2014年年底，中央及各省市政府先后共出台新能源汽车相关政策127项，其中国家层面出台了17项。根据工信部发布信息，2015年新能源汽车产销340471辆和331092辆，同比分别增长3.3倍和3.4倍。根据公安部交通管理局的统计，截至2015年底，我国新能源汽车保有量达到58.32万辆，其中纯电动汽车保有量为33.2万辆，较2014年增长超过317%。

8.1.8 国家林业局试点

1. 生态文明示范工程试点

2011年,国家发展改革委、财政部、国家林业局三部委《关于开展西部地区生态文明示范工程试点意见通知》(发改西部[2011]1726号),目标到2015年,试点市、县林草覆盖率达到50%以上,城镇污水处理率和垃圾无害化处理率均达到90%,有机、绿色及无公害农产品种植面积的比重达到70%,工业固体废物综合利用率超过65%,万元GDP能耗低于本省区平均水平。试点市、县内符合条件的生态公益林,根据公益林区划界定有关规定纳入森林生态效益补偿范围,中央财政继续加大对试点市县的均衡性转移支付支持力度。加大集镇供水、城镇污水和垃圾处理、沼气建设、农村面源污染治理、灌区节水改造等基本建设投资,支持节能减排、循环经济发展等补助资金向试点市、县适当倾斜。2012年下发《关于同意内蒙古乌兰察布市等13个市和重庆巫山县等74个县开展生态文明示范工程试点的批复》(发改西部[2012]898号)。2012年中央对地方国家重点生态功能区转移支付办法对开展生态文明示范工程试点的市、县给予工作经费补助。

8.2 "十二五"时期低碳生态城市经济政策总结和建议

1. 成效和问题

"十二五"时期,中央财政节能环保支出呈逐步上升趋势(表3-8-3)。中央财政对推进节能减排和环境治理的支持对促进低碳生态城市建设发挥了重要的引导性作用。

"十二五"时期中央财政节能环保支出(单位:亿元)　　表3-8-3

年份	2011	2012	2013	2014	2015
支出	1623.03	1998.43	1803.9	2032.81	4814

注:1. 根据历年预算执行情况报告制作;
　　2. 2015年为中央和地方合计数。

2011年,实施三河三湖及松花江流域水污染防治等重大减排工程,建设城镇污水处理设施配套管网2万公里。推进新型能源建筑应用示范工程,强化生物质能源综合利用,开展可再生能源建筑应用示范,鼓励发展循环经济,支出139.43亿元。2012年,增加了节能产品惠民工程、建筑节能、城镇污水处理设施配套管网建设等方面的投入。完成北方采暖区居住建筑节能改造面积2亿m^2,建设城镇污水处理设施配套管网1.5万km。2013年,支持重点地区开展大气污染防治工作，北方采暖区完成既有居住建筑节能改造 2 亿 m²，支持开展城市废弃物无害化处理和循环利用。2014 年，加大对京津冀及周边、长三角、珠三角区域大气污染防治的支持力度。支持在全国建成 1400 多个空气监测站点。支持新能源汽车技术攻关和示范推广，鼓励节能环保产业发展。扩大节能减排财政政策综合示范范围。加快推进新能源和可再生能源发展。2015 年，推进地下综合管廊和海绵城市建设试点，在 38 个重点区域开展重金属污染防治。以流域为单元，实施国土江河综合整治试点。全年新能源汽车生产量、销售量分别增长约 4 倍和 3 倍。

在第一部分介绍的各类试点中，支持力度比较大的是节能减排财政政策综合示范城市工作，城市地下综合管廊试点工作和海绵城市试点工作。对于优化城市基础设施结构，补短板，促进经济增长都发挥了积极作用。

据不完全统计，97.6%地级（含）以上城市和 80%的县级城市提出以"生态城市"或"低碳城市"等生态型的发展模式为城市发展目标，但是全国低碳生态城市建设整体处于试点阶段。中央各部委从各自职责的角度提出了多种类型的试点，既有推动低碳生态城市建设的积极作用，也有多头分散，难以形成合力的弊病。赛迪经智的赵庆洋认为低碳生态城市建设存在五个方面的问题：（1）国家级低碳称号繁多，地方政府难以应付。以绿色、低碳的名义命名的城市称号特别多，比如有国家生态城市、清洁能源城市、新能源示范城市、卫生城市、森林城市、园林城市、山水城市，以及生态省、低碳省、生态市、低碳市、生态县等等，导致地方政府难以应付名目繁多的低碳称号。（2）重理论而轻实践，重规划而轻建设。国内引进了大量绿色、低碳城区建设相关理论，但绿色建筑建设规模比较小，实施成效有限，低碳城市建设与社会低碳生活脱节。（3）发展定位过高，过度改造地形地貌。绿色生态示范城区多为大城市新城，是城市重点发展区域，多定位为城市副中心等，但从区位条件、产业支撑、人口数量、可承担城市功能等角度来看，存在发展定位过高问题；并且，城区在开发过程中普遍存在过度改造原生地貌现象，与低碳生态理念不一致。（4）开发强度过大，建设成本趋高。绿色生态示范城区建设过程中存在部分地块局部开发强度过高、建筑密度大的问题，集约用地理念在实施过程中"变异"；并且，由于过度依赖人工设施和设备、强调新材料新技术应用导致开发建设成本相对较高。（5）融资难度增大，资金成本居高不下。示范城区建设涉及交通、建筑、城市绿化改造等诸多方面，所需资金量比较大，而当前地方政府债务高企、城市投融资平台弊病丛生，导致示范城区建设融资难度增大，资金成本居高不下。

2. 改进建议

"十三五"时期推进低碳城市建设需要按照《国家新型城镇化规划》、"十三五"规划纲要对建设绿色城市的要求以及中共中央、国务院《关于进一步加强城市规划建设管理工作的若干意见》对城市绿色发展的要求，优化财政支持政策，实质发挥更大的作用。一是要加强统一规划，增强系统性。按照生态文明体制改革的总体方案要求，推进多规合一，加强低碳生态城市的统一规划，根据规划目标统筹考虑财政支持规模和结构。二是问题导向，增强针对性。根据城市大气、水和固废治理的重点难点安排财政支持的方向和重点，增强针对性。三是整合统一评价指标体系，加强绩效考核，增强财政支持资金适应的实效性。四是要部门联动，增强推进低碳生态城市建设的协调性。

8.3 "十三五"时期低碳生态城市经济激励政策展望

1. 顶层设计对建设绿色城市新要求

2013年12月12日至13日，习近平总书记在中央城镇化工作会议上指出："城市建设水平，是城市生命力所在。城镇建设，要实事求是确定城市定位，科学规划和务实行动，避免走弯路；要体现尊重自然、顺应自然、天人合一的理念，依托现有山水脉络等独特风光，让城市融入大自然，让居民望得见山、看得见水、记得住乡愁。"提出了城市规划新的理念。这些新理念为中央绿色城市的顶层设计奠定了基础。

（1）《国家新型城镇化规划》的要求

2014年《国家新型城镇化规划》首次系统地提出了加快绿色城市建设的框架要求，并提出了七项任务。可以以绿色城市作为"十三五"时期统筹低碳生态城市工作总的抓手。

①绿色生产生活方式：将生态文明理念全面融入城市发展，构建绿色生产方式、生活方式和消费模式。

②节能降耗：严格控制高耗能、高排放行业发展。节约集约利用土地、水和能源等资源，促进资源循环利用，控制总量提高效率。加快建设可再生能源体系，推动分布式太阳能、风能、生物质能、地热能多元化、规模化应用，提高新能源和可再生能源利用比例。

③绿色建筑：实施绿色建筑行动计划，完善绿色建筑标准及认证体系、扩大强制执行范围，加快既有建筑节能改造，大力发展绿色建材，强力推进建筑工业化。

④绿色交通和绿色出行：合理控制机动车保有量，加快新能源汽车推广应用，改善步行、自行车出行条件，倡导绿色出行。

⑤大气治理：实施大气污染防治行动计划，开展区域联防联控联治，改善城市空气质量。

⑥固废治理：完善废旧商品回收体系和垃圾分类处理系统，加强城市固体废弃物循环利用和无害化处置。

⑦生态保护：合理划定生态保护红线，扩大城市生态空间，增加森林、湖泊、湿地面积，将农村废弃地、其他污染土地、工矿用地转化为生态用地，在城镇化地区合理建设绿色生态廊道。

(2) 中央城市工作会议的要求

中央城市工作会议要求"科学规划城市空间布局，实现紧凑集约、高效绿色发展"。"统筹生产、生活、生态三大布局，提高城市发展的宜居性"，要求城市工作要把创造优良人居环境作为中心目标，努力把城市建设成为人与人、人与自然和谐共处的美丽家园。随后发布的《关于进一步加强城市规划建设管理工作的若干意见》对城市绿色、环保和生态方面提出一系列具体要求，都属于低碳生态城市建设的范畴，也是"十三五"时期要完成的任务。

(3) "十三五"规划纲要的要求

"十三五"规划纲要明确提出"要根据资源环境承载力调节城市规模，实行绿色规划、设计、施工标准，实施生态廊道建设和生态系统修复工程，建设绿色城市。"显然，建设绿色城市的力度会进一步加大。上面所摘录的《关于进一步加强城市规划建设管理工作的若干意见》中关于城市绿色节能环保和生态的要求，不少工作都有到2020年的量化要求，我们可以把它们看作是"十三五"时期绿色城市建设的具体工作任务。跟"十二五"时期的试点示范不同，城市工作会议的要求是对全国城市的普遍要求。

2. 加强节能减排资金的统筹管理

2015年5月，财政部通知印发《节能减排补助资金管理暂行办法》（财建〔2015〕161号），《财政部 国家发展改革委关于印发〈节能技术改造财政奖励资金管理办法〉的通知》（财建〔2011〕367号）、《财政部 工业和信息化部 国家能源局关于印发〈淘汰落后产能中央财政奖励资金管理办法〉的通知》（财建〔2011〕180号）、《财政部 工业和信息化部关于印发〈工业企业能源管理中心建设示范项目财政补助资金管理暂行办法〉的通知》（财建〔2009〕647号）、《财政部 国家发展改革委关于印发〈合同能源管理财政奖励资金管理暂行办法〉的通知》（财建〔2010〕249号）、《财政部关于印发〈夏热冬冷地区既有建筑节能改造补助资金管理暂行办法〉的通知》（财建〔2012〕148号）同时废止。

节能减排补助资金重点支持范围：节能减排体制机制创新；节能减排基础能力及公共平台建设；节能减排财政政策综合示范；重点领域、重点行业、重点地区节能减排；重点关键节能减排技术示范推广和改造升级；其他经国务院批准的有关事项。

3. 部分已出台的支持政策

(1) 继续实施新能源汽车推广应用补助政策

为保持政策连续性，促进新能源汽车产业加快发展，按照《国务院办公厅关于加快新能源汽车推广应用的指导意见》(国办发〔2014〕35号)等文件要求，财政部、科技部、工业和信息化部、发展改革委(以下简称四部委)将在2016～2020年继续实施新能源汽车推广应用补助政策。补助对象是消费者。新能源汽车生产企业在销售新能源汽车产品时按照扣减补助后的价格与消费者进行结算，中央财政按程序将企业垫付的补助资金再拨付给生产企业。

(2) 继续支持地下综合管廊试点

2016年2月16日，财政部办公厅、住房城乡建设部办公厅发布《关于开展2016年中央财政支持地下综合管廊试点工作的通知》(财办建〔2016〕21号)财政部、住房城乡建设部决定启动2016年中央财政支持地下综合管廊试点工作。

(3) 继续推进海绵城市建设试点

2016年2月25日，财政部、住建部、水利部办公厅《关于开展2016年中央财政支持海绵城市建设试点工作的通知》(财办建〔2016〕25号)，颁布了《2016年海绵城市建设试点城市申报指南》，2016年，各省份(含新疆生产建设兵团)可择优推荐1个城市参与全国范围内的竞争(计划单列市可以单独申报)，第一批试点城市所在省份不在此次申报范围之列。

(4) 扩大公交都市创建试点

"十三五"期间，交通运输部已明确将在系统总结推广公交都市创建工作经验的基础上，进一步扩大创建范围，围绕规划引领、智能公交、快速通勤、综合衔接、绿色出行和都市圈交通一体化等方面，再选择50个左右的城市，分主题、分类型进行示范创建。在具体对象上，将择优选择建成区人口在100万左右的城市，以更好创建发挥城市的联动效应、示范效应。据悉，从2016年1月开始，交通运输部就将启动第三批公交都市创建试点城市的申报工作。

(5) 启动适应气候变化试点城市

2016年2月4日，国家发展改革委、住房城乡建设部会同有关部门共同制定了《城市适应气候变化行动方案》(发改气候〔2016〕245号)提出目标：到2020年，普遍实现将适应气候变化相关指标纳入城乡规划体系、建设标准和产业发展规划，建设30个适应气候变化试点城市，典型城市适应气候变化治理水平显著提高，绿色建筑推广比例达到50%。到2030年，适应气候变化科学知识广泛普及，城市应对内涝、干旱缺水、高温热浪、强风、冰冻灾害等问题的能力明显增强，城市适应气候变化能力全面提升。

加大资金投入。加大对城市适应气候变化工作的财政支持力度，落实城市适应气候变化行动。加强政策引导，充分利用国际适应气候变化资金，整合并拓展国内资金渠道，引导民间资金和各种社会资金参与。强化各种商业保险、风险基金以及再保险等金融措施，加强适应气候变化的保险创新，发挥资本市场的融资功能。鼓励积极应用PPP等模式，推动适应气候变化的城市公用基础设施建设。

9 小　　结
9　Summary

从 1978 年至今，中国城镇化率年均提高 1 个百分点，城镇常住人口由 1.7 亿人增加到 7.7 亿人，城镇化率达到 56.1%，城市数量由 193 个增加到 653 个，城区人口超过 100 万的城市已经达到 140 多个。

本篇介绍了低碳生态城市规划建设的技术方法，从韧性城市、规划融合、物质流分析、可再生能源、智慧城市、人文需求、指标体系、经济激励等方面对低碳生态城市领域研究的最新进展进行了总结。总体来说，要走出一条中国特色城市发展道路，还有一系列的问题需要解答，如公众参与的实践方案、城市特色与风光的营造、城市"基因"的保留等。特别是在城市功能格局初步形成的基础上，如何进一步协调区域内的大中小城市发展，是当前亟待解决的问题之一。2015 年 4 月颁布实施的《长江中游城市群发展规划》为我国跨省区城市群发展规划首开先河，而长三角、成渝、哈长城市群规划也已经形成初稿。除此之外，2015 年 11 月我国推出了 59 个第二批国家新型城镇化试点，优先考虑了改革意愿强、发展潜力大、具体措施实的中小城市、县、建制镇及符合条件的开发区和国家级新区等，并体现了向中西部地区和东北地区适当倾斜、促进京津冀协同发展以及在长江经济带地区选择若干具备条件的开发区进行城市功能区转型等因素。第二批试点包括了农民工融入城镇、新生中小城市培育、城市（镇）绿色智能发展、产城融合发展、开发区转型、城市低效用地再开发利用、城市群协同发展机制、带动新农村建设等新的内容。

从发达国家城市化发展的一般规律看，我国现在开始进入城镇化发展的中后期。全国 80% 以上的经济总量产生于城市、50% 以上的人口生活在城市，今后还将有大量人口不断进入城市，城市人口将逐步达到 70% 左右。不断提升城市规划与建设技术的科学性，致力于转变城市发展方式，完善城市治理体系，提高城市治理能力，走出一条中国特色城市发展道路，才能顺应城市工作新形势、改革发展的新要求和人民群众的新期待。

参考文献

[1] Alexander, ED. Resilience and disaster risk reduction: An etymological journey[J]. Natu-

ral Hazards & Earth System Sciences, 2013, 1(2): 1257-1284.

[2] Benedict M A, McMahon E T. Green Infrastructure: linking communities and landscapes [M]. Washington: Island Press, 2006: 1-3.

[3] Britta Restemeyer, Johan Woltjer, Margovanden Brink. A strategy-based framework for assessing the flood resilience of cities – A Hamburg case study[J]. Planning Theory & Practice, 2015, 16(1): 45-62.

[4] Cs Holling. Resilience and stability of ecological systems[J]. Annual Review of Ecology & Systematics, 2003, 4(2): 1-23.

[5] David Rgodschalk, Chan Xu. Urban hazard mitigation: Creating resilient cities[J]. Urban Planning International, 2015, 3(4): 136-143.

[6] Francescborrell Carrió. IPCC and other assessments as vehicles for integrating natural and social science research to address human dimensions of climate change[J]. American Geophysical Union, 2012, 24: 37-50.

[7] Grahama Tobin. Sustainability and community resilience: The holy grail of hazards planning? [J]. Global Environmental Change Part B Environmental Hazards, 1999, 1(1): 13-25.

[8] Greatbritain. Cabinet Office. Keeping the country running : Natural hazards and infrastructure : A guide to improving the resilience of critical infrastructure and essential services[R]. 2011.

[9] Hostetler M, Allen W, Meurk C. Conserving urban biodiversity? Creating green infrastructure is only the first step[J]. Landscape and Urban Planning, 2011, 100(4): 369-371.

[10] Institute of Governmental Studies. Building resilient regions, the University of California Berkeley[EB/OL]. http://brr.berkeley.edu/rci/site/sources.

[11] Jack Ahern. From fail-safe to safe-to-fail : Sustainability and resilience in the new urban world[J]. Landscape & Urban Planning, 2011, 100(4): 341-343.

[12] Jiaqiu Wang. Resilience of self-organised and top-down planned cities-A case study on London and Beijing street networks[J]. Plos One, 2015, 10(12).

[13] Konstantinos T, Kalevi K, Stephen V, et al. Promoting ecosystem and human health in urban areas using Green Infrastructure: A literature review[J]. Landscape and Urban Planning, 2007, 81(3): 167-178.

[14] Kong F, Yin H W, Nakagoshi N. Urban green space network development for biodiversity conservation: Identification based on graph theory and gravity modeling[J]. Landscape and Urban Planning, 2010, 95(2): 16-27.

[15] Konrad Otto-Zimmermann. Urban resilience—A proposed feature of new-type urbanization in China[Z]. Tianjin: 2014.

[16] Lila Singh-Peterson, Paul Salmon, Natassia Goode, John Gallina. Translation and evaluation of the baseline resilience indicators for communities on the Sunshine Coast,

Queensland Australia[J]. International Journal of Disaster Risk Reduction, 2014, 10: 116-126.

[17] Marina Alberti, Johnm Marzluff, Eric Shulenberger, Gordon Bradley, Clare Ryan, Craig Zumbrunnen. Integrating humans into ecology: Opportunities and challenges for studying urban ecosystems[M]. Springer US, 2012.

[18] McDonald L, Allen W, Benedict M, et al. Green Infrastructure Plan Evaluation Frameworks[J]. Journal of Conservation Planning, 2005, 1(1): 12-43.

[19] Opdam P, Steingrover E, Rooij S V. Ecological networks: A spatial concept for multi-actor planning of sustainable landscapes[J]. landscape and urban planning, 2006, 75(1-3): 322-332.

[20] Pedcrism Orencio, Masahiko Fujii. A localized disaster-resilience index to assess coastal communities based on an analytic hierarchy process (AHP)[J]. International Journal of Disaster Risk Reduction, 2013, 3(1): 62-75.

[21] Peiwen Lu, Dominic stead. Understanding the notion of resilience in spatial planning: A case study of Rotterdam, The Netherlands[J]. Cities, 2013, 35(4): 200-212.

[22] Penny Allan, Martin Bryant. Resilience as a framework for urbanism and recovery[J]. Journal on Landscape Architecture, 2011, 6(2): 34-45.

[23] Qishengpan Xueming Chen. Building resilient cities in China: The nexus between planning and science[C]: The 7th International Association for China Planning Conference, Shanghai, China, 2013.

[24] Renaud Jaunatre, Elise Buisson, Isabelle Muller, Hélène Morlon, François Mesléard, Thierry Dutoit. New synthetic indicators to assess community resilience and restoration success[J]. Ecological Indicators, 2013, 29(6): 468-477.

[25] Resilience Alliance. Assessing resilience in social-ecological systems: Workbook for practitioners version 2.0. [R]. 2010.

[26] Resilientcity. Org. Working definition[EB/OL]. http://www.resilientcity.org/index.cfm?id=11449.

[27] Rockefeller Foundation. Defining urban resilience[EB/OL]. http://www.100resilientcities.org/#/-_/.

[28] Schilling J, Logan J. Greening the Rust Belt: A Green Infrastructure Model for Right Sizing America's Shrinking Cities[J]. Journal of the American Planning Association, 2008, 74(4): 451-466.

[29] Susanl Cutter, Lindsey Barnes, Melissa Berry, Christopher Burton, Elijah Evans, Eric Tate, Jennifer Webb. A place-based model for understanding community resilience to natural disasters[J]. Global Environmental Change, 2008, 18(4): 598-606.

[30] Svend Buhl, Don Mccoll. Resilience and sustainability in relation to natural disasters: A challenge for future cities[J]. Springerbriefs in Earth Sciences, 2014, 77-79.

[31] Syed Ainuddin, Jayantkumar Routray. Community resilience framework for an earthquake

prone area in Baluchistan[J]. International Journal of Disaster Risk Reduction,2012,2:25-36.

[32] Thecityofnew York. A stronger, more resilient New York[R]. New York:The City of New York Mayor Michael R. Bloomberg,2013.

[33] UNISDR. Making cities resilient, Ten Essentials[R]. 2015.

[34] Walmsley A. Greenways and the making of urban form[J]. Landscape and Urban Planning,1995,33(1-3):81-127.

[35] Walmsley A. Greenways:multiplying and diversifying in the 21st century[J]. Landscape and Urban Planning,2006,76(1):252-290.

[36] Weber T, Sloan A, Wolf J. Maryland's Green Infrastructure Assessment:Development of a Comprehensive Approach to Land Conservation[J]. Landscape and Urban Planning,2006,77(1-2):94-110.

[37] Wickham D, Riitters K H, Wade T G. A national assessment of green infrastructure and change for the conterminous United States using morphological image processing[J]. Landscape and Urban Planning,2010,94(4):186-195.

[38] Wildavskya B. Searching for safety[M]. Transaction Publishers,1988.

[39] Yosef Jabareen. Planning the resilient city:Concepts and strategies for coping with climate change and environmental risk[J]. Cities,2013,31(2):220-229.

[40] zhang L Q, Wang H Z. Planning an ecological network of Xiamen Island (China) using landscape metrics and network analysis[J]. Landscape and Urban Planning,2006,78(4):449-456.

[41] 沈清基《加拿大城市绿色基础设施导则》评价与讨论[J]. 城市规划学刊,2005(5):98-103.

[42] 仇保兴. 建设绿色基础设施,迈向生态文明时代——走有中国特色的健康城镇化之路[J]. 中国园林,2010(7):1-5.

[43] 崔胜辉,李旋旗,李扬,李方一,黄静. 全球变化背景下的适应性研究综述[J]. 地理科学进展,2011,30(9):1088-1098.

[44] 范维澄. 构建智慧韧性城市的思考与建议[J]. 中国建设信息化,2015(21):20-21.

[45] 凤凰网. 100韧性城市建设给黄石带来崭新的机遇[EB/OL]. http://phtv.ifeng.com/a/20151002/41485104_0.shtml.

[46] 付喜娥,吴人韦. 绿色基础设施评价(GIA)方法介述——以美国马里兰州为例[J]. 中国园林,2009(9):41-45.

[47] 国家行政学院. 伦敦城市风险管理的主要做法与经验[EB/OL]. http://xw.sinoins.com/2015-02/05/content_145023.htm.

[48] 贺炜,刘滨谊. 有关绿色基础设施几个问题的重思[J]. 中国园林,2011(1):88-92.

[49] 胡序威. 中国区域规划的演变与展望[J]. 城市规划,2006(增刊):8-12.

[50] 黄晓军,黄馨. 弹性城市及其规划框架初探[J]. 城市规划,2015,39(2):50-56.

[51] 杰克·埃亨,秦越,刘海龙. 从安全防御到安全无忧:新城市世界的可持续性和韧性

[J]. 国际城市规划，2015，30(2).

[52] 李博. 绿色基础设施与城市蔓延控制[J]. 城市问题，2009(01)：86-90.

[53] 李开然. 绿色基础设施：概念，理论及实践[J]. 中国园林，2009(10)：88-90.

[54] 李迅，曹广忠，徐文珍，等. 中国低碳生态城市发展战略[J]. 城市发展研究，2010，17(1)：32-39.

[55] 李咏华，王竹. 马里兰绿图计划评述及其启示[J]. 建筑学报，2010：26-32.

[56] 廖桂贤，林贺佳，汪洋. 城市韧性承洪理论——另一种规划实践的基础[J]. 国际城市规划，2015，30(2)：36-47.

[57] 刘娟娟. 构建城市的生命支撑系统—西雅图城市绿色基础设施案例研究[J]. 中国园林，2012(3)：116-120.

[58] 马国霞，赵学涛，吴琼，潘韬. 生态系统生产总值核算概念界定和体系构建. 资源科学，2015，37(9)：1709-1715.

[59] 欧阳志云，朱春全，杨广斌，徐卫华，郑华，张琰，肖燚. 生态系统生产总值核算：概念、核算方法与案例研究. 生态学报，2013，33(21)：6747-6761.

[60] 裴丹. 绿色基础设施构建方法研究述评[J]. 城市规划，2012(5)：84-90.

[61] 邵亦文，徐江. 城市韧性：基于国际文献综述的概念解析[J]. 国际城市规划，2015，30(2)：48-54.

[62] 石婷婷. 从综合防灾到韧性城市：新常态下上海城市安全的战略构想[J]. 上海城市规划，2016(01)：13-18.

[63] 田祚雄. 弹性城市：城市建设的未来方向[C]. 湖北行政管理论坛，2013：211-218.

[64] 托马斯·J·坎帕内拉，罗震东，周洋岑. 城市韧性与新奥尔良的复兴[J]. 国际城市规划，2015(02)：30-35.

[65] 王保乾，李祎. GEP核算体系探究——以江苏省水资源生态系统为例. 水利经济，2015，33(5)：14-18.

[66] 武廷海. 新时期中国区域空间规划体系展望[J]. 城市规划，2007(7)：39-46.

[67] 徐洁."韧性"，让城市更"任性"：黄石日报[Z]. 20152.

[68] 徐振强，王亚男，郭佳星，潘琳. 我国推进弹性城市规划建设的战略思考[J]. 城市发展研究，2014，21(5)：79-84.

[69] 颜文涛，王正，韩贵锋，等. 低碳生态城规划指标及实施途径[J]. 城市规划学刊，2011(3)：39-50.

[70] 颜文涛，萧敬豪，胡海，等. 城市空间结构的环境绩效：进展与思考[J]. 城市规划学刊，2012(5)：50-59.

[71] 颜文涛，邢忠，叶林. 基于综合用地适宜度的农村居民点建设规划[J]. 城市规划学刊，2007(2)：67-71.

[72] 颜文涛，周勤，叶林. 城市土地使用规划与水环境效应：研究综述[J]. 重庆师范大学学报（自然科学版），2014，29(3)：35-41.

[73] 颜文涛，萧敬豪. 城乡规划法规与环境绩效——环境绩效视角下城乡规划法规体系的若干思考[J]. 城市规划，2015(11)：39-47.

[74] 俞孔坚,李博,李迪华. 自然与文化遗产区域保护的生态基础设施途径——以福建武夷山为例[J]. 城市规划,2008(10):88-96.

[75] 俞孔坚,李迪华,潮洛濛. 城市生态基础设施建设的十大景观战略[J]. 规划师,2001(6):9-17.

[76] 俞孔坚,李迪华,刘海龙,等. 基于生态基础设施的城市空间发展格局[J]. 城市规划,2005(9):76-80.

[77] 俞孔坚,张蕾. 基于生态基础设施的禁建区及绿地系统——以山东菏泽为例[J]. 城市规划,2007(12):41-45.

[78] 张红卫,夏海山,魏民. 运用绿色基础设施理论,指导"绿色城市"建设[J]. 中国园林,2009(9):28-30.

[79] 张晋石. 绿色基础设施——城市空间与环境问题的系统化解决途径[J]. 现代城市研究,2009(11):81-86.

[80] 赵庆洋:绿色生态城区发展建议:统筹规划 重点建设. 赛迪网 http://www.ccidnet.com/2013/0731/5098339.shtml.

[81] 周蜀秦. "弹性城市"视角下的大都市旧城区更新治理策略[J]. 南京社会科学,2015(12):70-77.

第四篇 实践与探索

　　我国绿色生态城区发展已进入各具特点的规模化建设实践阶段。本篇重点先介绍了绿色生态城（区）发展情况，并选取代表性案例，对其2015年度的重点建设实践内容进行介绍。此外，本篇介绍了北京、天津、广东等七个试点省（市）从2013年以来的碳交易试点工作的进展情况，对各个试点省市的制度建设、参与主体、配额分配和交易情况进行了系统总结对比。

　　本篇依旧关注绿色生态城乡建设在全国范围的推进情况，重点梳理4个典型乡镇（村）的生态建设实践，探索村镇低碳生态规划模式。绿色生态城区建设在系统化、规模化发展的同时也陆续迈入中期考核验收阶段，本篇重点也将对各地的实践建设经验进行介绍。此外，本篇承接去年对北京、深圳等一线城市的生态建设工作情况的关注，重点总结上述地区已有城区的建设经验，详细介绍了新首钢高端产业综合服务区绿色生态示范区、金融街绿色生态示范区等通过对既有城区的开发整治与生态化改造提升等实现城区有机更新的生态实践。

　　除了对国内低碳生态示范城市（区）的建设经验进行梳理和总结外，本篇还介绍了2013年以来住建部陆续启动的中美、中欧、中德及中芬低碳生态城市试点合作项目。通过借鉴欧美国家在低碳生态规划建设、政策管理、资金筹措等方面的成功经验，持续提升国内生态城市建设水平，为构建全球范围内高水平的可持续发展格局出策出力。绿色生态建设技术方面，本篇聚焦深圳市通过规模化发展绿色建筑，对我国绿色建筑的发展模式进行探索、积累宝贵的政策、技术和标准及管理经验。同时对全国范围内开展的海面城市建设工作的政策背景、理念内容、试点情况、实践案例进行分析介绍，剖析了海绵城市在推广过程中存在的问题，为绿色生态城市建设的下一阶段工作提供经验。

Chapter IV | Practice and Exploration

China's green urban development has entered the stage of the large-scale construction practice with different characteristics. This chapter emphatically evaluates the construction effectiveness of the rated cities or districts and introduces the contents of the key construction practice in the fiscal year of 2015 by selecting representative cases. In addition, the pilot carbon trading work first started in Beijing, Tianjin, Guangdong and other four pilot provinces (municipalities) will also enter a new national pilot promoting phase herein in 2016. This chapter sums up the progress of the carbon trading pilot work since 2013 and carries out a systematic conclusion and comparison of the mechanism construction, the participating parties, the quota allocation and the transaction situation among all pilot provinces and cities.

This chapter still pays attention on the advancement of the green urban and rural construction across the country. Since the building of beautiful livable towns and villages has become an important low-carbon ecological planning focus, it cards the ecological construction practice of four typical towns (villages) and explores its planning mode. This chapter focuses on the introduction of the practical experience over the country, as the green eco-city construction has got into the mid-term examination and testing phase following a continuous systematic and large-scale development. Besides, following its focus on the ecological construction of the first-tier cities such as Beijing, Shenzhen and others last year, it undertakes a study of the construction experience in these aforementioned areas and gave a detailing of the ecological practices of the Green Ecological Demonstration Zone of the New High-end Industrial Integrated Service Area of Shougang Group, the Green Ecological Demonstration Zone of Zhongguancun Software Park, the Green Ecological Demonstration Area of Financial Street and others, which have achieved an organic renewal by means of an upgrading development and an ecological transformation of the existing urban areas.

In addition to sorting out and summarizing the experience in the domestic pilot low-carbon eco-city (district) construction, this chapter also introduces the pilot cooperation projects of Sino-US, Sino-EU, Sino-German and Sino-Finland low-carbon eco-city consecutively launched by the Ministry of Housing and Urban-Rural Development since 2013. These pilot projects draw the successful experience from European and Northern American countries in the low-carbon ecological planning and construction, policy management, financing and other aspects, continue to enhance the domestic eco-city construction level and contribute to building the high-level sustainable development pattern worldwide. In terms of green ecological building technologies, this chapter explores the green building development model and accumulates the valuable policy, technologies, standards and management experience for China by showcasing Shenzhen City's large-scale development of green buildings. Meanwhile, it describes the policy background, the concept content, the pilot progress, the practice cases of the sponge city construction, analyzes the problems in this process and offers insights to the next-phase green eco-city work.

1 绿色生态示范城（区）规划实践案例[1]
1 Practical Cases of the Green Ecological Demonstration City (District) Planning

1.1 绿色生态示范城（区）发展概述

2015年10月，随着十八届五中全会的召开，"增强生态文明建设"首度被写入国家五年规划。习近平首次提出了"创新、协调、绿色、开放、共享"五大发展理念，首次将"绿色"作为事关我国发展全局的核心理念之一。为积极响应国家绿色生态发展要求，国家各部委相继出台了一系列政策措施积极推动城市规划与建设向低碳、绿色、生态发展，包括规划意见、试点示范、技术规范、组织保障等不同类型政策措施。其中，住建部出台低碳生态试点城市、绿色生态示范城区和绿色低碳重点小城镇试点示范等一系列政策，对全国范围内规模化推进绿色建筑和加快创建绿色生态示范城区起到了指导作用，使得生态城市的规划建设指标要求和奖励资助政策有法可依、有据可循。

2007～2011年，通过国际合作、部省、部市合作的方式，中新天津生态城、合肥滨湖新区、深圳光明新区等十二个生态城试点（表4-1-1）工作先后推进。

住建部与地方合作协议确定的低碳生态城试点名单　　　表4-1-1

合作方式	获批时间	低碳生态城试点名称
住建部与天津市共建	2007.11	天津中新生态城
住建部批准设立	2009.11	合肥滨湖新区
住建部与深圳市共建	2010.1	深圳光明新区
	2010.1	深圳坪山新区
住建部与无锡市共建	2010.7	无锡太湖新城
住建部与河北省共建	2010.10	曹妃甸唐山湾新城
	2010.10	石家庄正定新区
	2010.10	秦皇岛北戴河新区
	2010.10	沧州黄骅新城
	2011.2	涿州生态宜居示范基地
住建部与上海市共建	2011.4	上海虹桥商务区
	2011.4	上海南桥新城

---

[1] 贾航，北京市中城深科生态科技有限公司。

第四篇 实践与探索

2012年9月，为加强低碳生态试点城（镇）推进力度，住建部对低碳试点城（镇）和绿色生态城区工作进行了整合，并于2012年10月、11月先后批准了长沙梅溪湖新城、昆明呈贡新区等五个新城区为绿色生态示范城区。同时，住建部联合财政部对规划先进、新增绿色建筑面积比较大的绿色生态示范城区进行财政补贴、税收优惠、贷款贴息等激励。中新天津生态城、唐山湾生态城、无锡太湖新城．长沙梅溪湖新城、深圳光明新区、重庆悦来绿色生态城区、贵阳中天未来方舟生态新区、昆明呈贡新区八个全国首批绿色生态示范城区分别获得了5000万～8000万的财政补贴资金。2013年住建部先后两批批示了十三个城区为绿色生态示范城区，2014年共有27个城区提出申请（见表4-1-2）。

住建部审批的绿色生态示范城区名单　　　　表 4-1-2

审批情况	年　份	绿色生态示范城区项目名称	
已批准	2012	天津中新生态城	曹妃甸唐山湾新城
		无锡太湖新城	深圳光明新区
		重庆悦来生态城	长沙梅溪湖新城
		昆明市呈贡新区	
		重庆悦来国际生态城区	池州天堂湖新区
	2013第一批	涿州生态宜居示范基地	株洲云龙新城
		南京河西新城	西安浐灞生态园
		肇庆中央生态轴新城	
	2013第二批	北京市长辛店生态区	天津市滨海新区南部新城
		上海市虹桥商务区核心区	青岛德国生态园
		南宁五象新区核心区生态城	上海市南桥新城
		廊坊大厂潮白新城核心区	嘉兴市海盐滨海新城
待审批	2014第一批	廊坊市万庄新城	南浔城市新区
		济源济东新区	乐清经济开发区
		珠海市横琴新区	荆门市漳河新区
		云浮西江新城	孝感市临空经济区
		新余市袁河生态新城	钟祥市莫愁湖新区
		昆山市花桥经济开发区	武汉四新新城
		宁波市杭州湾新区中心湖地区	长沙大河西先导区洋湖生态新城
		台州市仙居新区生态城	
	2014第二批	北京未来科技城	江苏省常州市武进区
		北京雁栖湖生态发展示范区	浙江省杭州市钱江经济开发区
		北京中关村软件园	浙江省湖州市安吉科教文新区
		吉林省白城市生态新区	安徽省铜陵市西湖新区
		黑龙江省齐齐哈尔市南苑新区	四川省雅安市大兴绿色生态区
		上海国际旅游度假区	湖北省宜昌市点军生态城

为积极响应国家及各部委要求，省市各级地方政府积极推动地方绿色生态示范城区及绿色建筑规模化建设实践。到目前为止，全国已有上百个名目繁多、种类不同、大小各异的绿色生态城区项目。除环渤海、长三角、珠三角等沿海发达地区和湖北、湖南等中部城市群外，近两年，西北、西南等西部地区也开始积极开展绿色生态城区实践探索。2012年以后，较之之前中等城市规模，20km^{2}以下规模的中小型新区项目明显增多，且中东西各区域均有覆盖，体现出了各地方政府发展新区趋于务实和理性。我国绿色生态城区发展已进入全面开花、各具特点、规模化建设实践阶段。

1.2 绿色生态示范城（区）工作重点变迁

获得"绿色生态城区"称号的新城只是表明经审查和研究有条件作为试点示范城区，并不意味着已经建设落实目标，很多新建城区仍处于规划探索、基础设施建设的起步阶段。有必要构建完善的政策体系，引导绿色生态城区从规划、建设到运营管理的各个环节实现发展目标的统一和相关配套措施的协同推进。目前，国家住建部、财政部等相关部委将工作重点放至绿色生态城区的建设实施上，通过建立和完善评估、考核机制，加强对绿色生态城区规划建设情况的年度动态跟踪、指导和监督，及时发现问题，进行评估评价和总结推广。

2013年，住建部对绿色生态城区首次提出了包含6大类别的19项具体考核指标。在此基础上，2015年7月，由住建部批准，中国城市科学研究会主编的《绿色生态城区评价标准》出台并征求意见稿，其中每类指标均包括控制项和评分项。评价阶段分为规划设计和实施运营两个阶段，既保证了规划阶段的目标导向，又在城区主要基础设施投入使用运行后对实施效果进行运营评估，反馈规划阶段的具体目标落实情况。2015年12月，住建部又发布了《城市生态建设环境绩效评估导则（试行）》，探索绿色生态城区基于生态环境绩效评估的环境状况监测、目标考核和监督管理的组织机制，将生态环境绩效评估工作纳入规划实施的考评内容，有利于推进绩效考核机制的建立，促进绿色生态城区创建更加注重生态建设的实效。

地方绿色生态示范区创建工作开展积极响应国家号召，其中山东省率先组织开展了省级绿色生态示范区评估验收和中期核查工作。2015年5月，山东省住建厅、财政厅制定了《山东省绿色生态示范城区评估验收要点（2013～2014年）》，于12月初，组织专家组通过听取汇报、核查资料、实地检查等方式，分别对烟台高新技术产业开发区、牟平区金山港滨海旅游商务区、临沂市北城新区等绿色生态示范城区的建设实施情况进行了评估、打分。各城区均顺利通过了验收，并明确了下一阶段的工作重点。

1.3 绿色生态示范城（区）建设案例

本节选取天津中新生态城、深圳光明新区和南京河西新城为代表案例，对其重点的建设实践内容进行简要介绍。

1.3.1 天津中新生态城

天津中新生态城作为世界上第一个国家间合作开发建设的生态城区，通过8年的探索建设，已逐步成为一个环境生态良好、地方经济特色、有吸引力、高生活品质的宜居生态型新城区（图4-1-1）。

图 4-1-1　天津中新生态城俯瞰

（图片来源：http://www.eco-city.gov.cn/eco/html/xwzx/tuxw/20151209/13677.html）

1. 产业吸引力逐步增强

生态城在现有文化创意、互联网、金融服务三大特色产业基础上，重点拓展滨海旅游、节能环保、健康服务等现代高端服务产业，实现与其他区域的错位发展（图4-1-2）。作为产业主要承载空间，国家动漫园、国家影视园、信息园、科技园和生态产业园5大产业园区处于招商引资、提升竞争力影响力的加速推进阶段。为将绿色产业和重点项目做大、做强，生态城相继出台了《中新天津生态城人才引进、培养和奖励的暂行规定》《中新天津生态城引进紧缺人才的优惠政策

图 4-1-2　生态产业园区（左）国家动漫园区（右）

（图片来源：http://tj.house.sina.com.cn/scan/2015-09-14/11366047945480695231645.shtml；调研拍摄）

意见》等多项政策给予支持。2015年,生态城年累计吸引固定资产投资超1000亿元,引进国内外企业3400余家,就业及居住人口增幅5万,但服务型行业发展仍相对滞后,人口吸引力需进一步加强。

2. 细胞式生态社区运营模式

生态城借鉴新加坡的先进经验,已建立起了规范化、标准化的"生态细胞—生态社区—生态片区"三级居住体系,社区服务设施逐渐完善。继第三社区中心投入使用后,2015年中旬,第一、二社区中心的建筑主体已封顶,第一社区中心于2016年初竣工投入使用。每一个社区中心都拥有一项主导功能、十多项必备功能和多项备选功能,成为居民的综合性一站式服务中心,形成便利的500m半径生活圈。居民只要步行约15分钟,购物、娱乐、办事、医疗等日常生活功能需求都可以在社区中心完成❶。

3. 低碳生态技术集中示范

2015年,中新天津生态城8km² 起步区已成为国内最大规模绿色建筑群,在建和已建的160个项目中,有43个项目(建筑面积253.8万m²)获国家绿色建筑三星级标识,其中,生态城低碳体验中心成为新版《绿色建筑评价标准》GB/T 50378—2014实施后,国内首个获得绿色建筑三星级运营标识项目。借鉴新加坡保障性住房建设经验,首批500多套面向中低收入家庭建设的公屋已投入使用,均是绿色建筑三星标准;二期正在建设,将建两栋按德国理念施工的被动房,为天津首个被动房试点,设计采用最先进的外墙保温、可调外遮阳等技术,降低建筑能耗,使室内温度长年保持在19℃~26℃❷。

目前,生态城非传统水源利用率达到了50%的较高水平。借鉴新加坡再生水技术,建成了国内首座获得住建部绿色建筑认证的再生水厂;低影响开发技术应用实现了雨水近100%收集利用。如生态城公屋展示中心、低碳体验中心等8个示范项目安装了雨水收集系统(图4-1-3),收集的雨水用于灌溉、市政浇洒和冲洗屋面光伏发电板。生态城生态岛片区为雨水自流排放区,雨水作为补水直接就近排入故道河、静湖和慧风溪水体❸。生态城正式启动生活垃圾分类试点工作。每栋居民楼门口和地下停车场电梯口各配置一组分类收集垃圾桶,并设置垃圾分类指导员,每个小区还设置有再生资源回收点,满足居民生活垃圾中可再生资源回收需求(图4-1-4)。

4. 脉动城市智慧建设

2015年,生态城全面打造以数据服务为核心、公共平台为支持的智慧工程,

---

❶ http://news.163.com/15/0530/09/AQRT1PND00014AED.html
❷ http://epaper.tianjinwe.com/tjrb/tjrb/2016-04/11/content_7437892.htm
❸ http://www.chinadevelopment.com.cn/zj/2015/08/944889.shtml

图 4-1-3　低碳体验中心（左）公屋展示中心雨水收集系统（右）

（图片来源：http：//www.hvacjournal.cn/Item/3941.aspx；
http：//www.eco-city.gov.cn/eco/html/xwzx/mtjj/stcxw/20150808/12636.html）

图 4-1-4　集中式光伏发电板（左）风光互补路灯（中）街边分类垃圾箱（右）

（图片来源：http：//www.eco-city.gov.cn/eco/html/xwzx/tuxw/20160422/14771.html；调研拍摄）

基础设施和公共平台建设初具规模。如已实现了全城光纤入户，无线网络"eco-city free"已覆盖起步区内的公交站亭、休闲广场、商业区、办公楼宇等公共区域。正在建设中的城市级数据中心可统一为政府、企业、居民提供存储、运算等一系列基于云架构的配套服务。2015年底，生态城基本实现了"能源＋互联网"全覆盖，"面向智慧城市多元能源互联"试点项目即将投入使用，区域居民的采暖、用电、制冷、用气等多种能源供应更为高效，同时能享受到能源大数据带来的增值服务。

2016年1月，借鉴新加坡智慧城市经验，《天津生态城脉动城市总体规划（2016～2020）》正式发布，规划开展66个重点项目，涉及智慧旅游、民生服务、众创空间、生态环境展示等。其中，民生服务方面，通过"智慧健康信息平台"、"生态城万事通-电子公民中心"、"生态城城市卡"等，为生态城居民提供全方位智慧居住体验❶（图4-1-5）。

---

❶　http：//epaper.jwb.com.cn/bhzb/html/2016-01/28/content_20_1.htm

图 4-1-5　生态城手机 APP 系统（左）智能电网感受厅（右）
（图片来源：http：//www.ecodreamers.com/thread-437021-1-1.html；
http：//www.nxnews.net/cj/system/2011/10/30/010110125.shtml）

1.3.2　深圳市光明新区

深圳市光明新区在 8 年的快速发展过程中，坚持实施绿色规划引领、绿色建筑示范、绿色产业集群、绿色交通支撑。不断完善城市功能，奠定绿色新城的坚实基础，在低碳生态建设上取得了较为显著的成效，共获得五个国家低碳生态建设试点称号。

1. 绿色创新产业发展

2015 年，新区高新技术、高成长型企业加速聚集，战略性新兴产业增加值占 GDP 比重高达 35.4%，研发投入占 GDP 比重达到 3.5%，处于产业发展前沿的太阳能光伏、LED 光电、生物医药等"绿色产业"、"光明产业"在新区均呈现出良好发展势头。同时，新区在创意园区的配套、服务、创新载体建设等方面予以大力支持，引导钟表、自行车等传统产业向创意产业转型升级，初步探索出了以文化创意促进传统制造业跨越式发展的新模式，具有示范效应。2015 年 11 月，新区制定出台了《深圳市光明新区经济发展专项资金管理办法》，主要坚持新区科技创新载体建设、优化科技公共服务水平、为中小企业提供科技普惠服务等，最高单项给予企业 300 万元的资金扶持❶。

2. 城市更新进程加快

光明新区逐步形成以拆除重建为主，综合整治、功能置换并举的更新局面。2015 年，新区已启动拆除重建类城市更新项目 35 个，涉及总拆迁用地面积约 314 公顷，总规划建筑面积约 1127 万 m^2。其中，列入深圳市城市更新计划的项目有 17 个，公明陶瓷厂片区已建设完成，光明商业中心、公明秋硕片区、公明帝闻工业区、公明薯田埔第一工业区等正在预售。以公明陶瓷厂片区项目为例，

---

❶ http：//www.sz.gov.cn/gmxq/qt/gzdt/201511/t20151116_3356211.htm?17a7ca90

原本为闲置的工业厂房及配套设施，整体建筑质量破旧，通过城市更新，改造为集商业住宅、综合服务及教育配套设施于一体的城市生活区❶。

3. 绿色建筑发展领先示范

目前，通过政府投资项目的示范引领，截至2015年底，光明新区共推进139个项目按绿色建筑标准建设，总建筑面积达到679.1万 m²。已有34个项目共319.61万 m² 建筑通过国家或地方绿色建筑设计认证，其中，通过国标一星认证项目26个，二星6个，三星2个❷。如拓日工业园作为全国首批可再生能源建筑应用示范项目，建筑统一采用绿色建材一次性装修，使用绿色环保和再循环材料，采用先进的技术和材料控制环境噪声和热环境，此外，还建立了小区太阳能照明系统、太阳能热水系统、地缘热泵系统、雨水收集利用系统和中水处理回用系统等（图4-1-6）。

图 4-1-6　绿色公共建筑代表"两馆一中心"（左）绿色保障性住房（右）
（图片来源：http：//sz.people.com.cn/n/2015/0707/c202846-25488818.html；http：//sz.jiwu.com/tu/2821974.html）

4. 绿色出行提升

2015年底，在光明大道设立的首个公交路内换乘枢纽点示范项目基本完工。枢纽主站为三港湾式枢纽，占地小，投资小，易于协调与实施，共设置泊位9个，分三条车道，每条车道三个泊位。既方便市民排队候车，也不会造成大巴进站列车化，提高了网络运营效率，节约运力资源，提供高效、无缝、便捷、安全的乘车服务。新区已建成和在建的光明大道、华夏路、光侨路等"九纵八横"17条主干道路，以及30多条支路均按照绿色道路标准施工建设，路面采用降噪材料，人行道采用透气透水砖。同时已有20.7km慢行和步行绿道系统围绕新城建成❸（图4-1-7）。

---

❶　http：//news.sz.fang.com/2015-01-23/14706674.htm
❷　http：//www.10333.com/details/2015/38304_3.shtml
❸　http：//www.szhec.gov.cn/xw/rjhjxw/201502/t20150212_93344.html

图 4-1-7　公交路内换乘枢纽点示范项目（左）光明新区生态型绿道（右）

（图片来源：http://www.sznews.com/news/content/2015-03/25/content_11360576.htm；
http://j.news.163.com/docs/10/2014100407/A7OL6KDM90016KDN.html）

5. 海绵城市建设进入全面实践阶段

截至 2015 年底，光明新区已完成 18 项低影响开发示范项目，覆盖公共建筑、市政道路、公园绿地、水系湿地、居住小区、工业园区等项目类型，占地面积达到 155 万 m^2，涉及建筑面积 370.57 万 m^2，道路总长度 16.32km。

如新区群众体育中心建设项目，建成了 2.3 万 m^2 绿色屋顶和 1.3 万 m^2 透水广场、生态停车场，透水用地面积比例超过 90%，综合径流系数由传统的 0.7~0.8 下降到 0.4 以下；同时配建有规模 500m^3 的地下蓄水池，收集经绿色屋顶等设施净化后的雨水，保证雨季绿化浇洒用水的自给自足。公园路、门户区 36 号公路、38 号公路，总长度超过 10km，采取了不同构造、填料的下凹绿地设计，将道路红线范围内的雨水汇集，经过滤、滞蓄、渗透、净化，超过设计能力的雨水再通过溢流口进入市政雨水管道。自行车道采用了各种温拌透水沥青、透水水泥、再生建筑材料透水砖等新型透水材料❶（图 4-1-8）。

图 4-1-8　道路雨水渗排系统

（图片来源：http://www.szjs.com.cn/ebook/start1.asp?id=2711；
http://iguangming.sznews.com/content/2015-02/15/content_11213030.htm）

---

❶　http://barb.sznews.com/html/2015-02/14/content_3150241.htm

1.3.3 南京河西新城❶

2012年初，南京河西新城开始因地制宜打造绿色生态城区，4年时间内，坚持以绿色发展理念为指导，以经济、社会和自然的有机融合为目标，将低碳生态理念渗透到城市发展的各方面，并因地制宜提出了"指标、规划、技术、管理、市场、政策、行动"七位一体的低碳生态城市建设框架，通过打造循环经济模式，有效促进了地区经济增长方式和消费方式的生态转型，全方位、多角度地实现了居民生产生活方式的绿色重构，基本达到了生态城区建设的各项指标。

1. 系统的专项规划体系与地方性适用技术导则编制指导建设实践

新城陆续编制了综合类、专项类和实施类等一系列低碳生态专项规划，《南京河西新城区域能源规划》、《南京河西新城绿色交通规划》、《南京河西绿色建筑专项规划》、《南京河西新城区水资源利用规划》、《河西南部竖向规划》、《河西南部地区管线综合规划》等，涵盖了绿色建筑、绿色能源、绿色水资源、绿色交通、智慧城区、土方平衡、综合管廊和智能电网等所有生态建设的核心要素，确保了绿色生态城区各种建设工作进行。

颁布的《河西新城南部地区生态城区建设技术导则》，保障新城项目从规划设计到工程实践的合理衔接。同时，针对地下水位高、土壤透水性差的水文地质条件，形成了《南京河西低碳生态城绿色道路适用技术导则》、《南京河西低碳生态城道路绿色照明设计导则》、《南京河西低碳生态城生态堤岸适用技术导则》等地方性适用技术导则，为推广低碳生态技术在河西新城的落地生根起到了示范作用。

2. 绿色复合空间构建

新城地上空间绿色复合利用主要是提高混合用地比例，综合利用城市资源，混合安排住宅及配套的公共用地、就业、商业和服务等多种功能设施，规划建设交通综合体6处、市政综合体6处、中心社区综合体4处、小型社区综合体12处，有效地提升城市的活力及减少城市交通负荷。地下空间绿色复合利用主要是依托轨道交通地下街道的建设，串联单体建筑地下空间，形成点、线、面结合的网络状地下空间结构。2015年底，河西新城的混合用地比例已达到15%，基本完成了规划目标。

3. 绿色建筑发展

新城中北部地区已取得绿色建筑设计标识的项目超过100万 m^2，南部地区从2012年开始大力发展绿色建筑，到2015年底，已建绿色建筑面积约350万 m^2，其中二星建筑达到70%、三星建筑达到10%（图4-1-9）。

---

❶ 于涛，陈骋，南京大学建筑与城市规划学院，本文中文字均由约稿作者提供。

图 4-1-9　新城科技园绿色建筑

(图片来源：http://www.jstv.com/df/nanjing/ms/201406/t20140625_3567369.shtml)

4. 绿色交通发展

新城建立了包括地铁、有轨电车、常规公交、公共自行车等在内的绿色交通体系，并推动多种交通方式之间的"零换乘"系统建设，其中城区有轨电车开通一号线全长 7.76km，设有车站 13 座。规划绿色交通出行率远期达到 80%，公共交通站点 300m 覆盖率达到 70%，区域内独享路权的慢行交通路网密度达到 4.2km/km^2，支路网间距 150～200m。同时，新城根据智能交通的先进技术手段，全方位建立实时、准确、高效的综合交通管理与出行服务系统，提升路网交通运行效率，有效降低机动车污染物排放量（图 4-1-10）。

图 4-1-10　有轨电车站点（左）和公共自行车租赁站点（右）

(图片来源：http://news.xdkb.net/livehood/2014-07/28/content_589807.htm；
http://www.bikehome.cc/zulin/20150830/514828_1.html)

5. 绿色市政发展

新城基于自身能源禀赋和滨江特点，以及周边紧邻热电厂的区位条件，提出以利用电厂余热实现热电冷三联供和江水源热泵为主，辅以太阳能光热光电、土壤源热泵、污水源热泵等的可再生能源系统，力争实现可再生能源和清洁能源占比30%~40%的能源结构目标。

新城统筹考虑区域竖向关系,基本实现了区域内部的土方平衡。在道路规划中采用低冲击开发的绿色道路设计模式,并全面推动了生态堤岸和绿色照明工程建设,广泛应用LED、LEO、高效发光的荧光灯及紧凑型荧光灯,展厅及室外照明等一般照明宜采用高压钠灯、金属卤化物灯等高效气体放光电源(图4-1-11)。

图4-1-11 新城青奥能源中心(左)地下空间太阳能光伏利用(右)
(图片来源:南京河西新城区建筑节能和绿色建筑示范区实施方案)

6. 绿色环境与绿色生活

目前,新城绿化覆盖率和人均绿地面积分别达到48%和22m²,所有主干道两侧都建有20m宽绿带,次干道和滨河两侧各控制10m绿带,任意500m半径就有一处公园、广场或街头绿地,在水、能源、植被、材料等方面充分融入了低碳生态理念,营造宜人宜居的绿色环境。

新城已规划形成了以"5分钟便民圈、10分钟生活圈、15分钟就医圈"为目标的幸福都市三年行动计划,全力推动绿色社区、绿色校园、绿色医院等公共服务设施的建设,使绿色融入居民的日常生活(图4-1-12)。

图4-1-12 生态住宅小区全景
(图片来源:南京河西新城区建筑节能和绿色建筑示范区实施方案)

1.4 小 结

目前,我国绿色生态城区建设已逐步形成了"建设目标—指标体系—建设落实—建成区评价反馈"的框架思路。各地方针对绿色生态城区均能按照绿色、生态、低碳理念编制总体规划、控制性详细规划，涉及多领域的生态专项规划及切实可行的指标体系，并制定相应的扶持政策、技术标准等。在建设落实方面，各地绿色生态城区的创建时间、进展程度不同，但在组织机构设置、规划管理实施、生态环境整治、基础设施建设、各类地产项目开发及低碳生态技术应用示范等方面，已取得了一定建设成效。其中，许多先行示范城区已完成起步区建设，迈向绿色运营管理的探索实践阶段，起到了较好的示范、推广作用。

同时，绿色生态城区发展尚处于起步阶段，在探索、推进过程中依然存在着不少的误区与问题，未来需在宏观政策引导、制度保障、生态规划管理、低碳生态技术实效应用、建设评估反馈与经验推广等方面进行持续的总结与完善，最终将绿色发展理念全程贯彻到城市的各项基础建设中，深化融入居民的日常生活和工作中，从根本上推动城市整体的绿色可持续发展。

2 低碳生态城市专项实践案例
2 Practical Cases of the Low-carbon Eco-city Project

2.1 碳排放交易试点城市建设实践❶

2011年10月国家发展和改革委员会印发了《关于开展碳排放权交易试点工作的通知》，确定北京市、天津市、上海市、重庆市、湖北省、广东省及深圳市等七省市开展碳排放权交易试点工作。碳交易试点地域包含华北、中西部和南方沿海地区，覆盖国土面积48万 km^2，2015年人口总数2.7亿，GDP合计20万亿元人民币，能源消费7.5亿tce，分别占全国的19.6%、29.6%和17.3%（见表4-2-1）。

2015年碳交易试点地区概况❷ 表4-2-1

地区	人口（万）	GDP（万亿元RMB）	人均GDP（万元RMB）	三产占GDP比例（%）	能源消费量（万tce）	人均能耗（tce）	2015年CO_2排放强度下降目标（%）	2007年GHG排放（亿tCO_2e）
北京	2170.5	22968.6	10.63	79.8	6851	3.16	18	1.17
上海	2415.27	24965.0	10.31	67.8	11281	4.67	19	1.41
深圳	1137.89	17503.0	15.80	58.8	7071	6.21	19	2.32
广东	10849	72812.6	6.75	50.8	14037	1.29	17	1.37
重庆	3016.55	15719.7	5.23	47.7	3959	1.31	19.5	4.99
天津	1546.95	16538.2	10.69	52.0	7948	5.14	17	2.34
湖北	5851.50	29550.2	5.08	43.1	23442	4.01	15	—
全国	137462	676708	4.94	50.5	430000	3.13	17	67.9

---

❶ 刘玉娇，何力，北京市中城深科生态科技有限公司

❷ 除GHG排放，其他数据均为2015年；数据来源：1. 北京、天津、上海、重庆、广东、湖北及深圳统计局；2.《中国省级应对气候变化方案建议报告汇编》；3. 世界银行

截至 2015 年 12 月 31 日，中国七个试点城市二级市场累计交易量达 4979 万 t，成交额达到 2.32 亿美元[1]。根据预测，未来国内碳市场的交易量将达到 30 亿～40 亿 t/年，实现碳期货交易后，全国碳市场规模最高或将高达 4000 亿元，成为国内仅次于证券交易、国债之外第三大的大宗商品交易市场。

本节将对全国七省市碳交易试点的制度建设、市场主体、配额分配和交易情况等主要方面进行总结和比较，为应对全国碳交易市场做准备。

2.1.1 制度建设情况

2011 年以来，各试点省（市）陆续开展了系列基础工作，包括编制出台系列具有不同法律效力的碳交易法规规章（见表 4-2-2）或部门规范性文件（见表 4-2-3），确定总量目标与覆盖范围，建立温室气体测量、报告和核查（MRV）制度，分配排放配额，建立交易系统和规则，制定项目减排抵消规则，开发注册登记系统，设立专门管理机构，建立市场监管体系以及进行人员培训和能力建设等，形成了全面完整的碳交易制度体系。

各地城市颁布的地方行政法规 表 4-2-2

地区	发布时间	地方行政法规
深圳市	2012 年 10 月 30 日	《深圳经济特区碳排放管理若干规定》
	2014 年 3 月 19 日	《深圳市碳排放权交易管理暂行办法》
北京市	2013 年 12 月 27 日	《关于北京市在严格控制碳排放总量前提下开展碳排放权交易试点工作的决定》
	2014 年 5 月 28 日	《北京市碳排放权交易管理办法（试行）》
	2015 年 12 月 16 日	《北京市人民政府关于调整〈北京市碳排放权交易管理办法（试行）〉重点排放单位范围的通知》
上海市	2013 年 11 月 18 日	《上海市碳排放管理试行办法》
广东省	2014 年 1 月 15 日	《广东省碳排放管理试行办法》
天津市	2013 年 12 月 20 日	《天津市碳排放权交易管理暂行办法》
	2016 年 3 月 21 日	《天津市碳排放权交易管理暂行办法》
湖北省	2014 年 4 月 4 日	《湖北省碳排放权管理和交易暂行办法》
重庆市	2014 年 4 月 26 日	《重庆市碳排放权交易管理暂行办法》

各试点省市的行政规章、规范性文件及地方标准等　　　　表 4-2-3

地区	发布时间	行政规章、规范性文件及地方标准等
北京市	2013 年 11 月	《企业（单位）二氧化碳排放核算与报告指南》（2013 版） 北京市碳排放权交易核查机构管理办法（试行） 北京市碳排放权交易试点配额核定方法（试行） 《北京市温室气体排放报告报送流程》
	2014 年 5 月	《关于规范碳排放权交易行政处罚自由裁量权的规定》
	2014 年 11 月	《北京市企业（单位）二氧化碳核算和报告指南》（2014 版） 《北京市碳排放报告第三方核查程序指南》 《北京市碳排放第三方核查报告编写指南》
	2015 年 12 月	《北京市企业（单位）二氧化碳核算和报告指南》（2015 版） 《北京市碳排放报告第三方核查程序指南》（2015 版） 《北京市碳排放第三方核查报告编写指南》（2015 版） 《交通运输企业（单位）配额核定方法》（2015 版）
上海市	2012 年 12 月	《上海市温室气体排放核算与报告指南（试行）》 《上海市电力、热力生产业温室气体排放核算与报告方法（试行）》 《上海市钢铁行业温室气体排放核算与报告方法（试行）》 《上海市化工行业温室气体排放核算与报告方法（试行）》 《上海市有色金属行业温室气体排放核算与报告方法（试行）》 《上海市纺织、造纸行业温室气体排放核算与报告方法（试行）》 《上海市航空运输业温室气体排放核算与报告方法（试行）》 《上海市旅游饭店、商场、房地产业及金融业办公建筑温室气体排放核算与报告方法（试行）》 《上海市运输站点行业温室气体排放核算与报告方法（试行）》
	2014 年 1 月	《上海市碳排放核查第三方机构管理暂行办法》
	2014 年 3 月	《上海市碳排放核查工作规则（试行）》
深圳市	2012 年 11 月	《深圳市组织温室气体量化和报告指南》 《深圳市组织温室气体排放的核查规范及指南》
	2013 年 12 月	《建筑物温室气体排放的量化和报告规范指南》
天津市	2013 年 12 月	《天津市企业碳排放报告编制指南（试行）》 《天津市电力热力行业碳排放核算指南（试行）》 《天津市钢铁行业碳排放核算指南（试行）》 《天津市炼油和乙烯行业碳排放核算指南（试行）》 《天津市化工行业碳排放核算指南（试行）》 《天津市其他行业碳排放核算指南（试行）》等

续表

地区	发布时间	行政规章、规范性文件及地方标准等
广东省	2014年3月	《广东省企业碳排放核查规范》 《广东省企业（单位）二氧化碳排放信息报告通则（试行）》 《广东省火力发电企业二氧化碳排放信息报告指南（试行）》 《广东省水泥企业二氧化碳排放信息报告指南（试行）》 《广东省钢铁企业二氧化碳排放信息报告指南（试行）》 《广东省石化企业二氧化碳排放信息报告指南（试行）》 《广东省企业碳排放信息报告与核查实施细则（试行）》等
	2015年3月	《广东省发展改革委关于碳排放配额管理的实施细则》 《广东省发展改革委关于企业碳排放信息报告与核查的实施细则》
重庆市	2014年5月	《重庆市工业企业碳排放核算和报告指南（试行）》 《重庆市企业碳排放核算报告和核查细则》 《重庆市企业碳排放核查工作规范（试行）》 《重庆市碳排放配额管理细则（试行）》
湖北省	2014年7月	《湖北省工业企业温室气体排放监测、量化和报告指南（试行）》 《湖北省温室气体排放核查指南（试行）》 《湖北省碳排放配额投放和回购管理办法（试行）》

2.1.2 市场参与主体

根据各试点省（市）相关政策法规的规定，除重庆市所规定的报告主体和核查主体范围一致外，北京等其余试点地区均分别规定了报告主体和核查主体的范围。其中深圳市的报告与核查门槛最低，所覆盖排放单位范围最为广泛，其中任意1年碳排放量达到1000t以上的企业即需要履行报告义务，任意1年碳排放量达到3000t二氧化碳当量以上的企业则需同时履行报告和核查义务。此外，上海市、天津市和广东省明确提出了参与碳排放核查的行业领域，其他试点地区则依照能耗门槛划定核查范围。见表4-2-4。

试点地区报告与核查主体情况统计[2]　　　　表4-2-4

试点	报 告 主 体	核 查 主 体
北京市	年综合能耗2000t标准煤（含）以上的用能单位	2013~2015年履约期二氧化碳直接排放量与间接排放量之和大于1万t（含）的单位；2015~2016年履约期固定设施和移动设施年二氧化碳直接排放与间接排放总量5000t（含）以上，且在中国境内注册的企业、事业单位、国家机关及其他单位

续表

试点	报告主体	核查主体
上海市	目前及2012～2015年中二氧化碳年排放量1万t及以上但未纳入配额管理的排放单位	钢铁、石化、化工、有色、电力、建材、纺织、造纸、橡胶、化纤等工业行业2010～2011年中任何一年二氧化碳排放量2万t及以上的排放单位，以及航空、港口、机场、铁路、商业、宾馆、金融等非工业行业2010～2011年中任何一年二氧化碳排放量1万t及以上的排放单位
深圳市	任意一年碳排放量达到1000t以上但不足3000t二氧化碳当量的企业	任意一年的碳排放量达到3000t二氧化碳当量以上的企业；大型公共建筑和建筑面积达到1万m²以上的国家机关办公建筑的业主；自愿加入并经主管部门批准纳入碳排放控制管理的碳排放单位；市政府指定的其他碳排放单位
天津市	钢铁、化工、电力、热力、石化、油气开采等重点排放行业和民用建筑领域中2009年以来排放二氧化碳1万t以上的企业或单位	钢铁、化工、电力、热力、石化、油气开采等重点排放行业和民用建筑领域中2009年以来排放二氧化碳2万t以上的企业或单位
重庆市	2008～2012年任一年度排放量达到2万t二氧化碳当量的工业企业	
广东省	2011～2014年任一年排放1万t二氧化碳（或综合能源消费量5000t标准煤）及以上的工业企业	电力、水泥、钢铁、陶瓷、石化、纺织、有色、塑料、造纸等工业行业中2011～2014年任一年排放2万t二氧化碳（或综合能源消费量1万t标准煤）及以上的企业
湖北省	年综合能源消费量8000t标准煤及以上的独立核算的工业企业	2010～2011年中任何一年年综合能源消费量6万t标准煤及以上的重点工业企业

2.1.3 配额分配方法

截至2015年12月，七个碳交易试点市场共纳入企事业单位2000多家，年发放配额总量约12亿t。从全球温室气体排放交易体系的制度设计来看，碳排放的配额分配方式通常采用有偿分配和无偿分配两种方式。无偿分配需要考虑采用何种方式进行配额的分配，一般有基准线分配法（即按行业基准排放强度核定碳配额，多适用于生产流程及产品样式规模标准化的行业）和历史排放法（又称"祖父法"，即按照控排单位的历史排放水平核定碳配额，多适用于产品生产工艺特征复杂的行业）两种。有偿分配一般采用拍卖的方式决定价格，也有采用固定价格进行有偿分配的。两种分配方法的优劣及其应用见表 4-2-5。

碳配额分配方式对比表[2]　　　　表 4-2-5

分配方式		规则	优点	缺点	应用国家
无偿分配	祖父分配法	根据企业的历史排放量进行分配的方式	理论上易行，计算方法也相对简单	第一，依据历史数据进行分配会对较早采取减排行动的企业造成不公平的待遇；第二，长期来看，基准期的数据很可能没有考虑到企业的近期企业或经济的发展状况；第三，新进入的企业缺乏历史排放量数据作为分配额的参考	欧盟（第一和第二阶段：2005年至2012年）
	基准线分配法	依据一定的绩效标准，与依据历史排放量分配相比	能够激励企业采取减排行动，采用统一的绩效标准进行核算可以将投资引导至低碳技术企业	绩效标准确立时需要大量的数据作支撑，一方面很多数据难以准确获得；另一方面数据的收集及标准的确立会增加工作成本	新西兰❶
有偿分配	拍卖	将碳配额以公开透明的方式进行拍卖	市场公平化；提高市场效率；激励企业进行技术创新；为企业决策者进行长期的减排决策提供信息	市场还未成熟	美国❷ 欧盟（第三阶段：2013年至2020年）
	固定价格	将配额以固定价格出售给有需求的企业	根据明确的减排目标量确定配额价格，排放企业直接依据排放量支付费用	价格难以确定	澳大利亚（第二阶段：2015年6月之后）

目前各试点地区主要采用的是参考企业历史排放水平，同时辅助行业基准线法则进行碳配额。北京、上海、深圳等试点地区首年配额免费发放。广东省则在首年初始配额分配中，划分了3%的配额作为有偿配额，同时使用拍卖方式为控排企业分配配额（一级市场）。

各试点碳市场按照分配计划决定交易的配额年份。上海一次性发放三年配额（2013、2014 和 2015）。深圳和天津按照年份发放配额。北京和广东每年都会发

---

❶❷ 新西兰和美国均是免费分配和有偿买卖相结合的分配方式。

放配额，但不区分年份。其他省市的配额分配见表4-2-6。

中国七试点省市配额分配方法[1]　　表4-2-6

试点	无偿分配			有偿分配
	免费			拍卖
	基准线	祖父法	占比	
北京	新增设施	既有设施	100%	—
上海	电力、航空、机场、港口	其他行业	100%	—
深圳	部分发电行业、天然气、供水、制造业	其他发电行业	100%	—
天津	新增设施	既有设施	100%	—
重庆				
广东	发电行业纯发电机组、燃煤热电联产、水泥行业的水泥粉磨工序和熟料生产工序、钢铁行业的长流程钢铁生产	电力行业热电联产机组、水泥行业的矿山开采工序和熟料生产工序、石化行业的石油加工和乙烯生产、钢铁行业的短流程钢铁生产	电力生产：95% 钢铁，石化，水泥：97%	2014年：800万t 2015年：200万t（价格参考二级市场价格）
湖北	水泥、发电、供热、热电联产	其他行业	100%	—

2.1.4　碳市交易情况

截至2015年底，中国七个试点二级市场累计交易量达到4979万t，总交易额约为2.32亿美元，每吨平均价格约为4.66美元。2015年是七个试点全部开始履约的第一年。截至2015年7月31日，各试点省市履约工作全部顺利完成。相比去年，履约率整体提升。北京、上海、广州实现100%履约，其中，上海连续两年履约率达100%。深圳市履约率达99.4%，有4家企业未完成相关手续，逾期将会被强制扣除下一年度配额，超额排放量还将处以3倍罚款。天津市2014年度碳排放履约率为99.1%，未履约企业1家。湖北和重庆均延长了履约时间，最终湖北省试点地区履约率达到100%，重庆尚未公布履约情况。

2015年9月初至12月末交易数据显示，湖北试点地区市场交易量最高，达3441935t，占总交易量的43.77%。其次是深圳地区市场，交易量达2353100t，占总交易量的29.25%。其余依次为广东、上海、北京、天津、重庆。交易价格方面，北京、深圳交易均价均超过6美元/t，分别是6.44美元/t和6.07美元/t，但价格波动较大，重庆试点地区市场交易价格一直保持较低水平，约为1.07

美元/t。

CCER（中国核证减排量）市场方面，截至2015年12月31日，公示CCER审定项目累计达到1240个，备案项目341个，签发项目83个，签发减排量共计25044551tCO$_2$e。已签发的83个项目中，风电项目风电项目34个，减排量为473万tCO$_2$e；光伏发电项目2个，减排量为8.8万tCO$_2$e；水电项目21个，减排量为898万tCO$_2$e；农村户用沼气项目12个，减排量为1510万tCO$_2$e；其他项目类型还包括余热发电、生物质发电、林业碳汇等14个。截至2015年底，中国CCER累计交易量达到3247万t，其中上海交易量最多，达2465万t，占交易总量的75.9%，且交易十分活跃，几乎每周都有交易产生，且日交易量均在万吨以上。根据上海环境能源交易所公布的信息，CCER交易一般采用协议转让方式，投资机构是主要的参与者（图4-2-1～图4-2-3）。

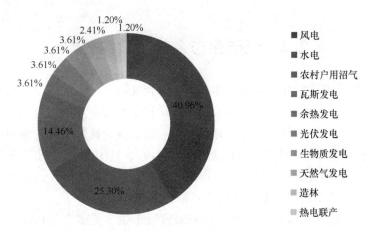

图4-2-1 CCER项目类型签发数占比

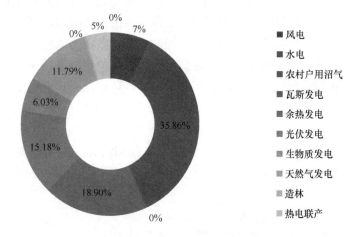

图4-2-2 CCER项目类型签发量占比

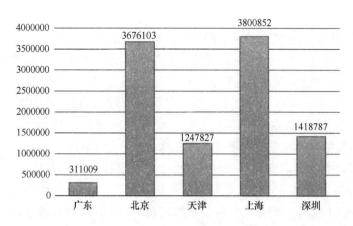

图 4-2-3 已签发 CCER 项目地理分布（单位 tCO_2e）

2.2 低碳生态乡村建设实践[1]

美丽宜居小镇、村庄示范是村镇建设的综合性示范，体现新型城镇化、新农村建设、生态文明建设等国家战略要求，展示村镇与大自然的融合美，创造村镇居民的幸福生活，传承传统文化和地区特色，凝聚符合村镇实际的规划建设管理理念和优秀技术，代表村镇建设的方向[2]。2016 年 1 月 12 日，住建部确定江苏省苏州市吴江区震泽镇等 42 个镇为美丽宜居小镇示范，贵州省安顺市西秀区旧州镇浪塘村等 79 个村为美丽宜居村庄示范[3]。

住建部从 2014 年以来评选出三批美丽宜居小镇、美丽宜居村庄，覆盖全国 30 个省（自治区、直辖市）（图 4-2-4）。美丽宜居小镇、美丽宜居村庄示范建设由点到面逐步展开，积极对接国家和地方战略。美丽宜居村镇主要有如下特点：

一是立足地方特色进行高起点规划。示范村镇进行高标准规划，坚持统筹兼顾、深度谋划，处理好资源保护与开发利用的关系，做到延续性、可操作性和前瞻性相统一。立足各地条件优势、资源禀赋，注重保护乡村原始风貌、村庄原有形态，挖掘文化内涵和生态特点，按照差异化、特色化原则，形成不同类型的特色示范，如流域景观型、田园风光生态型、生态农业特色型、海边海滩风光型等。

二是低碳生态规划理念与村庄整治建设实践相结合。按照低碳生态规划理念，利用绿色技术对生活环境整治、生态环境整治、规范村民建房进行综合整

---

[1] 赵雪平，北京市中城深科生态科技有限公司。
[2] 住建部关于开展美丽宜居小镇、美丽宜居村庄示范工作的通知。
[3] 住建部关于公布第三批美丽宜居小镇、美丽宜居村庄示范名单的通知。

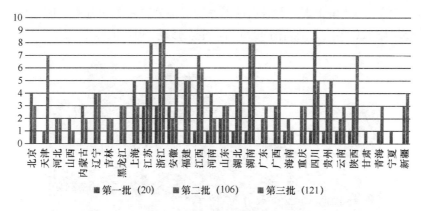

图 4-2-4 三批美丽宜居村镇对比图

治。重点围绕垃圾处理、污水治理、村道硬化、村庄绿化、旧房裸房,提升公用设施建设水平、提升生态保护修复水平。

三是注重文化传承和特色产业发展。注重保护和挖掘村庄的生态资源和历史文化,努力彰显乡土、山水特色和地方人文特色,做到"望得见山,看得见水,记得住乡愁"。产业发展意识强,依托资源优势,加快培育农民专业合作组织和家庭农庄,因地制宜发展特色产业,主要包括高效农业、乡村旅游、集体经济。

本节选取江苏省苏州市吴江区震泽镇、海南省琼海市万泉镇两个宜居小镇,贵州省安顺市西秀区旧州镇浪塘村和北京市门头沟区妙峰山镇炭厂村两个宜居村庄示范,总结低碳乡村建设实践。

2.2.1　借力国家战略强势发展特色产业模式——江苏省苏州市吴江区震泽镇

震泽镇地处江苏省最南端,江浙交界处,北濒太湖,东靠麻漾,南壤铜罗,西与浙江南浔接界❶,是江南五大蚕桑重镇之一。总体规划确定城镇性质为"历史文化名镇、吴江西南部以麻纺生产与湿地湖荡为特色的工贸旅游型城镇"❷。震泽镇借力国家一带一路战略,紧扣"蚕丝古镇、科技新城、田园乡村"发展定位,打造"宜居宜业宜游"的苏州丝绸小镇❸。

1. 景观生态建设

湿地湖泊文化:震泽生态资源禀赋突出,北有长漾、南有麻漾,"两漾夹一古镇",以长漾为依托建设江苏震泽省级湿地公园,将生态保护、生态旅游和生态环境教育的功能有机结合起来,实现自然资源的合理开发和生态环境的改善,被列入

---

❶　http://www.dfzb.suzhou.gov.cn/zsbl/1530527.htm
❷　吴江震泽镇总体规划(2013~2030)
❸　http://zzb.zgwj.gov.cn/Town/ContentView-zz-174250.aspx

太湖湿地生态系统功能区❶。并且启动国家级湿地公园及苏州郊野公园建设，计划修复调整堤岸 1200m，清淤湖荡 4000 亩，生态修复 1400 亩（图 4-2-5）。

图 4-2-5 江苏震泽省级湿地公园

（图片来源：http://travel.people.com.cn/n/2015/0107/c376506-26342733.html）

综合整治工程：为改善震泽城镇河道水质，优化生态环境，震泽进行河道和生活污水综合整治工程，重点工程包括快鸭港河道综合整治及周边生活污水治理工程，实现雨污分流。

绿化景观建设：以苏震桃一级公路建设为契机，配套绿化面积 52 万 m^2。重点打造镇北入口生态绿化景观，新增苏震桃公路与震庙公路平交口的绿化景观约 50 亩。震庙公路至镇区 3.5km 沿线道路拓宽绿色化改造，全面提升沿线绿化❷。

2. 产业新格局

震泽镇基本形成"一体两翼"的产业格局，"一体"是光电缆支柱产业；"两翼"一为电梯装备业；另一翼是蚕丝产业，主动对接国家"一带一路"战略部署，融入振兴苏州丝绸行动，以蚕丝产业为下一轮发展的增长极❸。围绕"三产绕一丝，一丝兴三业"的蚕丝文化古镇发展定位，把震泽蚕丝产业打造成国家级文化产业集聚区❹。联合丝绸博物馆，丝绸研究院共同打造吴江丝绸文化创意园❺。震泽古镇和南浔古镇以蚕丝渊源为基础，开展跨省旅游合作，首创联动发

---

❶ http://www.zhenze.com.cn/lvyouzhinan/jingdian/jiangsuzhenzeshengjishidigongyuan/
❷ 根据 http://www.chinacin.mobi/2494/25875/373648/8847552/content.html 整理
❸ http://xh.xhby.net/mp2/html/2015-05/22/content_1254753.htm
❹ http://www.chinacin.mobi/2494/25875/373648/8847552/content.html
❺ http://www.wjdaily.com/2015/0319/7056.shtml

2 低碳生态城市专项实践案例

展的新模式❶。

3. 历史文化名镇保护

震泽的城镇化重在保护古镇，强调尊重历史，保留旧宅旧屋的原貌，原土著居民仍就地安置，新型城镇化不改变原居民的生活状态，通过营造良好的旅游环境，给居民带来商业致富的机会❷。震泽镇名镇保护共分镇域、历史镇区、历史文化街区、历史文化遗存四个层次，涉及保护震泽古镇的传统格局和风貌；与古镇历史文化密切相关的自然地貌、河流、古树名木等历史环境要素；反映历史风貌的古民居、古建筑群、民俗精华、传统工艺和传统文化等❸（图4-2-6）。

图 4-2-6　震泽镇历史镇区保护图
（图片来源：吴江震泽镇总体规划（2013～2030））

2.2.2　依托大城市后花园式吸引模式——海南省琼海市万泉镇

万泉镇位于琼海市西部，距嘉积中心城区6km，东临万泉河，南接石壁镇，

---

❶　http：//www.wjdaily.com/2016/0311/37306.shtml
❷　http：//epaper.southcn.com/nfdaily/html/2013-09/24/content_7228049.htm
❸　吴江震泽镇总体规划（2013～2030）

北靠定安县，面积161km²，人口32126人。作为滨河小城镇，万泉镇区位优势明显、地方资源丰富、产业特色鲜明。万泉镇按照"打造田园城市，构建幸福琼海"的战略部署❶，依托区位、人文和资源优势，打造出"万泉水乡、河畔人家"为主题的特色风情小镇❷。

1. 生态文明

万泉镇是万泉河国家农业公园的核心区，万泉河、文曲河、沐皇河三河交汇，其中万泉河长达12km，沿岸自然生态保持良好，村庄古朴宁静，景色灵动秀丽，有文宗渡口和中水侯王庙等古迹，是名副其实的水乡。

打造绿色道路：万泉镇充分利用自然条件，打造全长约15km生态漫道（图4-2-7）。漫道建设坚持"三不一就"原则（不砍树、不占田、不拆房、就地城镇化），充分利用农耕路，贯穿最原始田园风光，努力打造万泉镇沿河、沿路文明生态村绿色生态长廊❸。

图 4-2-7　万泉精品生态漫道

（图片来源：http://paper.hndnews.com/html/2016-02/23/content_144265.htm）

提升景观环境：万泉镇通过借助村庄地势和当地布局，改造村路和村庄周边环境，包括新建钓鱼台、亲水木栈道和休闲广场等，不断提升整体自然景观。

2. 民生工程

为符合国家美丽宜居村镇要求，万泉镇对生活环境、生态环境和基础设施等进行改造提升（图4-2-8）。包括完善地下排水排污管网、城乡生活垃圾收运体系、景观化改造、主街道人行道、路灯、基本路网、河堤、环保公厕等生产生活

---

❶ 中共琼海市委琼海市人民政府关于打造田园城市、构建幸福琼海的实施意见（2013年1月8日）
❷ http://news.xinmin.cn/shehui/2016/03/31/29763230.html
❸ http://paper.hndnews.com/html/2016-02/23/content_144265.htm

图 4-2-8　万泉镇街景

（图片来源：http://paper.hndnews.com/html/2016-02/23/content_144265.htm）

设施和配套设施❶。

3. 特色产业发展

万泉镇依托特色文化，对万泉水乡休闲区进行发展规划，以文宗渡口和中水庙为载体打造本地民俗文化，以万泉河、文曲河为资源打造水上休闲文化❷。同时，以文曲手工木雕一条街为支撑打造万泉传统雕刻文化，以传统小吃、万泉河河鲜和特色农家乐为品牌打造特色美食文化。

2.2.3　生态低碳乡村旅游示范模式—贵州省安顺市西秀区旧州镇浪塘村❸

浪塘村位于平坝县东南面，白云镇东南部，东与邢江村隔河相望，南与西秀区黄腊乡团结村隔河相邻，西与芒种村交界，北与林下村小河村接壤，距镇政府所在地 7km，距平坝县城 15km，距安顺市中心 40km。浪塘村在生态修复、村庄建设、产业调整等方面取得显著成效，已成为美丽乡村建设的典范。

1. 生态修复

在生态环境整治方面，浪塘村开展"绿地、碧水、蓝天"行动（图 4-2-9），不断加强对林木花草的保护与培育，强化邢江河治理，禁止农作物焚烧，管制脏水污烟排放，围绕村庄补种 2.5km 花草树木，沿河栽种荷花 40 亩，并探索出"污水生态处理法"，即将生活污水流进铺满细沙和种有菖蒲和美人蕉的湿地床后以达到排放标准。

2. 村庄建设

浪塘村美丽乡村建设以整治村庄为重点，按照"坡屋顶、青石瓦、白漆墙、穿

---

❶　http://j.news.163.com/docs/10/2015041711/ANDE4GRI90014GRJ.html
❷　http://j.news.163.com/docs/10/2015041711/ANDE4GRI90014GRJ.html
❸　根据 http://www.ddcpc.cn/2015/jr_0924/63169.html 整理

图 4-2-9 浪塘村

（图片来源：http://www.ddcpc.cn/2015/jr_0924/63169.html）

斗枋、雕花窗"的风格对民居进行全面提升；拆除沿街围墙，重新规划建设富有生态性的"微田园"，增强村寨的风貌景观效果；拆除影响交通道路畅通的部分建筑物，拓宽了村寨主体街道，改善了村寨交通条件和提高了空间通透效果。推进配套设施建设，建成社区服务中心、文体活动广场、文化休闲广场、生态停车场、邢江跨河大桥、步町木桥、风味园、公厕等公共设施20余项（图4-2-10）。

图 4-2-10 浪塘村村貌图

（图片来源：http://jqphoto.gog.cn/system/2014/10/13/013842108.shtml）

3. 产业调整

浪塘村通过成立合作社等形式带动乡村旅游的发展，建设旅游产业和现代农业观光产业带，进行产业结构调整。一是根据区域特点发展特色农业。组建种养殖协会，种植折耳根、食用菌等蔬菜830亩，借鱼米之乡的坝田优势，通过流转土地200亩发展莲藕养鱼；二是借助优美的生态环境、人居环境及良好的休闲设施发展乡村旅游业。

2.2.4 政策集成和股份合作运营模式—北京市门头沟区妙峰山镇炭厂村❶

炭厂村位于门头沟区妙峰山镇西北部，地貌类型为石质山区，总面积12.5km^2。以神泉峡景区为核心载体，以山水和地质资源为本底，以生态文化、山水文化、养生文化、京西文化等多元文化交融为底蕴，整合山体、泉溪、潭湖、林果、村落、民俗、文化遗址等独具特色的文化生态元素，打造京城休闲养生园区。

1. 基础设施和旅游设施同步提升

以发展旅游为重心不断进行基础设施建设，着力建设休闲、生态、观光景区，以旅游促发展。优化美化发展环境，大面积植树造林、栽花种草；积极改水铺路，修建自来水管网，修建污水集中处理管网，建设了蓄水量能达数百吨的雨洪工程；进行民房改造、厕所改建、庭院美化；完善基础设施建设，整修梯田、修建田间路、铺设人行步道；安装太阳能路灯，修建健身休闲广场、文化活动中心、图书室等。

2. 大力发展沟域经济

沟域经济是以自然沟域为单元，以其范围内的产业资源、自然景观、人文遗迹为基础，通过对山水林田路村和产业发展的统一规划、有序打造，实现产业发展与生态环境相和谐、一二三产业相融合、点线面相协调、带动区域发展的山区经济发展新模式。

炭厂村利用闲置的沟域和山场资源打造休闲生态旅游业，以神泉峡景区为山区经济发展与产业转型奠定基础，推进乡村生态、文化景观保护和合理利用，在提升观光旅游产品档次的同时，推动以特色旅游项目的开发、景区生态游玩、观光采摘、休闲娱乐为一体的山地高端旅游产业带发展。

3. 政府主导，采用股份合作经营模式

各级政府政策集成，主导村庄规划建设。市、区、镇各级党委、政府，农业、财政、水务、林业、文委、科委等十余个部门调研村庄特色资源，聘请专家进行技术探查，助力村庄发展。

---

❶ 根据 http://www.agri.cn/v20/ZX/qgxxlb_1/bj/201409/t20140904_4046335.htm 整理

炭厂村出台了股份合作制办法，村民以资源入股。全村 206 户、379 人，不分男女老幼，一人配 5 股，一股 200 元，年底按利润分红。自己经营农家宴、山区特产等，提供就业岗位，增加农民收入。

2.3 城市绿色有机更新实践❶

"有机更新"理论，最早由吴良镛教授针对城市历史环境的更新提出，包括重建或再开发、综合整治、功能改变等。当前的有机更新更注重城市建设的综合性与整体性，更多针对各种生态环境、空间环境、文化环境、视觉环境、游憩环境等的改造与延续[3]。

目前，大部分城市以新区建设为主，少数如北京、上海、深圳等城市，基于其社会、文化、经济的重要地位以及城市经济结构和社会结构深刻变革，城镇化步入加速发展阶段，这些城市人地关系矛盾突出。在这些城市建设绿色生态城区，有机更新就显得尤为重要。

有机更新也是既有城区的绿色生态城区建设的一种重要措施手段。以北京市绿色生态示范区为例，新首钢高端产业综合服务区绿色生态示范区、金融街绿色生态示范区，就是通过对既有城区的开发整治与生态化改造提升，实现城区有机更新的过程。

2.3.1 肩负场地复兴发展的大型传统老工业区——首钢❷

首钢作为北京中心城规模最大的传统工业改造区，以绿色生态带动有机更新发展是其必然选择，也是首钢综合转型成功的标志。首钢是百年老工业改造区，积淀下来的不仅有丰富的物质资源，还有城市发展的历史印记，首钢的有机更新承载了保护传承与创新发展的双重要求。其更新改造内容的复杂性为绿色生态发展提出多重要求，包括：转型发展、文化传承、资源保护与利用、场地更新、环境治理等。

1. 场地发展条件

新首钢高端产业综合服务区位于长安街的西端，与门头沟新城隔永定河相望，处于西部发展带和东西轴（长安街延长线）的结点位置，是北京西部重要的功能区（图 4-2-11）。

2. 共构转型发展

首钢的有机更新改造主要是根据区域内的原有功能系统进行更新，注重园区

---

❶ 胡倩，北京市勘察设计和测绘地理信息管理办公室
❷ 根据《新首钢高端产业综合服务区绿色生态城区生态规划》整理

图 4-2-11 首钢厂区规划范围示意图
(图片来源：新首钢高端产业综合服务区绿色生态城区申报材料)

及企业功能的转型与适度混合，保证人们居住工作的平衡，使更新后的区域成为完善的功能整体，从大型单一化工业区转型为创新企业集聚的产城融合区。通过功能调整，首钢地区从钢铁生产区转型为工业场地复兴发展区域、可持续发展的城市综合功能区、再现活力的人才聚集高地、后工业文化创意基地及和谐生态示范区。

3. 传承历史文化

首钢的更新改造尊重历史文脉传承和特色文化的保留，在原有厂区肌理上进行有机更新，继承城市在历史上创造并留存下来的有形的和无形的各类资源和财富。

首钢内部聚集了大量原生态的工业文化开敞空间，是最具首钢特色的开放空间集中区域。结合首钢厂区的整体发展脉络、现状工业资源的空间导向特征、现状开放空间体系的空间形态特征确定了复合各类工业、生态资源的"L"形开放空间带，最大化地保留首钢地区场地特色肌理（图4-2-12）。

首钢以特色文化激发后工业时代的场地活力。通过实施对保留历史文化特色场所及周边地块的更新，功能上综合利用，将地块建设成集休闲、文化创意等功能于一体既有传承又有创新的城市特色风貌区（图4-2-13）。

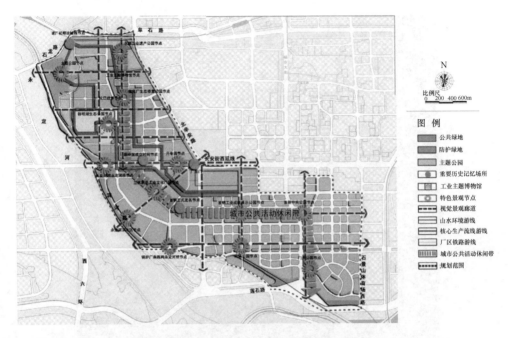

图 4-2-12 传统工业文化保护和传承空间系统规划
(图片来源:《新首钢高端产业综合服务区绿色生态城区生态规划》)

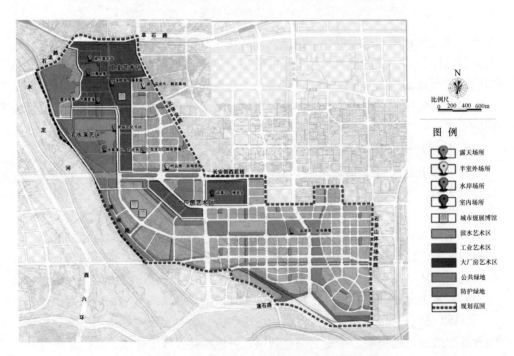

图 4-2-13 文化场所和后工业文化集聚区分布图
(图片来源:《新首钢高端产业综合服务区绿色生态城区生态规划》)

4. 活化既有资源

首钢地区的有机更新改造立足于场地资源的保留再利用，通过资源的活化实现节约发展和历史文脉的传承。

区内保留再利用各类空间资源占地约 3.16km^2，占规划范围 8km^2 的 39.5%。

其中文物保护和工业资源保留再利用的建筑面积为 182.55 万 m^2，包括 36 项强制保留物，42 项建议保留物，124 项其他重要工业资源。绿地的保留利用约为 155 公顷，保留原有绿化功能并按照生态与景观要求进行改造提升。城市道路系统和地块内步行系统充分考虑与既有的场地肌理相吻合，保留约 33km 作为市政道路，保留约 15km 作为地块内步行路保留。地下工业资源面积为 12.5 万 m^2，对于人能够进入的、具有工业特色的地下空间，引入文化体验功能。厂区内以群明湖、秀池、人民渠为代表的现状地表水体和工业用水设施将全部保留，针对其水源和水质的问题，将通过生态景观修复和水资源战略使其焕发新的生态活力（图 4-2-14）。

图 4-2-14　场地既有资源要素保留再利用分布图
（图片来源：《新首钢高端产业综合服务区绿色生态城区生态规划》）

5. 治理污染环境

首钢的更新改造更加注重更新过程的生态化和可持续性。长期的重金属生产形成了场地内不同污染类型和污染程度的土壤污染区域。

首钢场地修复计划以场地环境调查和场地土地开发规划为依据，以"风险管理"理念为核心，建立场地修复总体目标。针对首钢场地不同区域环境介质、污染物类型、污染程度等主要特征，筛选符合场地修复总体目标的"潜在可行技术"并开展不同层次的修复技术测试，以逐步明确潜在可行技术的有效性、成本、周期和操作性等重要信息，并最终建立场地修复"可选技术"。进一步根据场地条件与环境管理要求，针对场地土壤、地下水等污染介质，将污染源处理技术、工程控制技术以及制度控制措施有效组合，评估经济、技术、环境和社会效益，选择最优技术组合作为场地修复计划编制的依据（图4-2-15）。

防渗沟渠

地下水隔断　　　　　雨水滞留池

图 4-2-15　环境治理

（图片来源：《新首钢高端产业综合服务区绿色生态城区生态规划》）

6. 重塑生态景观

首钢的更新改造，以公共空间环境的重塑带动整个地区更新，通过对生态景观环境的整治以点带面地进行更新，可以起到改善整个区域面貌和提高城市活力的作用。

（1）原工业水体景观的重塑

群明湖（又名"野鸭湖"）和秀池在首钢钢铁生产时期是工业用循环水的冷却池，是首钢地区山水环境和特色景观的重要组成。秀池规划为新建自来水厂调节池，来水水源为南水北调用水及地下水。群明湖以官厅水库水作为蓄水水源，卢沟桥再生水厂再生水、雨水作为补充水源补给渗漏蒸发损耗，群明湖改造后水质经人工湿地深化处理，将达到Ⅲ类地表水水质，同时群明湖水体也将作为区域暴雨调蓄池，提供 20 万 m^3 调蓄空间（图 4-2-16）。

（2）"L"形开放空间轴的保留

"L"形开放空间轴自西北至东南串联基地的自然生态环境和工业文化遗产。综合考虑雨水管理、土壤污染治理、工业遗产保护、绿色生态和景观等资源环境的要求，提出整体建设要求和分段特色建议。

"L"形开放空间轴分为 A、B、C 三段。其中 A 段是"L"形开放空间轴自然生长段，自然要素最集中、首钢特色最明显、空间最开敞，B 段是"新旧"文化碰撞融汇段，以条带状、通过性强和人流密度相对较大为特点；C 段是首钢精

2 低碳生态城市专项实践案例

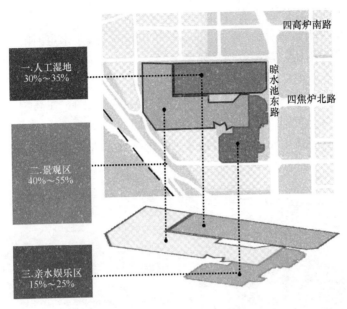

图 4-2-16 群明湖改造后水面分区图
(图片来源:《新首钢高端产业综合服务区绿色生态城区生态规划》)

髓的全新阐释段,要求保留工业遗产的创意改造,展现首钢的现代感和未来感(图 4-2-17)。

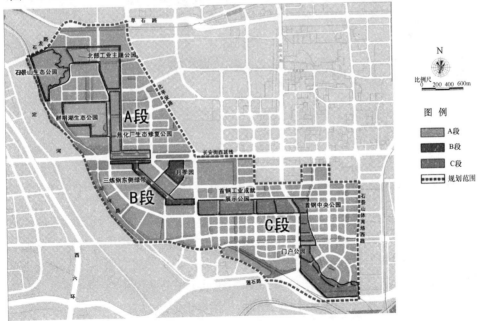

图 4-2-17 "L"形开放空间分段生态景观环境规划图
(图片来源:《新首钢高端产业综合服务区绿色生态城区生态规划》)

（3）永定河沿岸绿色生态带的建造

首钢基地西侧紧邻永定河，岸线长度约4000m，属于永定河的城市段。与永定河的其他段落相比，首钢段现状环境良好，堤坝内湿地环境有助于形成稳定的植物群落，具有较好的生物多样性。

在景观风貌方面，发挥首钢工业文化遗址的特有氛围，在高炉、冷却塔等构筑物的总体背景下，旧工业遗产是首钢段区别于永定河其他段落最突出的特点。将工业文化与滨河休闲相融合，打造首钢特色滨河景观，是景观规划的重点（图4-2-18）。

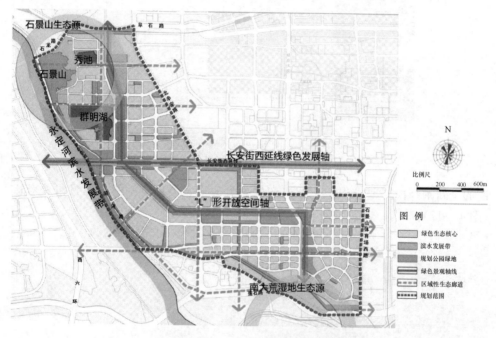

图4-2-18 绿色生态空间与景观规划系统布局图
（图片来源：《新首钢高端产业综合服务区绿色生态城区生态规划》）

2.3.2 实现高密度商务区与传统历史文化区的协同发展——金融街❶

金融街是北京市第一个定向开发的城市金融产业功能区，历经20年的建设与发展，已经建设成为中国最优质的金融总部承载平台，在全国的地位和影响力显著提升。区内保留了较好的传统四合院民居以及老北京胡同肌理，是北京市重要的文物风貌保护区。金融街的有机更新，注重历史文化保护，突出金融街文化特色，努力探索历史文化特色与现代金融功能协同发展模式。

---

❶ 根据《金融街绿色生态示范区现状分析报告》整理

1. 古都风貌保护与旧城改造的联动发展条件

金融街范围内历史文化环境构成主要为"文道"覆盖的白塔寺-西四片区和南闹市口片区两部分及各个片区中的历史文化古迹。"文道"是西城区三道建设中的重要组成部分，是串联中轴线沿线有关各区域之间的内在文化关系的骨架（图4-2-19）。

白塔寺地区保护改造：充分发掘白塔寺悠久的历史文化内涵，通过文物腾退、人口调控与产业引入、道路及基础设施改善等途径，建设集文物博览、民俗展示、金融配套、居住为一体的文化特色街区，带动商业、旅游业的发展，恢复传统街区活力。可以采用文物腾退、人口调控与产业引入、道路及基础设施改善等方式。

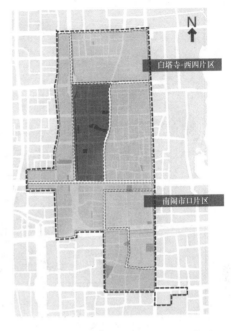

图 4-2-19　金融街历史文化环境范围
（图片来源：《金融街绿色生态示范区生态提升规划》）

南闹市口地区保护改造：利用毗邻金融街、西单商圈等优势，优化功能调整，带动文保区整体功能的提升和人文环境的改善。可以采用小尺度街区设计、围合院落布局、建筑高度控制等方式。其他片区主要以控制建筑高度的方式保护和改造。

2. 挖掘文化样态，打造文化特色区

以白塔寺特有的老北京文化样态为主题，打造文化特色区域。以白塔寺为例，建设四个文化特色区域。包括元代：体现元代白塔寺地区辉煌盛世的"老北京历史原点地标区"；明代：由明代百官习礼的朝天宫而得名的"福田坊安居小区"；清代：体现清代兵器制造业历史的"小弓匠广场"；近代：体现中国近代文学发展历史的"中国近代作家小广场"（图4-2-20）。

3. 保护旧城风貌，小幅修缮改造

保留原有建筑风格，结合沿街商业、餐饮业业态形式，进行小规模的修缮与改造，提升业态品质。建设四合院配套功能区，临近西二环路，交通条件良好，便于满足居住的需求。打造类四合院功能区，再现旧城人文风貌，传承老北京胡同文化主力，形成与历史风貌能够协调的住宅群落和配套街区商业（图4-2-21）。

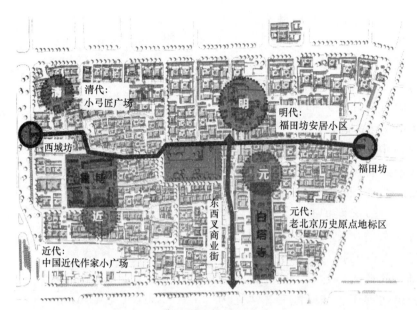

图 4-2-20　白塔寺片区文化特色分区
(图片来源：《金融街绿色生态示范区生态提升规划》)

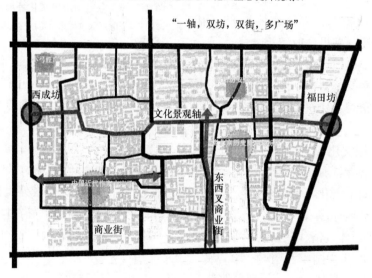

图 4-2-21　白塔寺片区保护规划总体结构分析
(图片来源：《金融街绿色生态示范区生态提升规划》)

4．疏解内部交通，改善基础设施

基于地区原有肌理，地区内主要道路为 9m，与周边城市道路相联通整体呈"一横三纵"式的交通结构，解决内部交通，不承载外部交通（图 4-2-22）。

金融街的有机更新，按照"保护、改善、传承、复兴"的发展思路，重点通

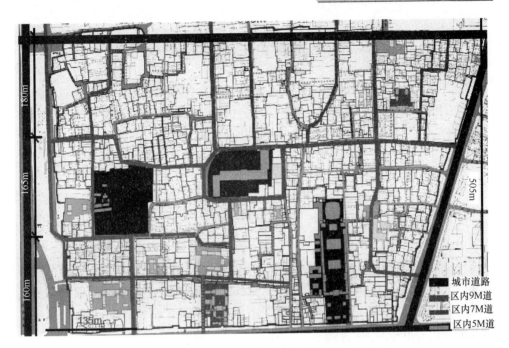

图 4-2-22 白塔寺片区保护规划道路等级分析
(图片来源：《金融街绿色生态示范区生态提升规划》)

过修缮重点文保区院落，重塑历史元素，在保护历史文化街区原有风貌的基础上，适度配置商务设施和文化设施，为促进金融业发展提供商务、休闲等配套支持，打造传统文化与金融产业融合发展集中展示区。

2.3.3 城市绿色有机更新未来发展展望

有机更新是为了使城市更好的运行而在其基础上进行改善，深入正确的认识既有城区的发展规律，是有机更新的思想精髓，也是既有城区有机更新实践的基础条件。研究更新地段及其周围地区的城市格局和文脉特征，在更新过程中遵循城市发展规律，保持城市肌理的相对完整性，确保城市整体的协调统一，运用低碳生态化理念实施改造提升，使城市的更新改造朝着综合化、生态化方向发展。

在当今"建设生态文明"的宏观背景下，既有园区的有机更新改造以低碳绿色生态为理念，是城市规划理念与城市转型发展的必然趋势。今后，既有城区的有机更新改造将朝着建立功能完善、品质高端、活力高效、交通便捷、资源节约、环境优美的绿色化方向发展。新首钢高端产业综合服务区、金融街绿色生态示范区，将为今后国内外更多既有城区的有机更新生态改造提供宝贵的经验和教训，并将在国内外规划实践中起到重要的示范作用。

2.4 地方绿色生态城区实践❶

随着绿色生态发展理念的不断深入和相关政策的相继出台,已经有越来越多的省市开展了绿色生态城区建设实践,先行的各个省市从顶层设计、政策引导方向推进着绿色生态由单体绿色建筑向系统化、规模化的示范区发展。

2.4.1 积极响应出台政策推进绿色生态城区建设

1. 北京市:高标准打造绿色生态

北京市近年来一直致力于对绿色建筑及绿色生态城区的建设的积极探索。2013年,经过明确工作内容和技术路线、确定指标体系和评价类别方式、试点评估等多个工作阶段,北京市规划委员会组织编制了《北京市绿色生态示范区评价标准》和《北京市绿色生态示范区规划技术导则》,建立起涵盖绿色生态示范区规划、建设、管理全生命周期的技术引导、监督核查与后期评估机制,以更有效地落实生态策略。

以《北京市绿色生态示范区评价标准》为重要技术依据,北京市开展了绿色生态示范区评价实践,于2014、2015先后两年评选出6个绿色生态示范区以及4个绿色生态试点区❷(图4-2-23)。

图 4-2-23 雁栖湖生态发展示范区

(图片来源:http://www.juoou.cn/scenic/yanqihu/2704.html)

---

❶ 吴若昊,北京市中城深科生态科技有限公司

❷《北京市规划委员会关于2014年北京市绿色生态示范区评选结果的公示》,2014.9《北京市规划委员会关于2015年北京市绿色生态示范区评选结果的公示》,2015.10

2. 江苏省：推进区域绿色技术集成升级

江苏省从 2010 年开始，省级节能减排专项引导资金支持内容增加了建筑节能和绿色建筑示范区的相关内容，鼓励区域的绿色技术集成实践，获评的建筑节能和绿色建筑示范区给予不低于 1000 万元的补贴❶。2013 年起，江苏省推动"省级建筑节能与绿色建筑示范区"提档升级，加快已批准示范区绿色建筑项目实施进度，新确立一批不同类型的示范区，支持成效突出的示范区推进绿色生态城区建设，开展省级绿色建筑和生态区域集成示范，积极创建国家级绿色生态城区❷。2015 年，江苏省开展第一批绿色生态城市评选，获评城市将获得 5000 万元的奖励（图 4-2-24）。

图 4-2-24 无锡太湖新城

（图片来源：http://dp.pconline.com.cn/photo/list_2446712.html）

3. 湖北省：华中地区生态建设的典范

湖北省自 2014 年起积极开展绿色生态城区示范工作，将组织开展绿色生态城区示范，推进绿色生态城镇建设列为重点任务。为探索以绿色、生态、低碳为理念的绿色生态城区建设模式，指导省级绿色生态城区示范建设，湖北省制订了绿色生态城区建设省级技术标准《湖北省绿色生态城区示范技术指标体系（试行）》❸，加大财政支持力度，对列入国家和省示范的绿色生态城区给予资金补助❹。2014 年武汉四新生态新城等 8 个项目被确定为首批省级绿色生态城区示范创建项目，2015 年评选 6 个省级绿色生态城区示范创建项目（图 4-2-25）。

---

❶ 《江苏省省级节能减排（建筑节能）专项引导资金管理暂行办法》（苏财规［2010］19 号）
❷ 《江苏省绿色建筑行动实施方案》（苏政办发［2013］103 号）
❸ 《关于印发〈湖北省绿色生态城区示范技术指标体系（试行）〉的通知》，鄂建文［2014］21 号
❹ 《湖北省人民政府办公厅关于印发湖北省绿色建筑行动实施方案的通知》，鄂政办发［2013］59 号

图 4-2-25　武汉新区四新生态新城

(图片来源：http://gc.zbj.com/20150816/n6623.shtml)

4. 安徽省：扎实推进、严抓落实

安徽省于 2013 年出台了绿色建筑行动实施方案，目标是创建 10 个绿色生态示范城区[1]。安徽省住房和城乡建设厅编制完成了相关技术导则和指标体系，从绿色经济、城区规划、建筑、能源、水资源、生态环境、交通、固体废物、信息化和绿色人文等 10 个方面，提出了具体要求，将其纳入控制性详细规划、修建性详细规划和专项规划，并落实到具体项目为各地开展绿色生态城区建设提供了技术保障。2013 年，首批明确合肥市滨湖新区等 8 个示范城区。2015 年，评选出 2 个示范城区，顺利完成省级绿色生态示范区创建目标（图 4-2-26）。

图 4-2-26　池州市天堂湖新区

(图片来源：http://www.nlt.com.cn/m/production.aspx?typeid=201&id=226)

---

[1]《安徽省人民政府办公厅关于印发安徽省绿色建筑行动实施方案的通知》皖政办［2013］37 号

2.4.2 先行示范：以山东省为例详解地方绿色生态城区推进

山东省重视生态建设工作，自 2013 年起，在前期生态省建设取得显著成效的基础上，启动省级绿色生态示范城区评审，2013～2015 年共评选出临沂北湖新区、威海经济开发区东部滨海新城、威海市双岛湾科技城等 21 个示范城区，每个城区给予 1000 万～2000 万元的奖励资金。资金将统筹用于绿色生态规划和指标体系制定、绿色建筑评价标识和能效测评、绿色建筑技术研发和推广等。

1. 探索规范：建立科学全面的地方生态城区建设评选工作体系

山东省积极探索省级绿色生态示范城区规划编制与实施的工作模式，首先发布了山东省《绿色生态城区建设实施方案编制大纲》，明确了山东省绿色生态城区建设工作的基本内容，特别是明确提出了对生态城区建设指标体系、各类规划的制定、绿色建筑建设与技术方案、省财政补助资金申请和使用计划，以及配套能力建设等方面的明确要求❶，规范了省级绿色生态城区规划建设与申报工作。

2015 年，山东省出台了《山东省省级建筑节能与绿色建筑发展专项资金管理办法》，对省级绿色生态示范城区（城镇）专项资金支持范围及条件、奖励基准、使用范围等作出了细致的规定，明确规定了奖励资金实行分批拨付，立项后拨付 50%，示范验收后再拨付剩余 50%❷，对绿色生态城区建设目标的最终落实起到了很好的督促作用（图 4-2-27）。

图 4-2-27　威海双岛湾科技新城

（图片来源：http://www.sheencity.com/res/63496.html）

---

❶《关于组织申报 2013 年度山东省绿色生态示范区的通知》（鲁财建［2013］41 号）
❷《山东省省级建筑节能与绿色建筑发展专项资金管理办法》（鲁财建［2015］18 号）

2. 及时评估：率先开展绿色生态示范城区评估验收工作，考核实施情况。

2015年5月，山东省住建厅联合山东省财政厅，印发了《山东省绿色生态示范城区评估验收要点（2013~2014年）》❶，要求各省级绿色生态示范城区对照评估验收要点，加快示范城区建设进度，完善相关基础资料，认真做好评估验收相关准备工作，验收结果将作为后续财政奖励资金拨付的重要依据。

3. 突出示范：技术突破与体制创新并重

山东省绿色生态示范城区的评选侧重对申报城区示范价值的考量，强调申报城区在山东省具有代表性与示范意义，对同类型城区起到突出示范作用或在政策制定和机制创新上具有推广价值。

4. 经验推广：完善体系，建立模式

山东省绿色生态示范区工作从政策、标准、技术、管理等多领域全面推进，具有明确的技术标准作为引领，使全省各绿色生态城区在规划建设工作中有章可循。参评绿色生态城区多具有完善科学的顶层设计和指标体系，进行土地、交通、生态环境、资源能源等专项的系统规划，并通过机构设置、配套资金、管理政策等实现组织保障到位，有效扎实地推进实施工作。在规划管理中以绿色建筑为重点突破，强调具体生态指标与控制性详细规划及土地出让条件结合的落地途径，使绿色生态要求进入到法定规划的程序中。同时，部分功能区尚需注重低成本、适宜技术的应用，合理统筹建设时序，加强职住平衡的考虑，在以后的规划建设中持续深化和完善。

2.4.3 威海东部滨海新城：省级绿色生态城区的代表❷

威海东部滨海新城绿色生态城区规划面积共计33.4平方公里，位于东部滨海新城北部，北至黄海，东至石家河，西至五渚河，南至泊于水库。2014年威海东部滨海新城获评山东省第二批绿色生态示范城区，奖励资金2000万元。

1. 东部滨海新城的建设背景

2012年起，威海市开始启动东部滨海新城建设，2014年1月，东部滨海新城起步区控制性详细规划编制完成并审查通过，4月绿色生态城区编制了系统全面的低碳规划体系，并提出涉及9大领域27项量化指标，以生态规划顶层设计引领绿色生态城区建设，合理规划产业布局、生活社区、基础设施和生态空间，突出山海关系、景观廊道和生态特色，并充分利用威海入选首批"中欧城镇化伙伴关系合作城市"的机遇，打造中欧合作发展平台，在产业发展、建筑节能、生

---

❶ 《山东省住房和城乡建设厅 山东省财政厅 关于印发山东省绿色生态示范城区评估验收要点（2013~2014年）的通知》，鲁建节科字［2015］10号

❷ 本节内容如无另外注明，均整理自《威海东部滨海新城绿色生态城区 申报材料汇编》，威海经济技术开发区管理委员会，2016

态保护、社区建设等方面更多地体现了欧洲元素和特色。同年7月，绿色生态城区获得山东省"省级绿色生态示范城区"的称号（图4-2-28）。

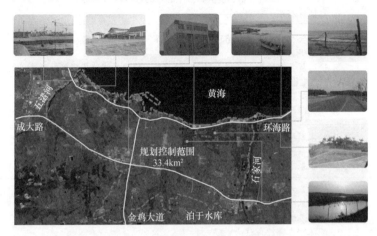

图4-2-28 东部滨海新城绿色生态示范区用地范围

2. 绿色生态贯穿各级规划

（1）总体规划贯彻生态特色

东部滨海新城总体规划重点在空间战略布局、绿色交通、绿色市政基础设施、绿色建筑、生态环境改善、生态安全格局诊断、可持续能源利用、循环经济产业、智能化城市等各领域进行落实，提出规划中的低碳生态指导原则和实施策略，总体上指导专项规划方案编制及建设实施，基于生态先导、山水融城、绿色开发的生态理念，尊重自然和顺应自然，延续威海市传统的优越人居环境，形成适宜中国北方气候条件的现代生态新城（图4-2-29、表4-2-7）。

图4-2-29 东部滨海新城功能结构规划图

总体规划生态特色 表4-2-7

空间结构	1. "一带、一核、四轴、两区、多中心"的城市空间格局 2. 合理开发地下空间资源
交通组织	1. 落实公交优先,成大路轻轨途经威海东部滨海新城绿色生态城区 2. TOD开发模式 3. 打造复合交通走廊,将小汽车、公交车、轨道的线路集中到几条大的复合通道中,通过一体化设计统一组织,避免分散建设带来的资源浪费和生态环境破坏 4. 提倡绿色出行 5. 新能源车辆和智能交通系统的使用
市政规划	1. 给水系统:自来水普及率100% 2. 排水系统:雨污分流,生活污水集中处理率100% 3. 中水系统规划,雨水规划,污水回用规划和新能源利用
生态与环保	1. 划定基本生态控制线 2. 制定不同的空气质量目标 3. 实施滨海水功能分区 4. 固体废弃物综合整治 5. 噪声综合整治 6. 光环境综合控制
能源规划	1. 能源需求预测 2. 开发可再生能源应用

(2)控制性详细规划落实生态理念

东部滨海新城控制性详细规划的编制基于绿色生态理念,提出绿色生态城区发展策略:混合布局引导功能复合利用策略;绿色交通引导低碳出行的策略,构建多层次的绿色交通体系,如网络通达的慢行交通体系与公交线网相结合;多元景观引导城市特色塑造的策略,通过建筑景观、绿化景观、人文景观的相互融合和渗透,塑造具有地域特色及文化气息的城市标志性景观风貌区。节能减排引导低碳生态建设策略,如倡导垃圾分类和循环利用,构建废物资源利用体系(表4-2-8)。

控制性详细规划低碳生态内容 表4-2-8

土地利用	1. 合理的街区尺度控制,2. 集约用地,高密度开发
道路交通	1. 合理的道路网络密度,2. 公共交通和慢行交通规划
公共服务设施	教育、中小学、托幼、文化娱乐、居委会、医院、卫生站、公共厕所、垃圾站、消防站等服务本区
市政公用设施	给排水、电力、电信、邮政、移动、燃气、消防等设施
绿地系统及生态环境保护	规划公园绿地57.6公顷,占城市建设用地的12.9%。主要为滨湖公园、逍遥河带状公园、沿城市道路的4条带状公园;其中滨湖公园用地20.8公顷,以滨水景观绿化为主

同时,基于生态规划理念对上位总体规划的用地布局进行深化落实,对各类

用地进行控制与指引；在控制性详细规划图则编制中，将传统的控规指标与指标体系中的生态指标相结合，保证生态规划的落地实施，主要从土地利用、生态环境、资源利用、绿色建筑等方面提出了控制要求。

3. 严谨全面的指标体系

结合威海东部滨海新城绿色生态城区实际情况编制《威海东部滨海新城绿色生态城区生态指标体系》，坚持科学性与操作性相结合、共性与特色相结合、可达性和前瞻性相结合的原则，从土地资源、能源利用、水资源、固体废弃物、绿色建筑、绿色交通、城市环境、产业发展、社会和谐等方面研究具体的指标项和指标赋值，构建完整的生态指标体系。

整个指标体系主要从 4 个目标层、9 个路径层、27 个指标项控制，作为规划的纲领性和指导性文件。4 个目标层是资源合理利用、环境质量良好、经济持续发展、社会和谐进步；9 个路径层是土地资源、能源利用、水资源、固体废弃物、绿色建筑、绿色交通、城市环境、产业发展、社会和谐；27 个指标项主要分为控制性指标和引导性指标两类，其中控制性指标 16 项，达到生态城市建设目标层和路径层的关键目标，引导性指标 11 项，通过多层次控制手段高效、系统地实现生态城市建设目标。指标体系的确定为威海东部滨海新城绿色生态城区的建设提出量化依据，便于评估和引导其发展建设，并作为总体规划、控制性详细规划和专项规划的引导和补充。

4. 绿色生态专项规划

（1）绿色建筑专项规划

绿色建筑专项规划主要是通过对影响地块绿色建筑星级潜力分布的各个因子进行赋值，形成绿色建筑星级潜力评定体系，得到威海东部滨海新城绿色生态城区新建建筑绿色建筑星级潜力分布图，用以指导和管理绿色生态城区绿色建筑项目建设（图 4-2-30）。

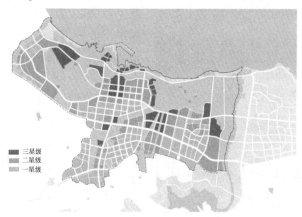

图 4-2-30 威海东部滨海新城绿色建筑星级分布图

(2) 绿色交通专项规划

绿色交通专项规划基于对交通现状和相关规划的分析，构建绿色道路及交通体系，对规划道路提出绿色道路技术体系；提出绿色交通战略，构建以公交为先导、以自行车和步行等慢行交通方式为主要出行方式的绿色交通模式，形成循环畅通与低能耗、低排放一体化的绿色交通体系，推广低成本、精宜化的绿色交通技术应用，加强交通需求管理，推动绿色出行（图4-2-31）。

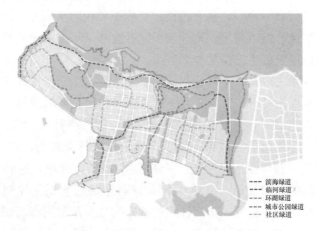

图4-2-31　威海东部滨海新城绿道规划图

(3) 绿色市政专项规划

绿色市政专项规划旨在实现基础设施低碳化布局、数字化管理，保障城市安全。在水资源系统分项中提出分质供水系统、普及使用节水器具及节水技术、雨水综合利用、非传统水源利用策略；在固体废弃物资源系统中提出生活垃圾分类收集集运体系、垃圾资源化利用、无害化处理策略；在绿色照明系统中提出以"绿色"为主线统筹道路、建筑、景观照明，覆盖"区域-线路-节点"的全方位照明体系，努力构建绿色、健康、人文的城市照明环境，建设体现威海市特色、高水平、高品质的城市功能照明和城市景观照明体系，满足节能减排、生态环保要求（图4-2-32）。

(4) 绿色能源专项规划

合理规划布局威海东部滨海新城绿色生态城区能源利用方式，落实指标体系相应要求。分析绿色生态城区能源利用现状情况及已有规划，评估发展清洁能源的优势条件，预测能源需求，完成能耗预测地图；对可再生

图4-2-32　潮汐湖设计方案

能源（太阳能光电、光热、土壤源、风能等）和常规能源进行评估和预测，提出能源系统概念方案，研究不同类型地块的能源控制指标。

5. 扎实高效的实施保障

（1）指标体系的落实

低碳生态城市指标体系针对每一个指标都提出了相对应的实施措施，并明确各实施主体、实施阶段和实施路径确保绿色生态理念在城市建设的全过程周期中落地实施。指标体系的实施主体主要由政府部门主导，形成政府部门、开发企业、公众参与的相互协作、系统监督，确保绿色生态城区的顺利开展实施。

（2）实施纲要

以实现国际人居环境绿色生态城区为建设目标，从土地利用、绿色交通、绿色建筑、城市环境、水资源系统、固体废弃物、可持续能源利用、绿色产业、智慧城市九个方面制定细化目标和实施策略。

（3）建设方案

威海东部滨海新城绿色生态城区制定了绿色建筑、绿色交通、绿色市政、绿色能源、生态环境五大领域的建设实施方案，全面普及绿色建筑，推广本土化、低成本、适宜性的绿色节能技术；构筑一个"低碳绿色、内畅外达、安全和谐、智能高效"的城市综合交通体系；践行低冲击开发理念，完善雨洪管理体系，开发水资源梯级循环利用系统；保障区域能源供应安全，提高用能效率，优化能源结构；加强绿色生态城区的绿地生态网络结构建设，维持生态平衡。

（4）资金计划

为科学、高效、合理利用国家与山东省财政补助资金，威海东部滨海新城制定了严格的资金申请与使用计划，明确了每项资金的使用范围、支出计划，并制订了严格的资金管理措施，还提出了资金效应放大措施，加强地方资金配套工作，同时提出了完善的资金绩效考核要求，以实现资金效应的最大化。

2.4.4 小结

1. 近年来地方推进绿色生态城区建设的成效

（1）空间上以依托城市空间拓展新建为主

目前地方评选的绿色生态城区，选址多根据城市整体空间拓展，处于城市的主要发展方向上，是城市近期重要开发地区。依托城市新建区域开展绿色生态城区示范工作，可以有效地利用新区地理区位、交通条件以及自然本底较好、区域发展潜力大的优势，有利于降低绿色生态城区规划建设工作的难度，专注于绿色生态城区本身的完善，在较短时间内形成相对完善的、可推广、可复制的绿色生态城区规划建设体系。

(2) 扶持政策与地方标准基本成型

在贯彻执行国家绿色生态城区相关政策的基础上，各地方针对绿色生态城区的特点出台因地制宜的扶持政策和技术标准，在城市规划管理、土地指标、基础设施建设等方面，制定了相应的扶持政策和相关的技术标准，基本形成了较为成熟的地方政策体系，可以有效指导、规范和激励绿色生态城区规划、评选与建设工作的开展。

(3) 规划体系基本完善，引领绿色生态发展

各城区的规划均能按照低碳生态的理念进行编制，通过邀请组织国内外低碳生态城市、绿色建筑等方面的高水平专业团队，编制完成涵盖生态城市各领域、可以有效落地实施的生态规划，并将各项主要生态指标纳入控制性详细规划等法定规划中，有效引导、控制绿色生态城区建设工作的开展。

(4) 建设渐成规模，走向中期评估验收阶段

目前各地绿色生态城区的规划建设已经取得了一定成效，各城区都能按照城市综合开发模式，开展规划编制、基础设施建设、环境整治和各类地产项目开发，同时加强低碳生态技术的应用，部分城区主要的城市基础设施、绿色基础设施与重要景观廊道等已初步成型，建筑量已具有相当规模[4]。为检验近年来生态建设工作所取得的成效，总结上阶段工作中取得的经验和教训，更好地推进、推广绿色生态城区建设，目前部分进展较快的地方正在积极开展中期评估工作。

2. 现阶段存在的问题

(1) 强调新区建设，既有城区生态提升工作开展较少

目前地方绿色生态城区推进工作重点大多放在新区建设上，对既有城区绿色生态改造提升工作重视不足，仅有北京市新首钢高端产业综合服务区等少数案例。一方面，新建城区多因基础设施配套不足，产业基础薄弱，居民入住率提升缓慢，难以形成有效的"产城融合"支撑绿色生态城区发展。另一方面，目前我国大部分人口、大部分产业都植根于面积广阔、与新建城区的生态建设基础殊为不同的既有城区，既有城区生态提升改造工作对我国的绿色生态化发展具有巨大意义，亟需先行案例经验的示范引领。但现阶段各地方推进绿色生态城区建设工作所取得的经验、所建立的体系主要基于新建绿色生态城区，难以直接适用于既有城区生态提升工作和直接复制推广，影响了现阶段其对绿色生态城区建设成就的指导作用与示范意义。

(2) 重视绿色建筑，绿色生态城区建设的规划统合作用没有得到充分发挥

生态城区是一个具有高度复杂性、不确定性、多层次性的开放巨系统，除绿色建筑外，建设生态城区还需要统合生态、能源、资源、交通、空间、智慧城市等诸多方面的规划。但目前一方面部分地方的政策仍然以绿色建筑为主要着力

点，突出强调绿色建筑区域示范，在城乡规划中落实绿色建筑要求，而对示范区内各绿色生态要素的统合集成要求不足，难以实现从绿色建筑示范区到绿色生态示范城区的跨越式发展。另一方面，大部分地方政府将绿色生态规划的统合局限于示范区范围内，在更大的范围内仍然是相关各规划自行其是，绿色生态城区的示范作用尚未得到充分体现。

（3）强调规划与技术，对绿色人文建设关注不足

绿色生态城区的建设不仅仅是指标的制订、规划的编制和技术的堆砌，更重要的是人们生产生活方式的绿色生态化，应当普及绿色低碳的生活理念与价值观，逐步调整城市的生产结构和消费结构，从根本上改变城市旧有的粗放发展模式，从而实现以人为本的可持续的绿色生态化。但是目前各地的政策措施与建设实践中，大部分聚焦于物质层面的建设，并没有对绿色生态人文建设工作予以足够的重视，不利于将绿色生态"城区"建设成为真正的生态"社区"。

2.5　绿色生态试点国际合作实践[1]

住建部自 2009 年起，先后与美国、德国等国家签署了合作备忘录，建立了国际合作交流机制。2013 年开始，住建部陆续启动了中美、中欧、中德及中芬低碳生态城市试点合作项目，从城市整体或示范城区层面，引入欧洲、美国等西方发达国家先进成熟的低碳技术及绿色产品，学习欧美国家在低碳生态规划建设、政策管理、资金筹措等方面的成功经验，通过试点示范与合作共享，为国内低碳生态城市工作提供全方面、全链条的服务及指导，持续推进国内生态城市建设水平，为构建全球范围内高水平的可持续发展格局出策出力。

2.5.1　中美合作：开创滨湖特色新型城镇化道路

1. 合作背景

2009 年，住建部与美国能源部签署了《关于建筑与社区节能领域合作谅解备忘录》。2011 年，作为《谅解备忘录》的深化，双方又签署了《关于生态城市合作的附件》。2012 年，双方签订《住房和城乡建设部办公厅关于商请开展中美低碳生态城市试点示范的函》（建办科函[2012] 717 号），共同组织开展中美低碳生态城市试点合作。2013 年 5 月，通过中美双方专家评审，住建部最终确定了河北省廊坊市、山东省潍坊市、日照市，安徽省合肥市，河南省鹤壁市、济源市为首批中美低碳生态试点城市。2016 年，中美合作已进入项目中期，在项目推进过程中，住建部对各试点城市项目实施全过程指导与监督管理。

---

[1] 石悦，北京市中城深科生态科技有限公司

2. 合作实践——合肥市滨湖新区❶

（1）试点概况

合肥市滨湖新区核心区被住建部及美国能源部联合确定为中美低碳生态城市试点示范区。核心区规划面积 17.8 平方公里，规划人口 15 万人，东侧紧邻巢湖；规划建设以行政办公、商务金融、文化娱乐为主导功能，以旅游休闲、体育运动为特色功能，以生活居住为支撑功能，是具有滨水特色和国际水准的地标区域。核心区位于合肥市中心 20 分钟车行距离圈内，区位条件优越，交通联系便利。截至目前，核心区生态建设工作已基本全部完成设计招标等前期工作，已有超过一半的工程进入施工阶段，多项工作全面展开（图 4-2-33）。

图 4-2-33　合肥滨湖新区核心区区位图

（2）示范区指标体系

滨湖新区示范区建立了一套涵盖土地利用、资源利用、绿色建筑、绿色交通、城市环境、产业发展、社会保障和信息化等 13 个城市建设领域的生态指标体系，包含 40 项指标，其中控制性指标 16 项、引导性指标 24 项，并确立了指标体系的实施时序。指标体系还根据示范区生态战略发展目标，设置了混合使用功能的街坊比例、应用绿色市政技术道路比例、公共开放空间/滨水岸线 500m 可达性和单位 GDP 碳排放强度等 13 项典型特色指标。对比住建部绿色生态城区指标体系、安徽省绿色生态城区指标体系和滨湖新区指标体系，示范区 15 项指

---

❶ 北京市中城深科生态科技有限公司"合肥滨湖新区中美低碳生态城市试点示范区生态规划"相关资料整理

标处于领先。

（3）工作机制

示范区同步成立了中美低碳生态试点城市领导小组，下设专家库、政府职能部门以及技术支撑单位，协同推进指标体系实施。不同职能部门在示范区的规划、建设及运营阶段承担不同角色，共同指导并监督生态指标和示范项目的落实及建设。

图 4-2-34　绿色建筑示范项目

（4）示范建设

① 绿色建筑

示范区立足绿色建筑发展目标及地块发展潜力，确定了绿色建筑星级控制导则，并从绿色关键技术的适宜性及匹配性分析出发，确定了本土、高效、精宜、系统、低成本、被动式的绿色建筑适宜技术体系。示范区新建建筑全部按绿色建筑标准建设，备案的绿色建筑总面积 622 万平方米，已开工建设面积约 420 万平方米，占总面积的 67.5%（图 4-2-34～图 4-2-36）。

② 绿色交通

在交通与用地一体化方面，贯彻 TOD 模式，布局三条大容量轨道交通，使城市主要功能板块及公共服务中心均与交通走廊和站点便捷联系。在倡导公交先导和非机动优先方面，示范区提供轨道交通、快速公交和常规公交等多种不同交通方式的无缝链接，完善绿道建设，实现组团间便捷的交通联系。首期以庐州大道作为绿色道路建设示范，庐州大道长约 3692 米、宽 50 米，兼具交通集散和景观休闲功能。在智能交通方面，示范区重点建设交通管理平台、智能信号控制系

图 4-2-35　文化馆

图 4-2-36　美术馆前广场

统、交通综合监控系统、智能公交系统、行车诱导系统和停车诱导系统等子系统，目前，智能交通系统已初具规模（图 4-2-37～图 4-2-39）。

图 4-2-37　自行车系统线

图 4-2-38　城市快速公交线

图 4-2-39　金斗公园绿道

③ 水循环利用和污染防控

示范区通过雨水生态化利用和资源化利用，实现了雨水的循环可持续发展。示范区根据地表雨水收集点规划和不同用地性质，对不同地块采用不同的非传统水源利用率，实现了市政再生水综合利用。示范区分别在塘西河、徐小河、北涝圩应用了水污染控制措施技术（图 4-2-40、图 4-2-41）。

④ 能源与可再生能源

示范区采用常规能源利用、新型可再生能源利用、集中式能源利用和

图 4-2-40　塘西河再生水厂

分布式能源利用相互衔接补充的能源利用模式，确保能源供应安全可靠。示范区结合各种能源特点及滨湖新区初步规划，确立了可再生能源利用分布以及核心区区域能源项目。

核心区区域能源项目规划供冷供热建筑面积 300 万～500 万平方米，总投资约 9.3 亿元，采用地源热泵、污水源热泵、冰蓄冷和天然气分布式能源等多种能源相结合的多能互补型能

图 4-2-41　塘西河再生水厂净化池

源供应形式，并以市政热源作为备用和补充，具有低碳节能、绿色环保、安全可靠等突出特点（图 4-2-42）。

图 4-2-42　示范区可再生能源利用分布图

⑤ 生态修复

示范区立足于构建绿地生态网络，通过改善当地乔灌草植物的层次与比例，提高区域碳汇能力；采用多种生态驳岸处理方式，恢复河道生态环境（图 4-2-43、图 4-2-44）。

⑥ 政策保障

为保证生态建设质量，示范区颁布了一系列激励政策，包括土地出让的绿色化、立项和设计阶段的绿色审批、施工与验收阶段的绿色化审批以及运营阶段的绿色监管。通过落实执行《滨湖新区（核心区）生态建设项目管理办法》及《滨湖新区（核心区）生态建设激励政策研究》，为示范区的生态建设提供政策及资金保障，并确保在规划建设过程中将生态要求融入各个环节，实现示范区全生命

周期的行政监管体系。

图 4-2-43　巢湖自然湿地

图 4-2-44　滨湖公园

2.5.2　中欧合作：打造中原宜居地、生态牡丹城

1. 合作背景

2014 年，为推动中欧低碳生态城市合作，住建部与欧盟签署《住房和城乡建设部办公厅关于商请开展中欧低碳生态城市合作项目试点示范的函》（建办科函［2014］705 号）。2015 年 3 月，经中欧双方联合评审，住建部最终同意将河南省洛阳市、广东省珠海市列为中欧低碳生态城市合作项目综合试点城市，江苏省常州市、安徽省合肥市、山东省青岛市、威海市、湖南省株洲市、广西壮族自治区柳州市、桂林市、陕西省西咸新区沣西新城列为中欧低碳生态城市合作项目专项试点城市。

2. 合作实践——洛阳市❶

（1）试点概况

洛阳位于中国中部，具有承东启西、连南贯北的地理区位优势。洛阳市现辖 1 市 8 县 6 区，1 个洛阳新区、2 个国家级开发区、2 个省级开发区，总面积 1.52 万平方公里，其中市区面积 694 平方公里、建成区面积 170 平方公里。总人口 680 万，其中市区人口 191.5 万。

洛阳市近年来积极开展生态城市建设，推进"碧水蓝天"工程。2009 年、2013 年，洛阳市先后被评为可再生能源建筑应用示范市和全国首批水生态文明建设试点城市。2014 年，洛阳市明确今后市区新建住房全部达到绿色建筑标准，并实施城市林业生态圈建设三年（2014~2016）专项行动。洛阳市良好的生态建设受到了欧方专家的一致认可。

（2）示范目标

洛阳市以"点绿成金"作为生态城市建设路径，构建洛阳新型发展模式，预

---

❶　深圳市建筑科学研究院股份有限公司"洛阳市生态城市规划咨询"相关资料整理

期到 2020 年，洛阳市生态水平达到或超过中部省域副中心城市或省会城市水平，优地指数❶从目前的起步型 113 名提升至 90 名（前 30%），再提升至 40 名（前 15%）；生态城市竞争力从 213 名提升至 70 名（图 4-2-45）。

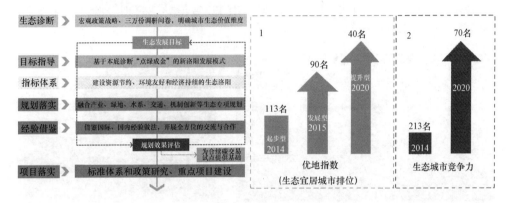

图 4-2-45　洛阳市建设生态城市路径图

（3）工作机制

为确保洛阳市中欧低碳生态城市合作项目的顺利推进，洛阳市政府成立了洛阳市中欧低碳生态城市合作项目试点工作领导小组，由市长任组长，小组成员由市住建委等 13 个单位组成，试点工作推行职责明确的工作机制：将 9 大领域、26 个重点示范项目纳入 13 家成员单位的 4 年（2015～2018）年度考核目标当中，实行效能问责制度、示范项目市领导分包制度、项目台账管理制度、工作通报制度和项目动态管理制度，并定期进行政府督查。

（4）示范建设

① 城市紧凑发展

洛阳市中心城区呈"五区一团"的组团式空间布局结构，通过组团内部的空间优化，形成紧凑集约布局。至 2020 年，洛阳市规划城市人均建设用地面积为 93 平方米，地下空间开发比例不低于 15%，混合街区比例不低于 50%。2017 年，洛阳市将完成高新技术园区升级更新改造示范项目，2018 年，将完成天堂明堂周边用地整体提升项目和洛阳城国家考古遗址公园项目（图 4-2-46）。

② 清洁能源利用

洛阳市组织编制了《洛阳市车用天然气发展规划》，并下发《关于加快推广分布式光伏发电的实施意见》文件，结合当地实际条件积极推进清洁能源利用。2018 年，洛阳市将完成清洁能源综合利用示范项目，开展太阳能、浅层地热、

---

❶ 根据中国城科会生态城市专业委员会和深圳市建筑科学研究院股份有限公司共同颁布的中国生态宜居发展指数（优地指数）研究成果而定

工业余热在建筑上的应用，新增太阳能光热利用面积 500 万平方米和浅层地热能利用面积 400 万平方米；完成光伏太阳能发展试点项目，新增太阳能光电应用装机容量 10 兆瓦。面对洛阳市尚未形成太阳能建筑一体化应用标准和工程管理体系的挑战，欧方将对洛阳提供清洁能源应用的政策指导、管理经验及技术支持（图 4-2-47、图 4-2-48）。

图 4-2-46　天堂夜景

图 4-2-47　中意科技园开园仪式

图 4-2-48　中意科技园 330 千瓦屋顶太阳能光伏并网项目

③ 绿色建筑

2015 年，洛阳市出台了《洛阳市绿色建筑实施方案》，提出至 2020 年，新建建筑绿色建筑比例达到 100%，二星级以上达到 60%，三星级以上达到 20%；既有建筑改造中 60% 为绿色建筑的目标。洛阳市将重点推进新建绿色建筑项目并不断加大既有建筑节能改造建设力度，将在 2018 年完成三星级节能示范楼建设项目，一拖棚户区❶的新建及既有建筑保护、绿色节能示范项目。

④ 绿色交通

洛阳市明确提出，至 2020 年，公交出行比例达到 30%，小汽车出行比例控制至 20% 以内，城区 500 米公共交通站点覆盖率实现 100%，自行车专用车道覆

---

❶　河南省唯一由发改委确立的老工业区搬迁改造试点

盖率达到90%，人行林荫道覆盖率达到90%。2015~2017年，洛阳市积极推进城乡客运一体化示范项目，在市区边缘建设5个城乡客运换乘枢纽，实现城市公交和郊县客运无缝衔接，提高出行效率。2018年，洛阳市将完成洛阳市轨道交通建设示范项目，建成1号线全段、2号线大部分及三条新型有轨电车线路，缓解中心区交通拥堵；同时建设洛河水上横向客运项目，恢复洛河水上交通。

⑤ 水资源与水系

洛阳市提出"水系为韵、生态洛阳"的水资源与水系统建设目标，已编制完成《洛阳市水资源及水系综合利用规划》和《洛阳市水生态文明城市建设试点实施方案》。2015年，洛阳市政府启动了华夏文明第一河示范段项目，将对洛河5.5公里和瀍河5.2公里的水域完成治污截污、生态清淤、生态修复以及景观提升；同时开展节水示范工程，对试点企业进行污水处理和中水利用，缓解水资源供需矛盾。2017年，洛阳市将完成引黄入洛工程和龙门国家湿地公园建设工程（图4-2-49）。2018年，洛阳市将完成推进海绵城市建设，建成隋唐城公园万亩生态园。

图4-2-49 引黄入洛工程施工现场

⑥ 垃圾处理处置

洛阳市2015年餐厨垃圾处理工程规模200t/日、生活垃圾焚烧工程规模1500t/日，配套建设垃圾转运站46座。2015年底建成餐厨垃圾处理试点项目，2016年建成集垃圾焚烧发电、渗滤液处理、灰渣填埋于一体的生活垃圾综合处理园区，实现城市生活垃圾的资源化利用。

⑦ 城市更新与历史文化风貌保护

2010年，洛阳市编制完成《洛阳市历史文化名城保护规划》，之后陆续编制完成了《汉魏洛阳故城保护总体规划》、《隋唐洛阳城保护规划》、《洛阳市东西南隅历史文化街区（老城片区）保护规划》、《洛阳涧西工业遗产保护规划》、《洛阳市大运河保护规划》等，形成了较为完整的保护规划体系。2015~2018年，洛阳市推进老城区古城保护与整治项目、隋唐洛阳城遗址项目和洛阳涧西工业遗产项目（图4-2-50、图4-2-51）。

图 4-2-50　隋唐洛阳城遗址现状图　　　　图 4-2-51　隋唐洛阳城遗址规划图

⑧ 投融资机制

2015 年，洛阳市确定了首批 353 个重点项目，总投资超过 3000 亿元，其中包括多项城市基础设施建设、水生态文明建设、遗址保护、清洁能源等方面在内的多个低碳城市建设项目。2015～2018 年，洛阳市将完善洛阳市城建投融资体系，发行企业债券与市政建设债券；2015～2020 年，洛阳市将创新启动 PPP 融资模式，完善重大城市基础设施投资运营体制，对新街跨洛河桥、九都东延长线、滨河南路等采用 PPP 模式运作。

⑨ 绿色产业发展

洛阳市提出，至 2020 年，万元国内生产总值能耗不高于 0.65t 标准煤，第三产业占 GDP 比重不低于 55%，重点在低碳管理、产业、能源、基础设施低碳发展方面强化发展。2015～2018 年，洛阳市将完成示范园区改造及提升项目、园区系统规划方案示范项目以及洛阳深圳合作平台试点项目。

2.5.3　中芬合作：探索北欧城镇化的本土移植

2014 年，住建部与芬兰环境部签署《关于建设环境合作谅解备忘录》。2015 年 7 月，国家发布《住房城乡建设部建筑节能与科技司关于商请开展中芬低碳生态城市试点的函》(建科合函［2015］117 号)。2015 年 8 月，住建部与芬兰环境部联合开展"中芬低碳生态城市合作项目"，组织召开中芬低碳生态试点示范城市专家评审会，确定南京南部新城、内蒙古阿尔山市与山西榆林市空港生态区为中芬低碳生态示范城市合作试点城市。2015 年 9 月，国家发布《住房城乡建设部办公厅关于做好中芬低碳生态城市合作项目试点工作的函》(建办科函［2015］818 号)。目前，中芬低碳生态试点示范城市基本处于项目规划设计中后期阶段。中德双方合作意向正待进一步开展，中方将与芬兰在绿色建筑、清洁能源、水资源利用、生态环境保护、固废回收和资源化利用、绿色交通、低碳产业等领域开展城市建设合作，学习借鉴芬兰在城镇化方面的先进技术及经验。

2.5.4 中德合作：助力中国城镇低碳快速发展

2011年，住建部与德国建筑、交通和城市发展部签署了《关于建筑节能与低碳生态城市建设技术合作谅解备忘录》。2013年底，国家发布《住房城乡建设部办公厅关于商请开展中德低碳生态城市试点示范的函》（建办科函［2013］777号）。2014年，中德双方正式确定江苏省海门市、宜兴市、河北张家口市、山东青岛市、烟台市高新技术产业开发区、新疆乌鲁木齐市高铁新区等6座城市为全国第一批中德低碳生态试点示范城市，旨在学习德国在建筑节能与低碳生态城市建设发展方面的先进技术和经验，共同推进两国在低碳生态城市建设方面的技术支撑和咨询服务，协助试点项目融资、招商引资以及国际交流与合作。同年，中国住建部、德国能源署在京共同召开了"中德可持续城市建设合作"项目启动会，会议确定了中德开展可持续城市建设领域合作的工作计划，德国能源署（DENA）与中国城市科学研究会（CSUS）为中德国际合作项目的执行单位。2015年底，住建部组织召开"中德低碳生态城市发展研讨会"。目前，中德低碳生态试点示范城市全部处于项目规划设计中期阶段。

2.5.5 绿色生态试点国际合作的反思

1. 国际合作需求分析

中美、中欧、中德及中芬等国际合作项目的陆续开展，是探索具有中国特色的低碳生态城市建设路径的重要举措。一方面，项目组织筹办低碳生态城市论坛、低碳产品博览会、双方企业互访等活动，积极开展政策金融对话和知识技术交流，共享双方专家资源，为试点示范项目提供体系成熟、成本可控的规划及建筑层面的技术指导；另一方面签订双方战略合作框架，吸引国际高新技术企业来华投资，争取国际金融机构提供的低息贷款支持，引进美国及欧洲在投融资及运营监管方面的创新经验，保障试点项目顺利有序地开展。

2. 未来深化合作建议

（1）明确管理考核机制，细化部门权责分工

双方共同制定合作项目的管理办法及考核机制，加强规范化和标准化管理，形成定期工作汇报机制。明确中期评估、终期验收等关键环节的工作安排及考核要求，将评估标准与监测结果纳入相关职权部门及人员的考核体系中。

（2）建立专家合作机制，深化专业领域支撑

双方共同组建专家技术团队，与国内试点城市建立长期合作，定期举办技术交流及相关领域培训，提升国内专业人才的业务水平及科研创新能力。试点城市可邀请国外专家团驻场指导，及时反馈技术难题，提高项目推进效率。

（3）完善金融激励机制，强化项目资金保障

借鉴欧美国家在政府项目上创新的投资融资模式，通过财政补贴及激励政策加大社会资本、企业资本及国际金融机构低息贷款的投入。政府引导与市场运作相协调，为试点城市在规划编制、项目实施、运营管理过程中提供答疑。

2.6 深圳：规模化发展绿色建筑领先示范[1]

2004年9月住建部"全国绿色建筑创新奖"正式启动，标志着我国绿色建筑进入全面发展阶段。近几年来，我国绿色建筑评价标识项目数量逐年递增，且高星级项目数量逐年增长比较明显，江苏、广东、山东、上海、河北、北京、深圳等省、市都对绿色建筑的发展给予了大力支持。未来随着全国各地绿色建筑强制规定和政策的出台，全国绿色建筑标识项目数量将有更大幅度的增长，绿色建筑将成为设计必选项。[2] 截至2014年初，通过中、美、英、德等国绿色建筑评价标准认证的项目超过3000个，累计通过认证的绿色建筑面积超过3亿 m^2。

2.6.1 深圳绿色建筑发展政策

2012年至今，深圳在我国绿色建筑评价标识项目数量及规模中一直稳居首列，在全面推进建筑产业现代化的过程中，已形成规模超千亿元的绿色建筑产业集群。深圳光明、坪山新区、国际低碳城、前海、深圳湾等区域都是其推进低碳生态建设、绿色建筑城区化发展的重要试点区。

目前，深圳所有的新建建筑100%的达到绿色建筑标准。政府积极完善绿色建筑相关激励措施和政策部署推动绿色建筑的发展。

1. 加强绿色建筑相关标准和政策部署

2013年年底，所有新建民用建筑推行绿色建筑标准的政府立法《深圳市绿色建筑促进办法》颁布施行，提出以政府强制、技术引导和政策激励等三大方面促进绿色建筑全面发展。

深圳在全国较早颁布了《深圳市城市规划标准与准则》、《深圳市绿色建筑设计导则》等规定，2014年率先在新建建筑中全面推行强制性绿色建筑标准；2015年，深圳市政府机构围绕《关于加快推进深圳住宅产业化的指导意见（试行）》编制了《深圳市住宅产业化项目单体建筑预制率和装配率计算细则（试行）》、《深圳市建筑工业化（建筑产业化）专家委员会管理办法》、《关于加快推进建筑工业化发展的若干规定》、《深圳市建筑工业化（建筑产业化）示范基地和项目申报指引》、《深圳市建筑工业化（建筑产业化）项目实施建筑面积奖励的暂行办法》和《关于建立建

---

[1] 仇晨思，北京市中城深科生态科技有限公司
[2] http://www.360doc.com/content/16/0211/15/4981404_533782342.shtml

筑工业化(建筑产业化)行政监管体制工作任务分解表的通知》六条配套政策，形成了"1+6"政策框架，同时还编制了《绿色建筑施工图审查要点及配套文件》等，大力推广绿色建筑发展。截至2015年底，深圳有320个项目获得绿色建筑评价标识，总建筑面积超过3300万m^2，人均绿色建筑面积$1.31m^2$❶。

2. 完善政策部署和激励措施

《深圳市绿色建筑促进办法》提出激励性政策措施包括落实资金支持政策，市财政部门每年从市建筑节能发展资金中安排相应资金用于支持绿色建筑的发展(第三十五条)；设立绿色建筑科技发展专项，用于绿色建筑关键和重点技术的开发(第四十二条)；对获得国家三星级绿色建筑的评价标识费用给予全额资助，其他由本市组织的绿色建筑评价标识不收取任何费用(第三十六条)；符合条件的本市节能服务企业可以申请合同能源管理财政奖励资金(第四十条)；将绿色建筑技术和绿色建材纳入政府采购扶持范围(第四十一条)；设立绿色建筑和建设科技创新奖，奖金从建筑节能发展资金中列支(第四十三条)。

以深圳光明新区绿色建筑发展的激励措施为例，《光明新区绿色建筑激励政策研究报告》提出包括面积奖励、财政补贴和机制创新共三种激励措施❷(图4-2-52)。

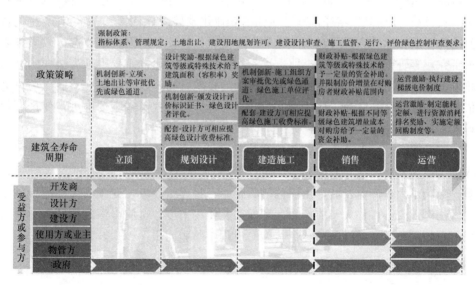

图4-2-52 深圳光明新区绿色激励政策体系框架示意(根据深圳光明新区项目整理)

3. 明确评估与审查机制

深圳市发展绿色建筑还提倡明确评估与审查机制，完善公众监督制度等。深

---

❶ http://sztqb.sznews.com/html/2014-03/28/content_2823323.htm
❷ 深圳市规划和国土资源委员会光明管理局·光明国家低碳生态示范区建设评估及对策研究(2014)

圳坪山国家低碳生态示范区积极实行"计划—建设—评估—反馈"机制，明确实施环节、实施效果等责任主体，建立长效推动机制。同时，实行重点项目环保审批公众咨询制度、环保设施验收公示制度、重大或敏感项目的审批前公示制度、细化环境保护行政许可听证制度和公示参与听证制度等（图 4-2-53）。

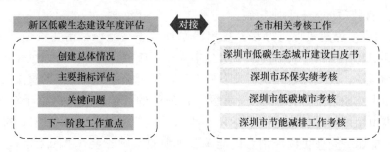

图 4-2-53 深圳坪山新区评估考察机制示意（根据深圳坪山新区项目整理）

4. 发展绿色建筑产业

近年来，深圳在推进住宅产业化过程中，以政策引导、标准建设、示范带动三方面工作为重点特点，以深圳质量、深圳标准、深圳品牌为牵引，以全寿命周期内的"两升两降"为目标，以"五化合一、三位一体"为手段，以"3个100%、1/3、3‰"为路径，基于《住宅产业化发展战略研究》、《住宅产业化新型结构体系和建造体系研究》、《住宅产业化项目建设全过程关键节点行政服务要求研究》等研究，确定了以土地出让、保障房先行、建筑面积奖励为引导的鼓励政策，以标准化设计、装配式施工为核心的技术方向，以示范基地、试点项目为依托的产业整合和联动。形成政府引导与市场运作的双引擎驱动推进，使产业化得到了可持续发展。

与此同时，深圳还致力于调整和优化产业结构，确立了以高新技术为先导，先进工业为基础，第三产业为支柱的经济发展战略。深圳先行先试发展绿色建筑，带动了大量产业发展，由绿色建材开始，将建筑垃圾"变废为宝"循环利用的做法深入人心，加大节能产品、环保产品使用力度，这使得深圳在从绿色建筑发展走向绿色城区建设的"绿色转型"过程中脱颖而出。

2.6.2 深圳绿色建筑规模化建设实践

1. 深圳湾科技生态园绿色建筑的示范引领

深圳是目前国内绿色建筑建设规模、建设密度最大和获绿色建筑评价标识项目、绿色建筑创新奖数量最多的城市之一。近年来，深圳市委市政府牢固树立绿色低碳发展理念，加快转变城市建设发展模式，扎实推进绿色建筑与建筑节能工作，成效显著，实现了从建筑节能到绿色建筑，从绿色建筑到绿色城市的"两个转型"，生态宜居的绿色建筑之都、智慧城市已具雏形。深圳湾作为深圳创新发展的重要区域，是深圳市"十二五"期间战略性新兴产业基地和集聚区建设的重要空间载体，努力实践规模化推进绿色建筑，以绿色建筑带动区域各项低碳生态建设的全面发展。

深圳湾科技生态园紧邻前海深港合作区，作为深圳湾片区核心地带剩余最大面积的可建设用地，被赋予了标杆引领深圳市高新产业园区转型升级的重任，被列为《深圳高新区优化升级工作方案（2012～2015）》四大示范基地之一。园区建设以打造生态园区为基本目标，倡导绿色建筑，在园区建设和运营过程中，全方位引入绿色技术系统（图 4-2-54）。

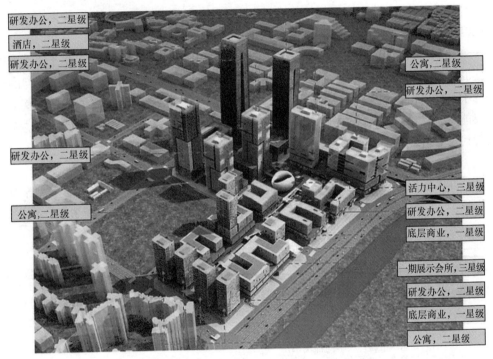

图 4-2-54　深圳湾科技生态园绿色建筑分布（根据深圳湾科技生态园项目整理）

深圳湾科技生态园以国家级低碳生态示范园区为目标进行建设，实现绿色建筑全覆盖，整体达到二星级，重点建筑三星级。建设符合"三高三低"的特点，"三高"即高密度、高速度、高品质，"三低"即低冲击、低成本、低消耗。节能率达 22%，每年减少用电 3060 万 kW·h。节水率达 20.5%，每年减少用水 36.2 万 t。折合园区每年减少 CO_2 排放 2.72 万 t，减少 SO_2 排放 220t，每年节约费用 3000 万元[7]。

深圳湾科技生态园承载了深圳绿色建筑推广示范的期盼，是高密度快速建设背景下的可持续城市发展的重要探索，也是未来经济发展方式根本转变及投融资体制改革发挥重要作用的经典案例。

2. 深圳湾科技生态园绿色建筑的技术应用[8]

深圳湾科技生态园占地面积 20.3 万 m^2，总建筑面积超过 120 万 m^2，毛容积率 6.09，净容积率超过 7。项目分四期建设，四期同时开工，18 个月内完成 20 万 m^2 产业用房建设并交付使用，四年全部建成❶。

深圳湾科技生态园采用了园区系统、建筑本体、室内环境、建造运营四大绿色技术板块和水资源利用、生态表皮、温湿控制、智能运营等 18 项绿色技术体系的结合，全方位保障园区的低消耗、低排放、高性能和高舒适性。科技生态园的建筑容积率是 6.0，绿色技术的应用使其消耗降到相当于容积率为 3.5～4.0 的水平。作为国家十二五科技支撑计划"绿色建筑规划预评估与诊断技术"（2012BAJ09B01）的示范工程，在国家十二五创新科技成果展上展出。

深圳湾科技生态园一系列被动生态技术的应用在城市规划和建筑设计的宏观层面考量了园区环境的优化，在生态节能方面带来了超出预期的成效。最典型的例子是园区对风和光的利用，顺应深圳湾的日常风向，将塔楼放在了东侧，这不仅能够降低区域的热岛效应，更能够通过自然通风设计产生 20%～30% 的空调替代率，并利用一系列导光聚光技术的应用将提升室内自然采光效果。

（1）以专项规划为牵引的园区级绿色技术

在园区级的绿色技术上选取物理环境、能源系统、水资源系统、废弃物等内容编制专项规划，并分解落地（表 4-2-9）。

深圳湾科技生态园园区级绿色技术　　　　表 4-2-9

内容	主要技术	实施内容
物理环境	噪声、光环境、太阳辐射、风环境四种技术	建筑设计阶段分析平面布局合理性、不同部位最佳窗墙比，庭院与建筑关系等；在细化阶段则分析开窗面积、位置、形式，建筑遮阳构件做法等
能源系统	以"集中+分散"作为能源规划总体策略，在不同部位采用了冰蓄冷、水蓄冷、温湿度独立控制、太阳能光热、太阳能光电、集中空调的热回收等技术	综合节能率将达到深圳市同类建筑水平的 80%
水资源系统	采用部分中水回用、雨水回渗技术	雨水利用以入渗为主，收集回用为辅。在中水工艺上采用了以植物净化为主的"FBR"工艺，兼做地下室的环境景观，日处理能力 550t。非传统水源利用率约 5%
废弃物系统	垃圾收集系统	根据垃圾运输距离在地下室设计 4 个集中垃圾收集站，在各栋研发办公及公寓建筑每层均预留垃圾收集间

---

❶ http://baike.baidu.com/link?url=lr4A6OCBaIfuOGpoS_goRmDOoLWqrmqE1eR7－rrB6rQS3 RJLYF-Wua2MtFvwHXGEqD_5cKX2Ifzr3KIPzFNDM3_

(2) 与建筑创意高度融合的本体绿色技术

园区建设以建筑创意和技术的融合作为重要目标，在实施方法上把建筑设计重要部位进行分解，如建筑空间、生态表皮等，再把绿色建筑中对相关功能的技术要求量化和数据化。

采用精细化的窗墙比控制方法，分析不同建筑平面和垂直方向的辐射条件；根据日照、景观、噪声条件设定指标性要求，如采用诸如遮阳板、隔声窗为造型要素的表皮设计，既能通风又能隔声的幕墙，新型的遮阳构造，高层低成本立体绿化等（图4-2-55～图4-2-57）；对建筑布局进行参数性设计，如办公空间进深，核心筒、中庭尺度，建筑开口位置方向和形式等；规模化应用高强度钢材；在结构形式上大规模采用钢—混凝土组合结构等。

图4-2-55 外立面遮阳（根据深圳湾科技生态园项目整理）

(3) 以舒适、健康、高效为目标的环境技术

采用高效设备，如高性能节水系统、高能效空调系统、太阳能光热光电系统，尽可能降低建筑能耗；创造舒适室内环境，设计小区级气象站、CO和CO_2监测系统、室内污染物监测系统；控制环境噪声，综合应用建筑遮挡、环境营造、空隔声窗、隔声楼板、设备减震垫等技术解决环境噪声问题；多元采光照明，充分利用中庭、天井、光导管、反光板等技术提升自然采光，采用LED作为公共区域规模化光源（图4-2-58）。

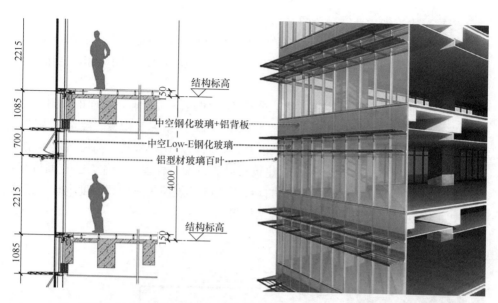

图4-2-56　外墙构造做法示意（根据深圳湾科技生成园项目整理）

图4-2-57　生态表皮（根据深圳湾科技生态园项目整理）

（4）建造运营

以"感知园区"、"生态园区"、"智慧园区"、"数据银行"为四大特色的智慧目标，搭建了以大数据和云计算为核心技术的园区级智慧管理平台，配置园区级的数据中心。在系统构架上采用"五层架构、两大体系"，自下而上包括感知层、

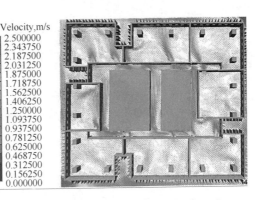

图 4-2-58　垂直遮阳系统对建筑室内通风环境的影响（根据深圳湾科技生态园项目整理）

网络层、支撑服务层、应用层和展示层，以及信息安全保障体系与标准规范体系。在系统集成、设备设施管理、公共安全、建筑环境、信息化应用等方面开发了数十项应用，对园区实现全面的即时管控。

建立全过程的绿色施工指导。在施工过程中编制详细的绿色施工技术指导书，采用水土流失和沉积控制、扬尘、现场废气污染控制、水污染控制、现场噪声控制、材料污染控制、垃圾控制与材料资源利用、建筑物室内环境污染控制等措施，充分利用绿色施工技术减少建设施工对环境的影响。

深圳湾科技生态园着力打造"互联网＋绿色建筑"，在大数据时代的背景下，改变以往园区功能并置的简单模式，整合共性功能，形成资源共享的信息网络，由垂直单线的产业链条发展成为水平交互的产业集群，深圳湾科技生态园的实践为未来深圳绿色建筑发展模式提供了宝贵的先行经验。

3. 深圳绿色建筑被动技术与星级技术

根据深圳市自然资源条件及绿色建筑技术现状的基本情况，在对深圳市绿色建筑关键技术应用的适宜性、匹配性进行综合研究分析的基础上，确定深圳市适宜绿色建筑被动技术与星级技术体系见表 4-2-10、表 4-2-11。

深圳市适宜被动式技术　　　　表 4-2-10

序号	地域特点	适宜性技术
1	全年年平均气温 22℃	春秋季可优先采用以自然通风和机械辅助通风的模式实现室内热舒适
2	全年日照时数为 2120 小时，年太阳辐射总量大于每平方米 5225 兆焦耳，属于全国太阳能资源次丰富区，具备可利用的条件	通过设计太阳能光电系统为走道、地下室等提供照明用电，并采用太阳光热系统满足用户热水需求。同时可充分利用自然采光改善办公或居住空间及地下空间的光环境

续表

序号	地域特点	适宜性技术
3	夏季盛行偏东南风,其余季节盛行东北季风,天气较为干燥	建筑布局、朝向要充分利用自然通风。同时考虑建筑内部中庭设计等
4	年降水量约为1933.3mm,雨量充足,每年4~9月为雨季,具备雨水收集利用和集中管理排放的条件	充分收集雨水资源。采用多样式的调蓄手段,最大限度利用雨水资源
5	气温温和,生物物种丰富	场地生态多样性、功能性(固碳、吸尘、杀菌、降噪、遮阳、湿地)
6	属亚热带海洋性气候,建筑全年存在空调负荷	利用地源热泵空调系统制冷,减少常规化石能源使用

深圳市适宜绿色建筑星级技术　　　　表4-2-11

技术内容	技术措施	技术选用			
		强制实施	一星级	二星级	三星级
节地与室外环境	地下空间利用		●	●	●
	场地灾害防治(危险源、污染源)	●			
	场地通风、噪声、采光分析		●	●	●
	场地生态保护(绿色施工、生态复原等)		●	●	●
	场地生态环境,包括住区热岛(不小于1.0℃)、本土植物(不小于70%)、绿化、透水地面(住区室外透水地面面积比不小于45%,公建不小于40%)		●	●	●
	周边配置(公共服务设施、交通等)		●	●	●
节能与能源利用	控制窗墙比和建筑朝向,采用节能外墙、屋顶、玻璃或外遮阳等达到节能65%	●	●	●	●
	节能照明系统		●	●	●
	其他节能设备(水泵、电梯)	●	●	●	●
	居住建筑50%以上的住户采用太阳能热水系统或地源热泵空调系统,公建项目采用太阳能热水系统和太阳能光伏发电,可再生能源产生的热水量不低于建筑生活热水消耗量的10%,或可再生能源发电量不低于建筑用电量的2%		●	●	●
	2万平方米以上的大型公建项目采用能耗监测系统		●	●	●

续表

技术内容	技术措施	技术选用			
		强制实施	一星级	二星级	三星级
节水与水资源利用	水系统规划分析		●	●	●
	节水器具的利用	●	●	●	●
	绿化灌溉采用喷灌、微灌等高效节水灌溉方式			●	●
	雨水收集利用		●	●	●
	中水回用于室外场地及户内冲厕（非传统水源利用率办公楼、商场类建筑不低于40%，旅馆类建筑不低于25%，住区不低于30%）				●
节材与材料资源利用	本地材料利用		●	●	●
	施工过程选用现浇混凝土采用预拌混凝土		●	●	●
	在建筑设计选材时考虑选用可再循环材料。可再循环材料的利用率不低于10%			●	●
	施工过程优先选用以废弃物为原料生产的建筑材料，其用量占同类建筑材料的比例不低于30%		●	●	●
	土建装修一体化（住房项目精装修比例不低于50%）		●	●	●
室内环境质量	室内自然采光		●	●	●
	室内隔声		●	●	●
	室内自然通风	●	●	●	●
	空气质量控制		●	●	●
运营管理	垃圾分类回收率≥90%		●	●	●
	绿色施工	●	●	●	●
	住区智能化系统		●	●	●
	节能、节水、节材、绿化物业管理		●	●	●

绿色建筑设计不能是绿色建筑技术的简单堆砌，还要考虑增量成本的控制。发展绿色建筑的最终目的是以人为本，创造舒适的居民生活、办公体验，切实地在运营中实现资源的集约和节能利用，减少人工的服务。

2.6.3 规模化发展绿色建筑展望

深圳市绿色建筑起步较早，并且一直致力于探索在持续发展与资源环境遭遇瓶颈约束矛盾之下，以低碳生态理念推动城市发展模式转变，实现经济社会与生态环境的协调可持续发展。深圳湾科技生态园绿色建筑的示范规模化推进是深圳实现节能减排目标的重要探索，是推进深圳传统产业实现跨越发展的引擎，极具推广性，可以更好地引领带动深圳市其他新区的绿色建筑规模化普及，改善民生，转变城镇发展模式。

深圳市经过几年的规划和建设，低碳生态的建设方面总体水平提升明显，特别在万元GDP能耗、水耗在全国处于领先水平[9]，这与深圳大力发展绿色建筑，加速迈进绿色建筑时代有着直接关系（图4-2-59、图4-2-60）。合理的规划布局和建筑设计、因地制宜地选择适用的技术和产品是绿色建筑的内涵，更多的关注于房屋的能耗、材料、二氧化碳的减排等建筑节能等方面，形成绿色建筑的市场需求，可以有效地促进建筑节能和绿色建筑在全社会广泛地推广应用。

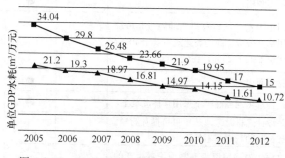

图4-2-59　2005～2012年单位GDP水耗指标对比

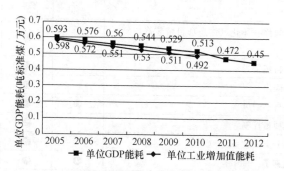

图4-2-60　2005～2012年单位GDP能耗指标对比

深圳以绿色建筑为基础，建设人与建筑、城市与环境和谐发展的绿色建筑示范都市、成为建设生态文明和落实科学发展观的典范、成为全国发展绿色建筑的领先示范，为我国规模化推广应用绿色建筑进行了宝贵的探索、积累了政策、技术、标准及管理经验。

2.7　海绵城市建设实践❶

习近平总书记关于"加强海绵城市建设"的讲话指出，建设生态文明，关系

---

❶　边晋如，北京市中城深科生成科技有限公司

人民福祉，关乎民族未来。2013年12月，中央城镇化工作会议要求，"建设自然积存、自然渗透、自然净化的海绵城市"。在此背景下，2014年11月住建部出台了《海绵城市建设技术指南——低影响开发雨水系统构建》。同年12月，住建部、财政部、水利部三部委联合启动了全国首批海绵城市建设试点城市申报工作。2015年起，国家开始要求大力建设"海绵城市"。同年10月，国务院办公厅印发《关于推进海绵城市建设的指导意见》，部署推进"海绵城市"建设工作。在2015年年底召开的中央城市工作会议上，习近平总书记再次提出，要提升建设水平，建设"海绵城市"。

海绵城市建设统筹低影响开发雨水系统、城市雨水管渠系统及超标雨水径流排放系统。低影响开发雨水系统可以通过对雨水的渗透、储存、调节、转输与截污净化等功能，有效控制径流总量、径流峰值和径流污染；城市雨水管渠系统即传统排水系统，应与低影响开发雨水系统共同组织径流雨水的收集、转输与排放。超标雨水径流排放系统，一般通过综合选择自然水体、多功能调蓄水体、行泄通道、调蓄池、深层隧道等自然途径或人工设施构建，可用来应对超过雨水管渠系统设计标准的雨水径流（图4-2-61）。

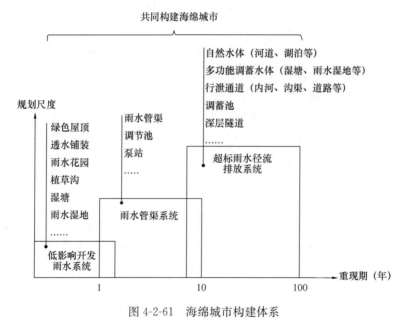

图 4-2-61 海绵城市构建体系

2.7.1 海绵城市建设试点

1. 试点城市申报

2015年1月，财政部发布《关于开展中央财政支持海绵城市建设试点工作的通知》（简称《通知》）。《通知》称，根据习近平总书记关于"加强海绵城市建设"的讲话精神和近期中央经济工作会要求，财政部、住建部、水利部决定开展中央财政支持海绵城市建设试点工作。根据《通知》，中央财政对海绵城市建设试点给予专项资金补助，一定三年，具体补助数额按城市规模分档确定，直辖市每年6亿元，省会城市每年5亿元，其他城市每年4亿元。对采用PPP模式达到一定比例的，将按上述补助基数奖励10%（图4-2-62）。

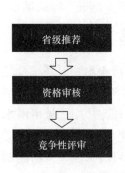

图 4-2-62　海绵城市试点申报流程

针对资格审核部分，试点申报城市需要符合以下条件：

（1）城市人民政府成立工作领导小组。

（2）编制或修编城市水系统（包括城市供水、节水、污水处理及再生利用、排水防涝、防洪、城市水体等）、园林绿地系统、道路交通系统等专项规划，落实海绵城市建设相关建设要求，并与城市总体规划相协调。

（3）城市发展对排水防涝基础设施建设、调蓄雨洪和应急管理能力需求强烈。试点区域总面积原则上不少于 $15km^2$，多年平均降雨量不低于400mm。优先鼓励旧城改造项目。包括城市水系统、城市园林绿地、市政道路、绿色建筑小区等。

2. 试点基本情况

全国共有130多个城市参与了第一批海绵城市试点竞争，经过筛选有34个进入初步名单。根据政策要求，竞争性审核中，在满足硬性条件的基础上，各个城市在海绵城市建设上总体思路是否清晰、地方政府的重视程度、项目可行性以及投融资模式上的创新性最终决定试点城市。2015年3月4日，三部委确定22个城市参与国家海绵城市建设试点城市竞争性评审答辩，最终16个城市获得海绵城市的资格。试点城市名单见表4-2-12。

第一批海绵城市试点名单（2015年）　　　　　　表4-2-12

序号	试点城市	所属省份	序号	试点城市	所属省份
1	迁安	河北	3	镇江	江苏
2	白城	吉林	4	嘉兴	浙江

续表

序号	试点城市	所属省份	序号	试点城市	所属省份
5	池州	安徽	11	常德	湖南
6	厦门	福建	12	南宁	广西
7	萍乡	江西	13	重庆	
8	济南	山东	14	遂宁	四川
9	鹤壁	河南	15	贵安新区	贵州
10	武汉	湖北	16	西咸新区	陕西

首批试点城市来自于全国16个不同的省份，涵盖全国东部、西部、南部、北部、中部拥有建设海绵城市需求的大部分地区，未来可为不同气候、地质条件的城市提供海绵城市建设经验。第一批试点以二、三线城市为主，大部分城市行动较早，多个海绵城市项目已经先行，试点示范项目多数从主要工程和重点地块出发，全市（县、区）范围的海绵体建设较为有限。

16个试点城市计划建设项目992个，投资279亿元。截至目前，已开工建设并形成实物工作量的项目593个，占59.8%；完成投资184亿元，占66.1%。通过摸底调研，部分已经完成的项目在缓解城市内涝、改善城市水环境等方面，已经初见成效。

在2016年的申报中，住建部要求，自4月起各地需在每月5日前填报"海绵城市"建设项目包的建设进展情况，同时，该记录表将作为申请"海绵城市"试点、专项建设基金及政策性开发性金融机构优惠贷款的基本条件。虽然第二批"海绵城市"申报条件加码，不过并不能阻止各省市申报的热情，超过20个省市发布推进"海绵城市"的相关规划，数千个项目被启动。截至目前，第二批"海绵城市"评选结果也已公布，14个入选城市见表4-2-13。与第一批试点不同，第二批试点城市囊括了北京、上海、深圳等一线城市。

第二批海绵城市试点名单（2016年）　　　　表4-2-13

序号	试点城市	所属省份	序号	试点城市	所属省份
1	福州	福建	8	庆阳	甘肃
2	珠海	广东	9	西宁	广西
3	宁波	浙江	10	三亚	海南
4	玉溪	云南	11	青岛	山东
5	大连	辽宁	12	固原	宁夏
6	深圳	广东	13	天津	
7	上海		14	北京	

2.7.2 海绵城市试点建设案例

下文以首批试点的遂宁市、位于排水低区的常德市和北方平原地区节水型城市白城为例进行海绵城市建设实践案例介绍。

1. 四川省遂宁市

遂宁市位于四川盆地中部，涪江中游，与成都、重庆呈等距三角，是四川省战略部署建设的"六大都市区"之一，市城区建成区面积 75.90km²，人口 63.67 万，是西部地区唯一入选全国首批 16 个海绵城市试点的地级市。整个遂宁海绵城市建设项目的建设目标可归纳为"小雨不积水，大雨不内涝，水体不黑臭，热岛有缓解"，项目试点区面积为 25.8km²，计划总投资 58.28 亿元，分为建筑小区、市政道路、公园湿地、排水设施、生态修复、供水保障、能力建设 7 大类共 346 个项目，计划到 2017 年全部完成❶（图 4-2-63）。

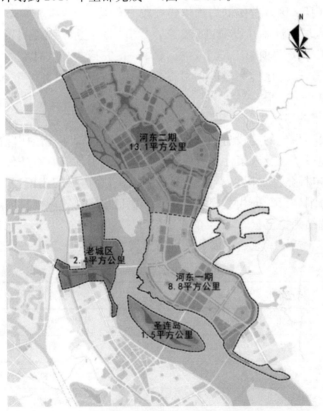

图 4-2-63　遂宁市海绵城市建设试点区范围图

---

❶ http://sc.people.com.cn/n2/2016/0406/c345167-28084645.html 人民网四川频道

（1）海绵城市专项规划

遂宁申报试点成功后即编制《遂宁市海绵城市建设试点实施计划（2015～2017）》，当前已根据该实施计划超额启动44个项目（2015年项目26个，2016年项目18个）。遂宁还于2016年编制了国内首部海绵城市专项规划——《遂宁海绵城市建设专项规划》，因地制宜提出以"国家海绵城市典范"为总目标，将遂宁建成全国浅丘平坝地区内涝防治示范、老城区水环境综合治理示范、滨江水生态文化示范。

（2）重构城市水系统"大海绵"

遂宁依靠其丰富的自然江河、湖泊、坑塘（湿地/洼地），通过涪江（观音湖、唐家渡）沿江溢流污水湿地调蓄净化、沿江湿地建设、岛屿生态保护、特色水城生态水系建设、沿江五彩缤纷路、滨江路改造，以及渠河中路景观改造、渠河海绵整治等工程的建设，完善了水环境治理和水生态修复，梳理和优化了整个城市的水系统，正逐步建成遂宁的"大海绵"。

（3）建设雨水系统"小海绵"

遂宁通过在25.8平方公里试点区内的街角小院、停车场等角落植入"小海绵体"来建设低影响开发雨水系统，包括公园湿地类、道路类、排水设施类、生态修复类、供水保障5类共计160个项目。通过这些"小海绵"的不断建设，遂宁也朝着"小雨不积水，大雨不内涝，水体不黑臭，热岛有缓解"的目标不断向前（图4-2-64）。

图4-2-64　环岛商务中心蜂窝状蓄水模块（左）；五彩路世纪锦江段蓄水模块搭接安装（右）
（图片来源：http：//sc.people.com.cn/n2/2016/0406/c345167-28084645.html）

2. 湖南省常德市

常德市位于湖南北部，洞庭湖西侧，是湖南省省域副中心城市，环洞庭湖生态经济圈核心城市之一，也是长株潭3+5城市群之一。常德市现有河湖面积78万亩，年均径流总量1356亿 m^3，占洞庭湖年均入湖径流总量的48%。常德市绝大部分区域均为排水低区，所有的雨水均需要泵站进行提升才能进入沅江，城市在汛期排水压力重大。常德市充分考虑此现状,从源头至收纳水体,建立江北城区三个水圈及三层次排水模式,以此践行海绵城市"渗、滞、蓄、净、用、排"理念,在全国范围内具有一定的示范及推广作用。

(1) 打造三个水圈构建排水骨架

第一水圈(渐河、花山河、沾天湖、柳叶湖、马家吉河)阻隔外围山洪,通过渐河、花山河、马家吉河进行导排,同时利用沾天湖与柳叶湖巨大的调蓄能力进行调蓄,一定程度上降低了常德市被外来洪水侵袭的可能性;第二水圈(白马湖、穿紫河、姻缘河)为常德市江北城区重要的雨水收纳水体,城区内所有雨水均通过泵站、管道进入该条水系,而后再通过南碚泵站提升进入沅江,或通过新河排涝泵站提升至柳叶湖进行调蓄;第三水圈(沅江)是常德市所有雨水的最终的收纳水体。通过打造上述三个水圈,常德市构建了江北城区重要的排水骨架,为雨季排水提供了先导条件(图4-2-65)。

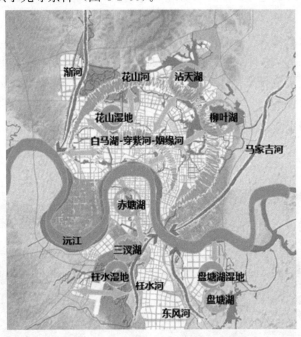

图 4-2-65　常德市三水圈布局图

(2) 建设三层次排水体系消纳雨水

第一层次(微排水系统):日降雨25mm(老城区改造区域为10mm)以内降雨利用下凹式绿地、透水性铺装、绿色屋顶以及调蓄池进行源头消纳,同时绿地和屋顶绿化也在一定程度上处理了初期雨水中部分污染物。第二层次(小排水系统):日降雨200mm以内降雨通过管道进行导排至城区内部水系。由于常德市为低排水地区,雨水在进入水系之前,需要泵站进行提升,为了防止初期雨水对水系的污染，规划提出对雨水泵站的前池进行改造，采用生态滤池或氧化塘处理工艺。处理后的雨水一方面利用水系导排，一方面也为水系起到补水和换水的作用。第三层次（大排水系统）：日降雨大于200mm的降雨通过水系、泵站等排涝设施进行导排至沅江。三个层次排水模式促使常德形成"渗—滤—滞—净—蓄—排"的复合排水体系，能够在雨水排放、减少城市内涝的同时，减少初期降雨面源污染并且实现雨水的资源化利用（图4-2-66）。

图4-2-66　常德市柏子园排水泵站前池（生态滤池处理工艺）
（图片来源：http://www.fanhua.net.cn/3jyly_6fhjs_1xx.aspx？nid=15630）

3. 吉林省白城市

白城市位于吉林省西北部，嫩江平原西部，科尔沁草原东部，是全国节水型井灌区建设示范市和国家生态建设示范区。白城照规划22km^{2}的土地作为"海绵城市"试点，主要包括9项308个工程，预计2017年完工。至2016年初，白城海绵城市建设工程完成三分之一，为建设"海绵城市"打下良好的基础，具备了初步的防旱防涝功能。

（1）海绵城市建设与生态城镇化相融合

白城为改善整体生态环境，实施了森林公园、鹤鸣湖生态公园、天鹅湖公园、劳动公园等一批重大项目。2015年8月，白城市政府印发了《关于全面加强生态环境保护工作的意见》。《意见》立足于白城生态环境实际情况，紧紧围绕吉林西部生态经济区建设，大力发展生态经济，统筹城乡生态环境保护和建设，切实解决影响白城转型发展的生态环境问题，提升白城市生态文明水平。2016年初，白城城区已新建大批人工湿地、水塘、人工湖，城市绿化面积得到大幅增加。

(2) 排水管网新建（改造）工程

针对白城市区内原有水泥排水管道老化、断裂、堵塞，致使排水不畅等情况进行排水管网改造工程。这项工程将原有的老管道更换成 HDPE 材质的排水管道，解决了排水管网排水不畅等问题；同时，白城增加城区污水管网建设，加大雨污分流改造力度，切实改善广大群众的生存环境和生活质量。

2.7.3 存在问题与对策

我国海绵城市建设主要存在以下几方面的问题：(1) 前期工作基础薄弱：城市现有灰色设施本身不完善，同时缺乏规划支持，部分城市并未编制城市防洪排涝等基本水安全规划，基础工作薄弱；(2) 建设目标设置不合理：总量控制率、排水防涝、防洪等指标缺乏依据、不符合实际情况，目标设定过高，无法通过考核；(3) 系统性不足：局限于绿色工程的梳理，没有系统集成；试点示范主要从重点工程和重点地块出发，全市（县、区）范围的海绵体建设较为有限，缺乏系统性建设和提升；(4) 实施方案可行性不足：方案细化不够、指标缺少量化，因地制宜体现不够；(5) 体制碎片化：未形成良好的协调机制、建设过程中管控力度较弱；(6) 投融资模式方案不实：针对不同项目类型，缺乏投融资模式考虑或有投融资方案但缺乏可行性。

对于上述问题，未来海绵城市建设可采取的对策包括：(1) 海绵城市系统可从大到小分为区域、城市、社区、建筑四个层面，抓住每个层面进行低影响开发的侧重点，上下结合推进系统创新。(2) 根据年径流总量控制率分区，建立科学合理的城市"海绵度"测评体系并给予奖励引导。(3) 海绵城市规划与智慧水务结合，有效协调整个海绵系统。(4) 建立良好的管理控制机制，整体推进，统筹协调，分工负责，并通过绩效考核进行监督和评价。(5) 鼓励整体打包，建立流域、片区，广泛选拔，找到真正适合当地海绵建设的主体。(6) 对专项施工设置准入门槛，设计人员做好现场指导，协助建立良好施工习惯。(7) 建立维护机制，保证长效稳定运行。

3 低碳生态城市实践经验与反思[1]

3 The Experience and Reflection of the Low-carbon Eco-city Construction

十三五规划开局之年,加强对我国低碳生态城市建设实践的经验总结与反思,把控现状、剖析问题、总结经验、反思教训,提出对策建议,对我国城市创新实践具有现实指导意义。

低碳生态城市的建设为我国建设资源节约、环境友好型社会提供了众多经验,部分地区在绿色生态城区、生态社区、老旧小区改造、美丽乡村建设等方面已经取得一定进展,但由于受到地域特征、发展阶段、经济发展水平等因素的影响,低碳生态城市在区域协同、联动发展、管理实施等方面还存在诸多不足:

1. 区域协同发展不均

在中国快速城镇化的背景下,盲目关注大城市,忽视中小城市、过分强调新建城区,而忽视对既有城区的改造成为当前低碳生态城市区域协同发展中的重要问题。一方面,新建城区多因基础设施配套不足,又缺乏足够产业支撑,造成土地资源的浪费,有潜在的"空城"可能,另一方面,既有城区也面临各种环境问题,亟须提升生态宜居品质。目前部分用地紧张城市如北京、深圳等地已经开展既有城区提升的实践,如北京首钢工业区改造等项目,符合减量、增效、精细化的生态发展趋势。

2. 区域联系互动不足

低碳生态城市建设的核心理念之一是以人为本,结合环境特色,融于自然,实现人与自然的和谐共生。忽视城市与区域相关的整体观念和对城市周边生态环境保护,追求小系统范围内高效、经济和低污染的局部思维模式都是与低碳生态城市的建设理念格格不入的。低碳城市建设要打破行政区划界限,从区域整体对生态城市建设进行统筹全面规划,并对资源进行合理配置和调控,增强城市和区域的可持续发展能力。

3. 生态标准执行力度较弱

我国当前存在立法、体制、群众生态意识等在内的生态城市建设的支撑体系不健全的问题,导致生态标准的执行力度较弱,同时,我国生态规划未引入法定

---

[1] 闫坤,北京市中城深科生态科技有限公司

规划程序，致使生态规划与相关规划的协调性不够，生态城市规划与现行城市规划没有正确界定，出现了城市规划和生态规划两张皮的现象，此外，我国缺少将生态城市建设目标和内容融入现行或即将制定的专项规划中的有效工具和手段，因此导致了低碳生态城市建设推动缓慢。未来应加强对地方生态城市建设的政策标准指导，探索将顶层设计的概念指引与地方的法律相结合，加强与低碳生态城市建设相关的法律政策制定和出台。

因此，通过对现有优秀低碳生态城市实践案例进行系统、全面的分析总结，能够为新常态下的低碳生态城市建设带来经验借鉴。

3.1 经 验 总 结

1. 绿色发展成为城市建设的普遍共识

各个部委均从不同角度推进绿色生态建设，如全面开展各地区低碳城市示范试点建设工作，加大生态城市建设资金支持力度，出台一系列引导性政策措施、管理计划等，切实推动了多元化、多样性、可复制、可推广的低碳生态城市示范体系的发展，对于在全国范围内推进绿色化建设起到了良好的促进作用。同时，在国家、地方层面积极开展生态城市建设的国际合作，如成立中美、中欧低碳试点城等，建立国际长期、稳定的合作机制，通过引入国际上生态城市建设的先进理念方法，为我国城市开发建设提供了可借鉴、可推广的发展思路。

2. 低碳生态建设呈现融合发展态势

随着绿色建筑普及、规模化发展，各地绿色生态城区规划建设的普遍展开，目前生态建设实践活动从对绿色生态城区的关注逐步过渡到对海绵城市、综合管廊等城市基础设施的具体扶植，在国家、地方政策的双重支持战略契机下，海绵城市、综合管廊已成为推动绿色发展的新方式。据统计，全国有130多个城市制定了海绵城市建设方案，并积极开展海绵城市、地下综合管廊试点城市申报工作。

3. 创新实践稳步推进渐呈成效

我国生态城市起步较晚，尚无成熟的发展模式可循，但通过开展示范试点，一些先行先试的地区已积累了相当可贵的实践经验。他们虽然发展阶段不同，建设模式不同，但大都集中体现绿色发展理念，同时基于自身优势特色，进行了不同侧重点的开发建设。如深圳针对生态安全格局保护提出的基本生态控制线要求以低冲击开发为抓手，在低碳能源和低碳市政方面做出更多的探索（图4-3-1）。

随着城市建设发展从关注规模扩张到内涵提升的转变，部分生态城市建设积极探索将低碳生态理念植入城市规划的可行方法和途径，尝试将绿色生态的要求落入到法定规划的实施手段，提高绿色生态规划的可操作性和实效性，如在规划

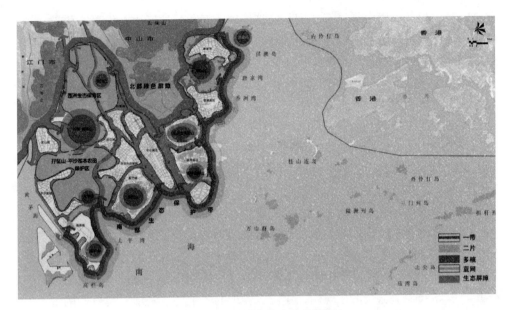

图 4-3-1　深圳市生态控制线图

建设管理环节，将绿色建筑、绿色交通等生态指标纳入控制性详细规划图则中作为土地出让的前提条件之一，在部分地区尝试建立"用地控制图则－空间设计导则－低碳生态图则"的导控方法，力争使绿色生态要求纳入到法定规划的程序中，成为城市规划管理的强效手段。

3.2 实践反思

低碳生态城市建设已进入新常态下发展的新阶段，需要我们逐步实现思想转变、意识提高、观念更新、理论深化，深度推进我国低碳生态城市的建设实践活动。基于以上问题的分析总结，提出以下对策，以期对生态城市发展起到良好的促进作用。

1. 实施多元化、复合化的建设实践

中央城市工作会议为我国城市的发展提出了新的要求：城市规划建设应严格按照紧凑集约、盘活存量、做优增量的方向发展，实现生产空间集约高效、生活空间宜居适度、生态空间山清水秀。现阶段我国生态城市建设实践以生态新城、新区为主要形式，新城新区的绿色化发展已经有了较好的规划方法和实践基础，但是绿色有机更新尚处于起步阶段，亟须从新城建设向老旧城区改造、新城区发展和绿色建筑单体推进等多层面、多类型的协同推进，注重精细化设计，体现本地化原则，适当应用超前性和可操作性兼具的技术思路。对于中小尺度地区低碳生态规划及建成区的低碳生态化改造是当前中国进行生态城市规划建设的重中之重。同时，积极探索中小城镇特别是经济发展相对落后地区生态发展新模式，避免走以牺牲生态环境换取经济发展、有效引导中小城镇可持续发展，是我国现阶段生态城市建设实践中不可忽视的工作重心。

2. 完善相关的配套标准体系建设

国家虽然在顶层设计上对生态城市建设提出了明确的要求，但由于我国各城市在发展阶段、地域特征、经济水平等方面存在较大差异，发展模式也大相径庭，各地应当结合地方实际，因地制宜，制定不同的评价标准和技术导则。由于我国低碳生态城市建设管理和保障机制与规划建设不同步，国家层面规范、标准体系的缺失，各地在编制生态城市指标体系、评价标准和技术导则等方面，缺乏有效的政策依据，目前仅北京、重庆和安徽等发布相关的指导政策。国家部委应加强与地方的合作研究，加大顶层设计与推动地方实践相结合，在推进低碳生态城建设的同时，加快出台各项管理政策、技术导则，加大对地方低碳生态规划管理的指导，督促地方在工作中落实生态城的规划管理要求，通过构建完善的政策体系，引导低碳生态城市在规划、建设、管理的各个环节实现发展目标的统一和相关配套措施的协同推进。

3. 建立健全的后评估体系

我国低碳生态城市建设注重规划引领和目标导向的确立，对后评估机制和体系的建立尚显不足，发展过程中有必要通过建立和完善实施考核，引入高新技术手段来辅助规划管理，加强对低碳生态城市规划建设情况的年度动态跟踪、指导和监督，及时发现其中的问题，并进行评估评价和总结推广。除此之外，还应充分发挥公众参与的力量，加强低碳生态城市规划和建设的监督和落实，保证规划决策的可行性与科学性。各地应在进行规划建设的同时注意总结梳理实践过程中的经验和不足，及时发现和纠正出现的问题，并将成熟、适宜的低碳绿色技术进行推广应用，以期更好地促进我国城市的转型发展。

参考文献

[1] Pmr. 中国碳市场观察. 2016.
[2] 李佳. 国内碳交易试点省(市)进展与国际碳交易体系对比研究[J]. 风能, 2014, (12): 68-71.
[3] 黄琲斐. 德国：城市更新之路(续一)[J]. 北京规划建设, 2005, (01): 126-131.
[4] 刘琰. 我国绿色生态城区的发展现状与特征[J]. 建设科技, 2013, (16): 31-35.
[5] 中国城市科学研究会. 中国绿色建筑[M]. 北京：中国建筑工业出版社, 2015.3.
[6] 朱于丛, 方军.《深圳市绿色建筑促进办法》相关政策简要解读[J]. 深圳土木与建筑, 2013, (04): 5-7.
[7] 孙延超, 余涵. 高密度城市下的绿色园区实践探索——深圳湾科技生态园项目设计[J].

建筑技艺，2013，(02)：94-99.
[8] 孙延超，刘俊跃. 走向园区的绿色建筑——深圳湾科技生态园的绿色实践[J]. 南方建筑，2015，(02)：21-27.
[9] 查红军，崔翀. 转型背景下的深圳低碳生态示范市规划建设[J]. 建筑经济，2014，(02)：13-18.

第五篇 中国城市生态宜居指数（优地指数）报告（2016）

城市生态宜居发展指数体系（以下简称"优地指数"）旨在通过多方位评估、考核，了解全国地级市以上城市的生态建设力度和建设成效之间的关系，从中梳理和总结中国生态城市发展特色，寻找城市宜居建设的可持续发展路径。

自2011年发布至今，优地指数已连续应用评估六年。2016年度的优地指数研究尝试以城市群为单位进行研究分析，通过对不同区位、具有不同发展侧重、在生态宜居方面受到各自禀赋影响的城市群进行整体分析，着重对各城市群之间的经济发展、城镇化水平、资源与能源利用效率及生态建设等相关指标进行全面的深入分析评估。对比2013～2016年的研究结果可以发现，被评城市群展现的趋势已经逐步呈现出城市宜居发展的规律：2016年发展型城市群与提升型城市群数量较2013年明显提升，呈现出快速蔓延趋势，这说明随着新型城镇化的不断推进，生态文明的理念已经不断深入到城市群的建设发展中。

评估结果表明：2016年被评城市群总体建设力度和建设成效相较2015年均有所提升，城市转变发展模式效果初显，城市生态宜居环境的改善力度与意识不断加强，城市总体向好发展，但是建设成效略落后于建设力度，同时各个城市群之间建设成效的差异呈现扩大趋势；

2016年提升型城市群数量略有下降而发展型城市数量继续增长，起步型城市群占比31.6%，本底型城市群依然是空白，表明城市群的转型任务仍然艰巨，未来还有很长的路要走。

城市建设是一个持续、动态的过程，既要关注城市建设的投入力度，把握城市发展的脉络与方向，又要随时关注城市建设的成效，全面评估投入产出比例，才能实现城市建设的低碳化、生态化、人性化。基于这一理念，优地指数将继续追踪、评估各城市的发展路径，坚定不移推动我国低碳生态城市建设发展。

Chapter V | China's Urban Ecological Livable Development Index (UELDI) Report (2016)

Urban Ecological Livable Development Index System (hereinafter referred to as "UELDI") is designed to carry out a multi-faceted assessment, examination and understanding of the relationship between the ecological construction efforts and performances of the above-prefecture-level cities nationwide, summarize the characteristics of Chinese eco-city development and seek the path of the sustainable development of the urban livability construction.

Since the first release in 2011, this UELDI assessment has continued for six years. The research in 2016 attempts to take city clusters as the units of research and analysis, and to conduct a comprehensive in-depth analysis and evaluation of the economic development, the degree of urbanization, resource and energy efficiency and ecological building and other relevant indicators among the city clusters with different geological locations, development focuses and objective influences of various natural conditions in livable aspects through a holistic approach. Comparing the results from the year 2013 to 2016, it can be concluded that that the city clusters under this assessment have been gradually showing the trend of becoming more livable: there is an obvious increase in the number of the developing city clusters and also the improving city clusters in 2016 as compared with that in 2013; a rapid spreading trend is appearing, which indicates that the concept of ecological civilization has taken roots deep into the city cluster construction and development as the new-type urbanization continues.

The assessment results show that: the efforts and effects in the rated city cluster construction have improved in 2016 comparing to that in 2015; as the transformation of urban development model begins to gain good results and the capabilities and awareness of improving the urban ecological livable environment strengthened, the overall urban work is developing in a better direction. But the effects lag slightly behind the efforts in eco-city building while the gaps of construction results between various city clusters are widening; in 2016, the number of the improving type of city clusters falls slightly, the number of the developing-type city clusters continues to grow, the starting-type city clusters accounts for 31.6% of the total while the bottom type of ones is still blank, indicating that the task of the city cluster transformation is still arduous and there's a long way to go in the future.

City building is an ongoing dynamic process. We should not only pay attention to the investment in urban construction and grasping its context and direction but also concerning about its effectiveness and making a comprehensive assessment of the input-output ratio in order to achieve a low-carbon ecological and humane urbanization. Based on this idea, this UELDI will continue to track and assess the development paths of various cities and unswervingly promote the low-carbon eco-city construction.

1 背景：中国城市生态宜居发展指数
1 Background: China's Urban Ecological Livable Development Index

1.1 优地指数发展回顾

研究组[1]于 2011 年提出"城市生态宜居发展指数"（以下简称"优地指数"），以期对中国城市的生态、宜居发展特征进行深入的评价和研究。优地指数评价体系提出一个新的评估方法，即对城市的生态、宜居建设从软（行为过程）、硬（结果成效）两方面进行全过程的考核。优地指数的构建遵循"结果—过程"的二维结构（图 5-1-1），其中结果类指数用于评价城市生态宜居发展建设的结果与成效，过程类指数则用于评估城市在生态宜居、建设过程的行为力度。评估竭力包容已有关于城市生态、宜居等方面较权威的综合评估结果，并在此基础上进行整合，实现与经济、社会、环境等各类评价指数的对接。具体来说，构建优地指数的指标体系表现为：

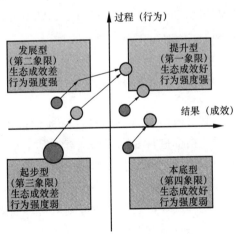

图 5-1-1 优地指数的"结果-过程"二维结构示意图

---

[1] 中国城市科学研究会生态城市专业委员会重点研究课题——由深圳建筑科学研究院股份有限公司组织科研小组研发成果。

- 结果类指数：主要反映城市生态建设的成效，从经济（城市经济发展）、社会（宜居生活程度）、环境（生态环境状况）三方面来进行衡量。本研究借力已发布的权威指数成果（中国城市综合竞争力、中国城市生活质量指数、中国城市绿色发展指数等），并纳入住建部颁布的获奖范例和试点城市排名（人居环境获奖城市、国家园林城市、中国城乡建设范例城市和国家生态园林试点城市等），以反映城市生态宜居建设的结果与成效。
- 过程类指数：着重体现"发展"，通过跟踪城市生态宜居建设的指标变化，评价城市生态建设过程中的生态行为和努力程度，将其分解为生态、宜居和发展三个子类别，分别选取指标来反映这三个子类别的状况。其中，生态类指标由能源、水资源、大气、垃圾、绿地五个方面来衡量，宜居类指标通过交通、生态安全两个方面衡量，发展类指标则由政府运营管理、城镇化水平两个方面进行衡量。

优地指数评估结果简洁直观，易于对比，既避免了传统指标体系复杂庞大的缺点，又不局限于单一数值排名。两个维度考核城市生态、宜居发展特征的优地指数，构成了四象限考核结果。根据评估方法，位于四个象限的城市分别对应的生态、宜居发展特征为提升型（第一象限）、发展型（第二象限）、起步型（第三象限）和本底型（第四象限）四类。

基于优地指数评估方法，我们可逐年对中国城市生态、宜居建设现状进行整体摸底；同时也可研究中国城市生态、宜居建设的时空趋势，探索可持续的中国特色生态宜居发展道路；针对城市个体而言，通过与其他城市的横向对比及对自身发展历程的评估，我们可准确定位并找出目前生态城市建设的重点、难点、风险点，以此推动技术革新。

1.2 指标体系方法更新

在搜集梳理了39个国内外评价指标体系后，我们筛选了其中认同感较高者作为评价体系指标，再对该指标进行专家问卷调查，基于专家意见最终确认指标和指标权重。最终确定的优地指数评估指标体系中，结果类指标从可持续发展、城市高效运营、提高生活水平、提升能源效率、改善环境质量、居民幸福感受五个方面来衡量城市发展建设的成效，过程类指标则从管理高效、生活宜居、环境生态三个方面来评价城市生态宜居发展建设的过程。

1.3 优地指数评估应用方式

优地指数的评估采用城市群与城市两个维度的结合，评估内容包含城市生态宜居发展指数评估体系与市民生态宜居感受调查两部分。其中，城市生态宜居发展指数评估体系着重利用统计数据和公开评价指数，从建设成效、城市类型、均衡性、发展趋势与建设重点五个方面作出评价。市民生态宜居感受调查则主要对居民幸福感受及健康城市、绿色出行、宜居城市及低碳生活四个影响要素进行评估，和城市生态宜居发展指数形成有机互补。

1.4 城市群评估必要性及方法概述

此前我们对生态建设进行分析时，所用维度均是城市层面，即通过分析每一个城市的生态建设投入力度与成效来反映生态建设的程度。但近几年来，由于区位因素的影响，各城市的发展侧重趋于不同，在生态宜居方面也受各自禀赋的影响，表现出一定区域内的城市具有相同或相似发展模式的现象。在这种情况下，对城市群进行整体分析，能够为我们提供更加普遍的规律，便于更好地了解城市生态建设的发展情况。

城市群评估与城市评估方法大致相同，在选定指标体系后，根据人口、规模、土地面积等指标属性的不同，进行加权赋值，再通过统计处理得出分析结果。

2 评价：中国城市群的优地指数排名
2 Evaluation：the UELDI Ranking of China's City Clusters

2016年3月5日，《国民经济和社会发展第十三个五年规划纲要（草案）》提出将在"十三五"期间建设19个城市群，"要加快城市群建设发展，优化提升东部地区城市群，建设京津冀、长三角、珠三角世界级城市群，提升山东半岛、海峡西岸城市群开放竞争水平，培育中西部地区城市群，发展壮大东北地区、中原地区、长江中游、成渝地区、关中平原城市群，规划引导北部湾、晋中、呼包鄂榆、黔中、滇中、兰州—西宁、宁夏沿黄、天山北坡城市群发展，形成更多支撑区域发展的增长极。"在这样的背景下，以城市群为单位进行发展规划已成为我国目前城市发展的必然趋势，各个城市群的发展现状也引起了普遍关注。接下来，本文就将对中国城市群的优地指数评估结果进行分析探讨。

2.1 城市群分类及特点

自"十一五"以来，城市群就被作为推进我国新型城镇化的主体形态，按照前文所述规划纲要的城市群建设要求，19个城市群的分布及所辖地级市如表5-2-1所示。

2015年我国现有城市群　　　　　　　　　　　　　　　　表 5-2-1

级别	名称	包含城市
国家级	长三角城市群	上海、杭州、宁波、绍兴、嘉兴、湖州、南京、苏州、无锡、常州、镇江、扬州、泰州、南通等
	珠三角城市群	广州、深圳、香港、澳门、珠海、惠州、东莞、肇庆、佛山、中山、江门等
	京津冀城市群	北京、天津、石家庄、唐山、保定、秦皇岛、廊坊、沧州、承德、张家口等
	中原城市群	郑州、洛阳、开封、新乡、焦作、许昌、平顶山、漯河、济源等

续表

级别	名称	包含城市
国家级	长江中游城市群	武汉、黄石、黄冈、鄂州、孝感、咸宁、长沙、株洲、湘潭、南昌、九江、景德镇、鹰潭等
	哈长城市群	哈尔滨、长春、齐齐哈尔、大庆、牡丹江、吉林、四平、延吉等
	成渝城市群	成都、重庆、自贡、泸州、德阳、绵阳、遂宁、内江、乐山、南充、眉山、宜宾、广安、雅安、资阳等
	辽中南城市群	沈阳、大连、鞍山、抚顺、本溪、丹东、辽阳、营口、盘锦等
	山东半岛城市群	济南、青岛、烟台、淄博、潍坊、东营、威海、日照等
	海峡西岸城市群	福州、厦门、泉州、漳州、莆田、宁德等
	关中城市群	西安、咸阳、宝鸡、渭南、铜川等
区域性	豫皖城市群	商丘、周口、亳州、阜阳等
	冀鲁豫城市群	邯郸、聊城、菏泽、安阳、鹤壁、濮阳等
	鄂豫城市群	襄阳、随州、南阳、信阳、驻马店等
	徐州城市群	徐州、连云港、宿迁、淮北、宿州、枣庄、济宁、临沂等
	北部湾城市群	南宁、北海、钦州、防城港、玉林、崇左等
	琼海城市群	海口、三亚、湛江、茂名、阳江等
	晋中城市群	太原、晋中等
	呼包鄂城市群	呼和浩特、包头、鄂尔多斯等
	兰西城市群	兰州、西宁、白银、定西、临夏、海东等
	宁夏沿黄城市群	银川、石嘴山、吴忠、中卫等
	天山北坡城市群	乌鲁木齐、克拉玛依、石河子等
	黔中城市群	贵阳、遵义、安顺、都匀、凯里等
	滇中城市群	昆明、曲靖、玉溪、楚雄等

不同区位的城市群具有不同的发展侧重，在生态宜居方面的表现也受到各自禀赋的影响。因此在对全国各个城市单独进行细化研究之前，将城市群作为一个整体进行生态宜居建设力度与成效评估具有重要意义。

2.2 城市群生态建设排名结果

2.2.1 十九个城市群的优地指数排名

1. 2015 年 19 个城市群的优地指数评估结果

根据 2015 年的评估结果，有 5 个城市群属于提升型城市群（第一象限），占城市群总数的 26.3%；发展型城市群（第二象限）共有 8 个，占比为 42.1%；起步型城市群（第三象限）共有 6 个，占全部城市群的 31.6%；暂时没有城市群属于本底型城市群（第四象限）（图 5-2-1、表 5-2-2）。

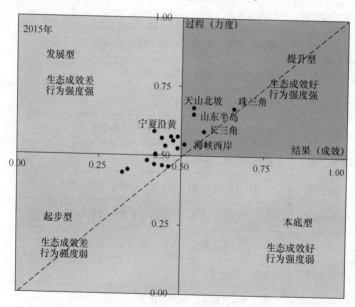

图 5-2-1 2015 年 19 个城市群优地指数评估结果

各城市群 2015 年优地指数评估结果　　表 5-2-2

类型	所在象限	城市群数量	占比	城市群
提升型	一	5	26.3%	珠三角城市群、长三角城市群、天山北坡城市群、山东半岛城市群、海峡西岸城市群
发展型	二	8	42.1%	哈长城市群、京津冀城市群、辽中南城市群、呼包鄂榆城市群、长江中游城市群、关中城市群、中原城市群、宁夏沿黄城市群
起步型	三	6	31.6%	滇中城市群、黔中城市群、北部湾城市群、成渝城市群、山西中部城市群、兰西城市群
本底型	四	0	0%	

提升型城市群大都沿海,并且经济较为发达;而起步型城市群多为内陆城市,经济欠发达地区城市居多。总体来讲,我国城市群的生态宜居成效滞后于生态宜居建设力度,无论是起步型、发展型还是提升型城市群,二者的匹配程度均不是很高,其中发展型城市群的生态宜居成效与生态宜居建设力度差距最大。

2. 2013~2015年19个城市群的优地指数评估结果变化情况

根据评估结果,珠三角、长三角、山东半岛城市群持续为生态成效好,行为强度强的提升型城市,但生态宜居成效略落后于生态宜居建设能力,此外,目前暂无城市群为生态成效好,行为强度弱的本底型城市。

起步型(第三象限)城市群由2013年的9个下降至2014年的6个,比例由47%下降至31.6%,并在2015年保持稳定;发展型(第二象限)城市群由2013年的6个下降至2014年的3个,由又在2015年上升为5个;提升型(第一象限)城市群由2013年的4个增长为2014年的10个又回落到2015年的8个。其中2014年有两个城市群由提升型落回发展型(图5-2-2)。对于一个城市来说,从起步型进入发展型城市较为容易,只要投入一定的人力、物力与财力就可以在

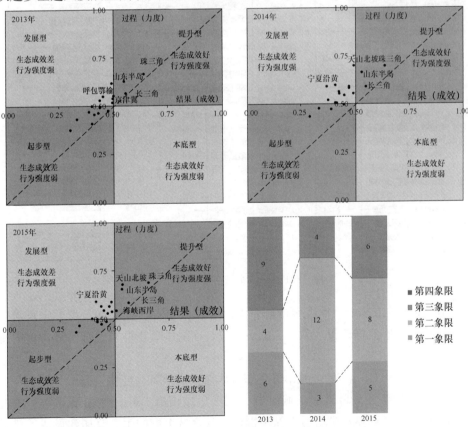

图5-2-2 2013~2015年19个城市群的优地指数评估结果变化情况

短时间内完成转型；但是从发展型进入提升型所需时间较长，需要经过长期规划与实施才能见到生态宜居建设的成效。

总体来讲，我国城市群的发展方向是低碳化与生态化，各城市对生态宜居建设的关注逐渐加强，在生态宜居建设方面投入的精力与资金也在逐年增长，我国城市群整体朝着生态更宜居的方向发展。

2.2.2 十九个城市群的生态宜居建设排名结果

1. 2013～2015年19个城市群生态宜居建设成效排名

2013～2015年19个城市群生态宜居建设成效排名如图5-2-3所示，珠三角城市群、长三角城市群、山东半岛城市群、天山北坡城市群、京津冀城市群、辽宁中南城市群以及海峡西岸城市群都曾进入全国19个城市群生态宜居建设成效排名的前五名，其中珠三角、长三角跟山东半岛城市群连续三年均位列城市群生态宜居建设成效排名的前五名之内。

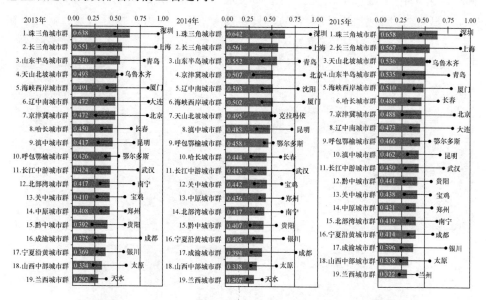

图5-2-3 2013～2015年19个城市群生态宜居建设成效排名

在19个城市群中，兰西城市群、山西中部城市群、成渝城市群、宁夏沿黄暂居城市群生态宜居建设成效排名的后四位，而黔中城市群与北部湾城市群的排名则略有波动。

2. 2013～2015年19个城市群生态宜居建设成效排名变化情况

2013～2015年，除珠三角城市群、长三角城市群、长江中游城市群、山西中部城市群与兰西城市群等五个城市群外，其余城市群的生态宜居建设成效排名情况均在不同年份有波动，其中天山北坡城市群与哈长城市群累计增幅最大，分别由 2013 年的第 7 名与第 10 名提高到 2015 年的第 3 名与第 6 名；京津冀城市群与辽中南城市群的降幅较大，分别由 2013 年的第 4 名、第 5 名降至 2015 年的第 7 名、第 8 名，空气质量等指标的影响占据一定因素（表 5-2-3）。

表 5-2-3 各城市群 2013～2015 年生态宜居建设成效排名变化情况

城市群名称	评估地级市数量	2013年 指数值	排名	2014年 指数值	排名	增减位次	2015年 指数值	排名	增减位次
珠三角城市群	9	0.642	1	0.638	1	—	0.658	1	—
长三角城市群	41	0.561	2	0.551	2	—	0.567	2	—
天山北坡城市群	2	0.495	7	0.493	4	↑3	0.536	3	↑1
山东半岛城市群	14	0.552	3	0.53	3	—	0.535	4	↓1
海峡西岸城市群	20	0.502	6	0.491	5	↑1	0.51	5	—
哈长城市群	10	0.444	10	0.45	8	↑2	0.488	6	↑2
京津冀城市群	13	0.507	4	0.472	7	↓3	0.488	7	—
辽中南城市群	13	0.503	5	0.472	6	↓1	0.473	8	↓2
呼包鄂榆城市群	4	0.458	9	0.426	10	↓1	0.466	9	↑1
滇中城市群	3	0.483	8	0.447	9	↓1	0.462	10	—
长江中游城市群	28	0.443	11	0.424	11	—	0.45	11	—
黔中城市群	3	0.407	15	0.392	15	—	0.441	12	↑3
关中城市群	5	0.442	12	0.41	13	↓1	0.438	13	—
中原城市群	8	0.436	13	0.408	14	↓1	0.421	14	—
北部湾城市群	6	0.417	14	0.417	12	↑2	0.419	15	↓3
宁夏沿黄城市群	4	0.405	16	0.369	17	↓1	0.414	16	↑1
成渝城市群	15	0.394	17	0.375	16	↑1	0.396	17	↓1
山西中部城市群	4	0.338	18	0.334	18	—	0.338	18	—
兰西城市群	13	0.307	19	0.292	19	—	0.322	19	—

整体来讲，受到 2013 年公众对空气质量关注的影响，空气质量标准的调整使得 2014 年结果指数整体下调，因此 2014 年相比 2013 年各城市的指数值有了整体性下降；在 2015 年又实现了指数值小幅提升。

2.3 中国城市群的工作重点比较

在以上 19 个城市群中，京津冀、长三角、珠三角、长江中游与成渝地区五大国家级城市群的国土面积占据全国总面积的 11.5%，人口则占到 44.8%。2014 年，五大城市群创造的 GDP 达到全国的 55.5%，对全国经济发展起到了重要的推动作用（表 5-2-4）。

五大国家级城市群的重要因素占全国比例　　　　　表 5-2-4

	国土面积（%）	人口（%）	GDP（%）
五大国家级城市群占全国比例	11.5	44.8	55.5

注：五大国家级城市群包括京津冀城市群、长三角城市群、珠三角城市群、长江中游城市群、成渝地区城市群。

从城市建设角度来说，五大国家级城市群尤其是在生态宜居城市建设中，每个城市群都有值得借鉴和学习的方面。本章将针对京津冀、长三角、珠三角、长江中游及成渝城市群的生态宜居城市建设工作进行分析。

2.3.1 生态宜居城市建设成效评估

就建设成效的总体而言，珠三角城市群在可持续发展、提高居民生活水平、提升能源利用效率与改善生态环境质量方面都为 5 个城市群中最优，长三角紧随其后，在各项指标中略低于珠三角。京津冀城市群、长江中游城市群及成渝城市群分别在提高居民生活水平、改善环境质量与提高能源利用效率方面做得较为突出，但是在其他方面稍显不足（图 5-2-4）。

2013～2015 年间，在五大城市群中，除京津冀城市群之外，其他城市群的生态宜居建设成效总体上升，其中珠三角城市群建设成效上升幅度最大，成渝城

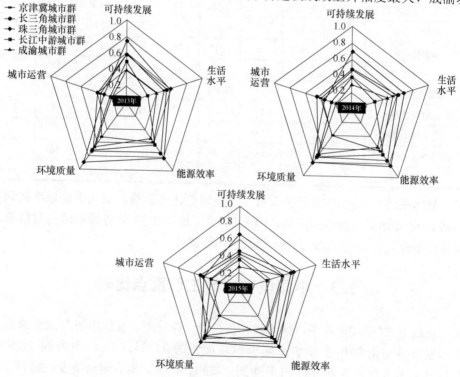

图 5-2-4　各城市群 2013～2015 年生态宜居城市建设情况

市群上升幅度最小，京津冀地区的下降幅度甚至高于其他城市群的增幅。

从各分项来看，各城市群整体在能源效率、城市运营、生活水平方面实现了改善，但是在可持续发展方面有所下滑。特别的，在改善环境的得分项，京津冀、长三角与珠三角城市群均为负分，说明城市环境有所下滑。其中京津冀地区下滑严重，很大一部分原因是空气质量的持续下降（图 5-2-5）。

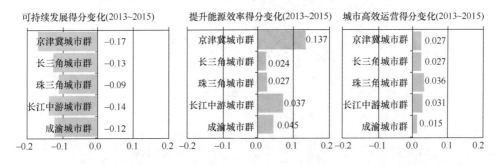

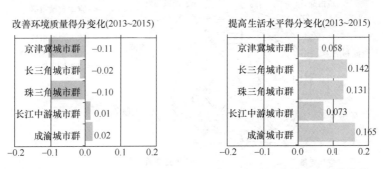

图 5-2-5　2013～2015 年各城市群生态宜居城市建设成效要素得分变化

2.3.2　生态宜居城市建设力度评估

五大城市群在城市绿化方面得分均较高，在城市管理方面得分普遍较低，说明城市管理者对于城市的整体规划把握还有待提升。自 2013 年至 2015 年，京津冀、长三角、珠三角、成渝、长江中游城市群在经济发展、高效运营、城镇化发展、公共服务、城市绿化等五个方面均得到一定提升，其中珠三角城市群的起步水平较高，并始终保持领先水平；长三角城市群在能源节约以及资源利用方面的得分较高；成渝城市群与长江中游城市群在废气治理方面具有突出表现；而京津冀城市群虽然起步较晚，发展水平较为落后，但增长速度很快，在资源利用方面提升幅度最大。

最后，在废气处理方面，五个城市群的得分变动较大。一定程度上是由于在雾霾问题得到普遍关注后，京津冀地区在空气污染治理方面所投入的精力更多。因而随着时间的推移，京津冀城市群的废气处理工作成效逐步位于五个城市群前列（图5-2-6）。

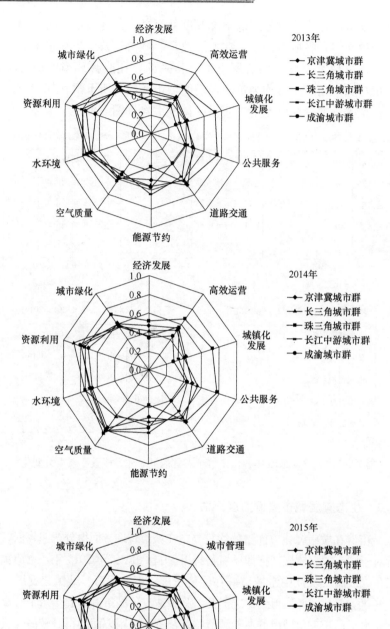

图 5-2-6　2013～2015 年各城市群经济发展与公共服务开展情况

2.3.3 城市群内各城市评估

1. 城市象限分布

从城市群内各城市的象限分布来看，五大城市群总体水平较高，本底型城市数量极少，且皆呈现出中心城市建设发展较快、其余城市有待提升的现状。其中，珠三角总体生态宜居城市建设水平较高、进程较快，78%城市已步入提升型阶段，且没有起步型城市。长三角城市群次之，提升型城市占比达56.1%，发展前景良好，但仍有19.5%城市为起步型城市；京津冀与长江中游城市群的发展型城市比例较高，分别占61.5%和42.9%；成渝城市群的生态宜居建设进程相对滞后，起步型城市达80.0%，在建设力度和成效上都有待提升（图5-2-7）。

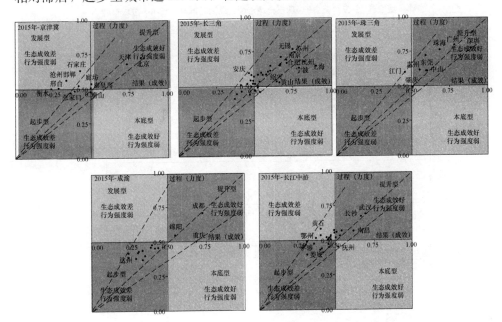

图 5-2-7　2015 年各城市群内城市象限分布情况

2. 城市群内部均衡性

总体而言，各城市群内地级市的生态宜居建设成效差异大于建设过程的差异。生态宜居建设成效（结果指数）方面，长江中游城市群内地级市的均衡性较好、差异较小，京津冀城市群内地级市的差异最大，成渝城市群次之。在生态宜居建设力度（过程指数）方面，长江中游城市群内地级市的均衡性较好、差异较小，珠三角城市群内地级市的差异最大，长三角城市群次之，需要继续发挥中心城市的示范与引领作用，提升整体水平。过程指数/结果指数比值反映二者的同步程度，越接近于1说明建设力度与建设成效的一致性越强。可以看出大部分城市为建设成效滞后于建设力度。目前珠三角地区内各城市过程指数与结果指数的一致性较强，京津冀城市群的差异较大（图5-2-8）。

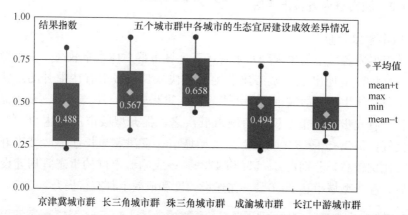

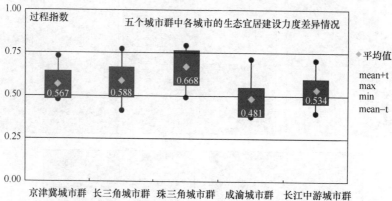

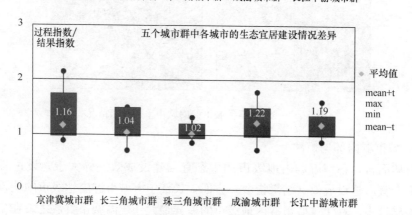

图5-2-8　2015年各城市群内各城市生态宜居建设情况差异

3 感知：公众可评价的生态宜居特征
3 Perception: the Ecological Livability Features Accessible to the Public Evaluation

以珠三角城市群为例，我们通过市民生态宜居感受问卷调查的方式，对公众可感知、可评价的评估指标进行测量，实现与优地指数评估体系的相互融合。

2016年4月，调研小组通过网络与实地调研，对珠三角城市居民的低碳宜居感受进行问卷调查，调研历时10天，共回收7806份问卷。其中74%的样本人群来自广东省，广东省样本中82%为来自珠三角九市的居民，其样本量满足十万分之三的样本需求，具有较好的代表性。其他省市居民主要来自北京、河北、山西、江苏、山东、辽宁、天津、上海等省市，这些省市样本达到100份以上，其居民对珠三角城市的优势、居住感受也提出了自己的看法（图5-3-1）。

珠三角样本人群的男女比例略有差异，但大致接近。以20~40岁的中青年

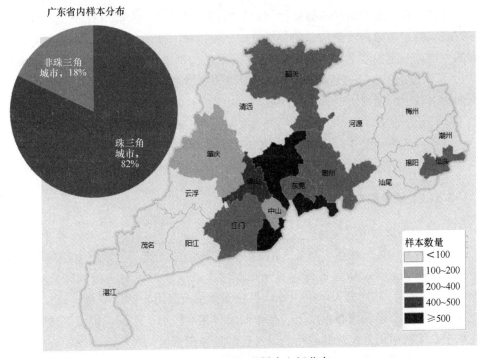

图 5-3-1　调研问卷样本空间分布

为主，其他年龄段人群也有一定的覆盖。由于问卷主要通过网络途径收集，样本人群的文化程度相对较高，大学本科、硕士及以上人群比例达到71.8%，但也获取了不同文化程度的样本人群。从行业上看，公职人员、企业员工、科研人员、个体经营者、在校学生、务工人员等各个职业都有所涉及，涵盖较全，进城务工人员和务农人员比例相对较少（图5-3-2）。

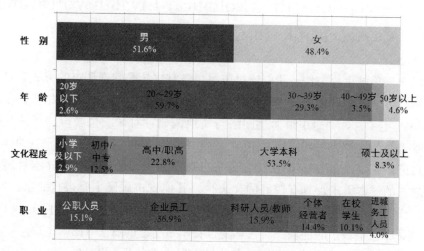

图5-3-2 珠三角城市的样本属性分布情况

总体而言，珠三角样本男女比例较为协调，对各属性人群均有涉及，但因取样方式（特别是数据收集信息的传播方式）使得样本框中集中于中青年高文化程度的人群，一定程度上可以说代表了城市中最为活跃的社会生产中坚力量的意见，在得出结论时应该注意到样本的这一特点，并意识到社会边缘、底层人群意见的相对较少的情况。

3.1 珠三角城市居民的感受差异

3.1.1 健康城市：城市居住环境感受

1. 蓝天感受与空气质量

整体来看，珠三角居民对蓝天的满意度较高。具体到9个城市中，深圳市和中山市居民对蓝天的印象最好，惠州市次之。肇庆市居民对蓝天的印象相对较差，有超过30%的居民表示很少或几乎看不到蓝天（图5-3-3）。

在对空气质量的放心程度上，各市间差异相对较小，深圳、中山等市处于领先水平，肇庆市仍是比较低的，值得一提的是惠州市居民对蓝天印象很好，但空气质量放心程度很低（图5-3-4）。

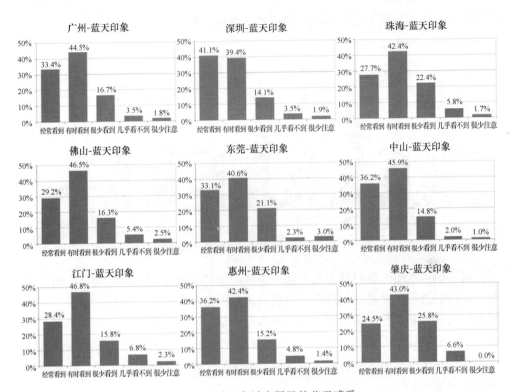

图 5-3-3 珠三角城市居民的蓝天感受

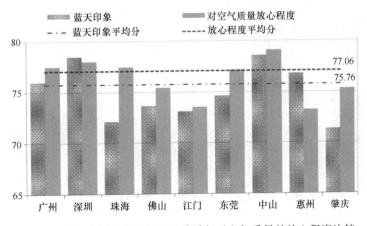

图 5-3-4 珠三角城市居民的蓝天感受与对空气质量的放心程度比较

2. 水质感受与饮水水质

总体而言珠三角居民对水质的印象也比较放心，但比对空气质量的放心程度略低。具体到各市来看，中山、江门和珠海的居民对水质的印象较好，特别是中山，认为水质非常干净的居民达到了接近40%，而佛山、东莞的居民对水质的印象较差，深圳紧随其后，这些城市需要注意对水环境的改善（图5-3-5）。

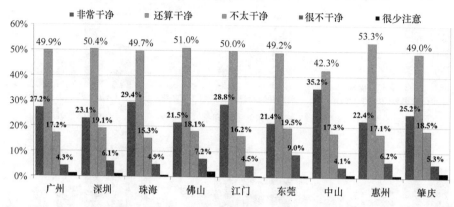

图5-3-5 珠三角城市居民对水质总体印象

对饮用水水质的放心程度与对河流水体印象结果差异较大，深圳、广州、东莞、中山的放心程度最高，这是因为这两道题考察的对象并不相同，前者是作为城市环境景观要素的水体，而后者是作为城市基础设施的饮用水。深圳、东莞等城市居民虽然对城市水体印象不是很好，但是比较认同城市提供比较令人放心的饮用水。在这一方面，惠州和佛山的城市可能需要改善其饮用水水质，让居民更加放心（图5-3-6）。

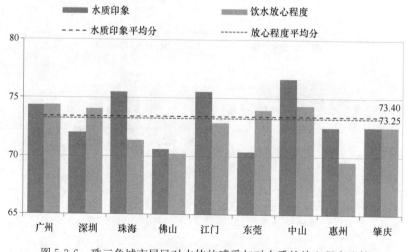

图5-3-6 珠三角城市居民对水体的感受与对水质的放心程度比较

3. 绿地感受

珠三角居民总体对城市绿化水平比较满意，各市间差异也较小。深圳明显处于领先水平，广州居次，肇庆市则仍排名靠后（图5-3-7）。

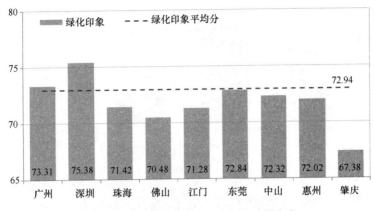

图 5-3-7 珠三角城市居民对绿化总体印象

4. 噪声

珠三角居民在噪声方面的感受比起其他方面要差许多，只有约 1/5 的居民表示从未或基本听不到噪声，而有超过一半的居民偶尔会听到噪声，有约 1/4 的居民表示经常听到噪声，这说明整个区域需要在隔声降噪方面做出较大努力。具体到各个城市来看，肇庆、珠海、江门等市居民对噪声的印象较好，尤以肇庆最为突出，而在噪声方面表现最需要提升的是深圳市和东莞市（图 5-3-8）。

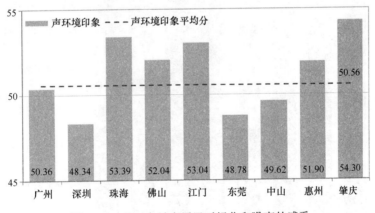

图 5-3-8 珠三角城市居民对绿化和噪声的感受

数据显示，珠三角地区居民噪声最大的来源是道路交通，城市建设施工次之，这说明需要更重视道路交通的噪声问题，注重在住宅区、办公区与城市道路间的隔声措施，如隔声板、绿化等（图 5-3-9）。

5. 总体分析

整体来看，珠三角九市中综合环境表现较好的是中山市，这主要得益于中山市在各方面均衡且没有明显短板，并在城市空气质量、水质方面占据优势。而广

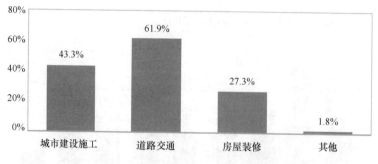

图 5-3-9 珠三角城市噪声的主要来源

州、深圳市次之，其中深圳主要得益于空气、绿化和饮用水水质，但在噪声和水体方面表现较差，广州则在各方面比较均衡。而提升空间最大的城市是佛山、肇庆和惠州，其中佛山应重点关注绿化、水体和饮用水水质，肇庆应重点提升空气质量和绿化水平，惠州则需要提升空气质量和饮用水水质（图5-3-10）。

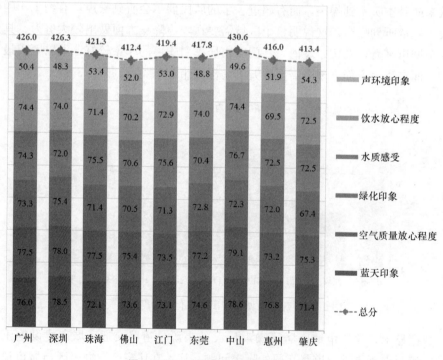

图 5-3-10 城市环境感受的总体分析

3.1.2 绿色出行：城市交通出行感受

1. 通勤时间

对比北京的一份调查数据（孟斌等，2011），珠三角地区居民的通勤时间相对较长，由于统计口径原因 1 小时内通勤时间不做比较，以 1 小时以上进行对比。珠三角地区通勤占 23%，而北京 2010 年数据为 15.8%，考虑到北京数据为 2010 年，这一差距可能更小，但仍表明珠三角地区通勤交通状况较为严峻（图 5-3-11）。

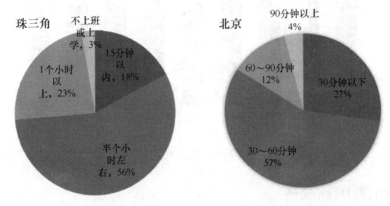

图 5-3-11 珠三角居民通勤时间与北京通勤时间比较

具体到各城市，通勤情况较好的城市是肇庆市，而通勤情况较严峻的城市是广州、深圳和珠海，这也和城市规模相适应，大城市的通勤会成为更加严峻的问题（图 5-3-12）。

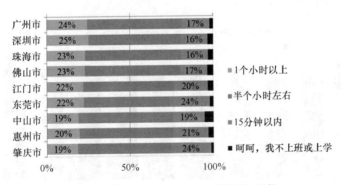

图 5-3-12 珠三角九个城市通勤时间比较

2. 公共交通

珠三角地区居民对公共交通的看法比较积极，超过一半的居民认为公共交通非常方便，但有超过四成居民认为公交站点和路线不好，只有约 1/10 的居民认为公共交通太挤、不舒服。因此若要在公共交通方面进行改进，可以把重点放在优化站点和路线选择，以及开设连通性差的区域上。具体到各城市，深圳市居民对公共交通的满意度最高，同时较多居民反映公交太挤，说明可能公交容量不太能满足目前的需求，可以考虑增加现有线路的车次。而江门市、广州市等则略次之，中山市、肇庆市、珠海市等公交满意度较低，有较多改进的空间（图5-3-13）。

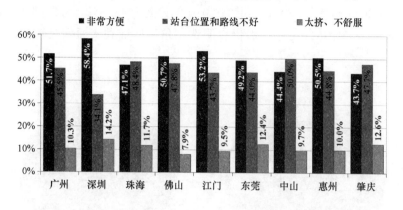

图5-3-13 珠三角各市居民对公共交通的感受

3. 步行与自行车交通

居民对非机动车交通的满意度不如公共交通，只有不到一半的居民对非机动车交通满意，还有接近一半的居民认为非机动车交通路线和配套不够好，需要加强。具体到各城市，东莞市居民对非机动车交通的满意度较高，广州、中山、惠州、深圳等次之，肇庆市居民对非机动车路线和配套的满意度较低，未来可能需要重点改进（图5-3-14）。

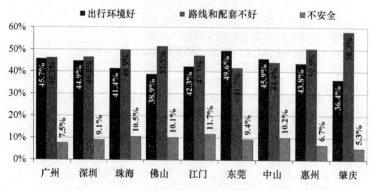

图5-3-14 珠三角各市居民对非机动车交通的感受

4. 小汽车

珠三角城市居民对小汽车交通满意度较低，将近九成的居民认为停车困难。而有超过一半的居民认为经常堵车，另有接近1/5的居民对停车不方便深有体会。在堵车方面问题比较严重的城市有肇庆、深圳、广州等，中山市反映经常堵车的居民则相对较少。需要重点关注停车问题的是深圳和肇庆两市，而东莞则在停车方面做得相对较好（图5-3-15）。

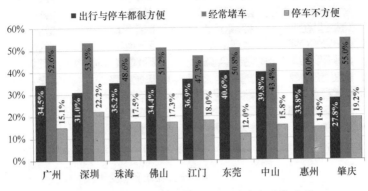

图 5-3-15　珠三角各市居民对非机动车交通的感受

5. 下雨后的路面

可以看到,珠三角居民对路面积水的满意度偏好,超过 2/3 的居民表示路面偶有积水,但不影响出行,还有约 1/5 的居民表示路面从不积水。具体来说,江门市居民对路面积水情况满意度最高,而东莞、肇庆在路面积水方面居民反映较差,有进一步提升空间(图 5-3-16)。

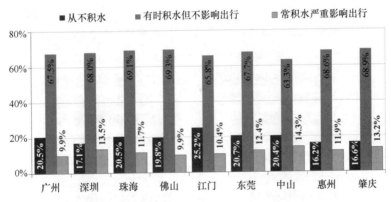

图 5-3-16　珠三角各市居民对路面积水的感受

6. 总体分析

总体而言,珠三角地区居民对交通状况满意度较高的城市是东莞、深圳和江门,其中东莞在通勤、非机动车交通和路面积水状况中的表现较好,深圳市在公共交通和小汽车交通方面拥有相对优势,江门则是在路面积水和公共交通方面表现良好。有较大提升空间的城市是肇庆和中山,其中肇庆除了通勤时间较短以外各项满意度均较低,中山则是除了非机动车交通表现良好以外均有待提升(图5-3-17)。

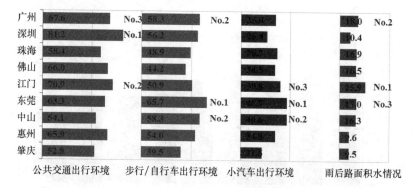

图 5-3-17 珠三角各市交通便利感受比较

3.1.3 宜居生活：居民生活配套情况

1. 教育设施

珠三角居民对教育设施满意度较低，只有约1/3的居民较为满意，而有约四成居民认为教育设施比较缺乏，这表示城市需要更加重视对于教育设施的建设。具体来看，中山市和深圳市居民对教育设施满意度相对较高，一方面源于城市的良好运作，另一方面也归因于中山大学、深圳大学等高等学府的促进作用，而肇庆市居民对教育设施满意度很低，需要进一步加强（图5-3-18）。

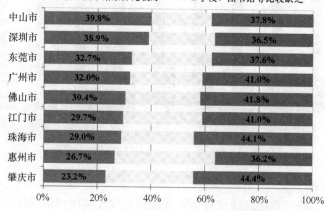

图 5-3-18 珠三角居民对教育配套设施的感受

2. 医疗设施

珠三角居民对医疗设施的满意度较平均，约有1/3的居民认为医院医疗条件好，而有约1/4居民认为条件比较一般。具体来看，广州居民对医疗设施满意度较高，一定程度上是由于广州作为省会在以前的公共服务设施建设上有一些优势，深圳、珠海、东莞、惠州居民对医疗条件也比较满意，中山市居民对医疗设施满意度明显较低，这可能是未来需要进一步加强建设的地方（图5-3-19）。

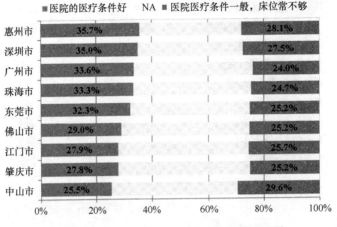

图5-3-19　珠三角居民对医疗配套设施的感受

3. 公共空间

总体而言居民对公园或活动场地等公共空间比较满意，大多数居民对公共空间问题持中性态度或不太关心，有约1/3居民对公共空间较为满意，约15%居民不太满意。具体来看，深圳、东莞居民对公共空间满意度明显高于其他城市，而肇庆市居民对公共空间的满意度明显要低于其他城市（图5-3-20）。

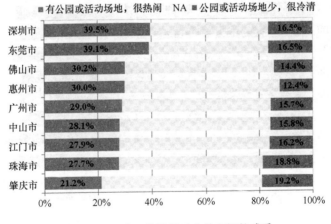

图5-3-20　珠三角居民对公共空间的感受

4. 商业配套

居民对商业配套满意度相对较低，仅有约25%的居民满意。值得关注的是，有将近70%的居民呈中性态度或不关心。具体来看，中山、东莞、深圳的居民对商业配套满意度较高，而肇庆市相对较低（图5-3-21）。

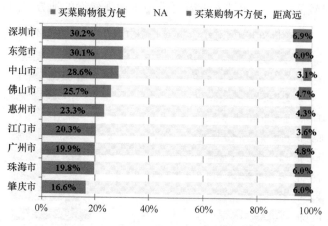

图 5-3-21　珠三角居民对商业设施的感受

5. 总体分析

综合来看，深圳市和东莞市的居民对城市公共服务设施较为满意，两个城市均在各项满意度上得分较高，而肇庆市居民的满意度则要明显低于其他城市，需在公共服务建设中继续提高。公众对商业配套与公共空间的满意度较高，对教育设施与医疗设施满意度则较低，仍有待加强（图5-3-22）。

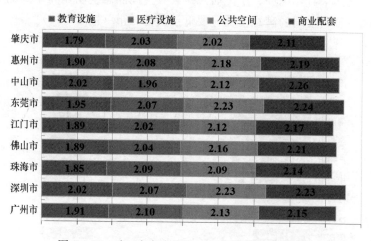

图 5-3-22　珠三角各市居民对配套设施的总体感受

3.1.4　低碳生活：公众参与意愿

珠三角居民对参与低碳生活的积极性很高，其中参与意愿最高的活动是多乘坐公共交通，少开私家车、步行、选购电动车等次之，说明居民最愿意通过调整其出行方式的行为来参与低碳城市建设，政府可从这方面加以引导。

具体来看，深圳市居民参与低碳生活的总体意愿最高，其中，居民对选购节能电器和垃圾分类收集的意愿明显高于其他城市。东莞市居民参与低碳生活的意愿也很高，特别是他们十分愿意通过多进行非机动车通行来践行低碳生活，这也和当地居民对非机动车交通满意度最高相适应。表明政府在非机动车交通方面的引导工作，改善非机动车交通环境能够切实提升居民非机动车通行的意愿，从而提升城市低碳建设水平。肇庆市居民参与意愿较低，特别是居民对于少开私家车和少吃煎炒炸菜肴的意愿明显较低（图5-3-23）。

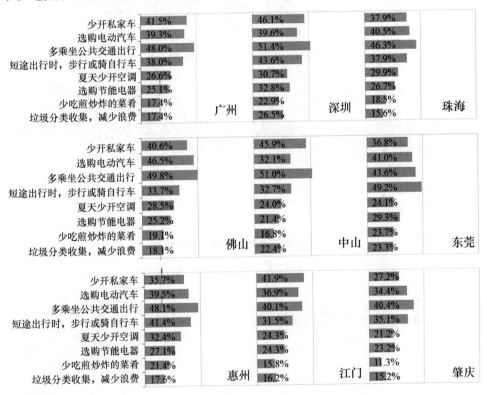

图 5-3-23　珠三角各市居民参与低碳生活的意愿

3.2　居民幸福感受及居民关注重点

3.2.1　居民幸福感受

根据问卷调查结果，珠三角城市的总体幸福感较高，平均在82分左右。各市居民的幸福感得分均较高，都在80分以上，各市之间差异并不明显。得分最高的城市与最低城市之间差异仅3.5分。其中，中山市居民总体幸福感较高，广州次之,江门、深圳、东莞的幸福感得分相对较低(图 5-3-24)。

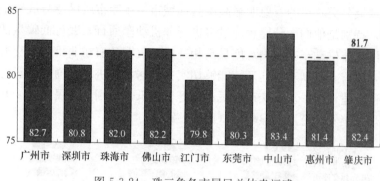

图 5-3-24 珠三角各市居民总体幸福感

3.2.2 理想的居住城市

比较珠三角各市居民对理想居住的选择,可以看出各市本地居民居住本市的意愿均高于区域平均水平,并以中山最为突出,高出平均水平至少 27 个百分点。深圳居民对自身城市的满意度明显很高,只有深圳、广州、珠海和中山的居民居住在区域中最希望居住在自己的城市。珠海市得到了区域内很多城市居民的喜爱,说明在居住吸引力上有其独特优势(表 5-3-1)。

珠三角各市居民的选择差别比较 表 5-3-1

		希望居住的城市:								
		广州	深圳	珠海	佛山	江门	东莞	中山	惠州	肇庆	都不喜欢
常住城市	广州	51.2%	44.8%	40.6%	22.5%	12.9%	10.6%	9.4%	5.7%	2.2%	0.4%
	深圳	34.4%	66.2%	45.0%	17.3%	10.0%	10.2%	10.5%	8.7%	2.1%	1.4%
	珠海	30.9%	45.2%	47.8%	21.1%	17.9%	11.5%	10.0%	6.2%	3.2%	1.3%
	佛山	33.7%	40.1%	37.4%	35.4%	14.9%	9.2%	11.6%	10.1%	4.2%	1.0%
	江门	34.7%	37.4%	32.9%	18.0%	23.2%	12.6%	9.5%	3.2%	3.2%	0.5%
	东莞	35.0%	46.2%	36.8%	18.4%	11.7%	22.9%	12.4%	9.4%	3.8%	0.4%
	中山	32.1%	34.7%	38.3%	14.8%	10.7%	10.2%	39.3%	7.1%	0.5%	2.0%
	惠州	35.2%	33.3%	32.9%	16.7%	12.4%	11.4%	11.0%	21.4%	3.8%	1.4%
	肇庆	28.5%	35.1%	31.1%	23.2%	14.6%	15.2%	9.9%	9.9%	7.9%	1.3%

3.2.3 影响居民幸福感因素

研究小组基于问卷调研结果，利用统计学软件 STATA 对蓝天感受(sky)、绿化感受(afforestat)、水体感受(river)、空气质量放心程度(air)、饮水水质放心程度(water)、噪声(noise)、出行环境(travel)、通勤时间(timeonway)、教育设施(school)、医疗设施(hospital)、公共空间(park)、商业配套(shop)等 12 项因素与居民幸福感受进行多元回归分析，研究讨论影响各市居民幸福感最为重要的建设方向，以进一步对珠三角各市低碳城市建设工作提出具体建议。

1. 总体影响因素

根据对广东省样本总体的多元回归分析，可以看出，对广东省居民来说，除公园热闹程度之外的 11 项因素与幸福感受的相关性都较为显著，其中绿化感受、水体感受、空气质量放心程度、饮水水质放心程度、出行环境、通勤时间、医疗设施与幸福感的相关性非常显著，噪声、蓝天感受、教育设施等与幸福感的相关性显著性也较好。

从相关性来看，出行环境、水体水质情况、饮水水质放心程度与空气质量放心程度与幸福感的相关性较强，公园等公共交往空间的热闹程度与幸福感的相关性相对较弱。总体来说，广东省各市应着力改善出行环境、提高水质及改善空气质量等（图 5-3-25）。

Source	SS	df	MS		
Model	2747.04099	12	228.920083	Number of obs =	5646
Residual	12248.1613	5633	2.17435847	F(12, 5633) =	105.28
				Prob > F =	0.0000
				R-squared =	0.1832
				Adj R-squared =	0.1815
Total	14995.2023	5645	2.65636887	Root MSE =	1.4746

score	Coef.	Std. Err.	t	P>|t|	[95% Conf. Interval]	
sky	.0508322	.0245396	2.07	0.038	.0027251	.0989392
afforestat~n	.1301377	.0274482	4.74	0.000	.0763287	.1839468
river	.2160579	.0263783	8.19	0.000	.1643462	.2677696
air	.2234852	.0315556	7.08	0.000	.1616241	.2853463
water	.2446346	.0309664	7.90	0.000	.1839236	.3053406
noise	.0804702	.0272872	2.95	0.003	.0269767	.1339637
travel	.0969314	.0092506	10.48	0.000	.0787968	.1150661
timeonway	-.1200726	.0314535	-3.82	0.000	-.1817336	-.0584115
school	.0434099	.0246937	1.76	0.079	-.0049993	.0918191
hospital	.1016463	.026805	3.79	0.000	.0490860	.1541944
park	.0020839	.031096	0.07	0.947	-.0588762	.063044
shop	-.0543773	.04162	-1.31	0.191	-.1359685	.027214
_cons	6.153612	.120596	51.03	0.000	5.917197	6.390026

图 5-3-25 对广东省样本总体的多元回归分析结果

（注：P 值越低说明越显著，|t| 越高说明越相关）

2. 各市影响因素比较

从各项幸福感影响因子的相关性比较中可以发现，总体上，珠三角居民幸福感与水体水质、出行环境的相关性较高，而与通勤时间、医疗设施、噪声和商业设施相关度较低。因此，各市应结合各自相关性较强的内容，有针对性地推进低碳城市建设工作。

其中，广州市居民的幸福感与饮水水质、绿化感受和出行环境相关性较强；深圳市居民的幸福感与出行环境、水体水质的相关性较高，珠海市与水体水质、空气质量和出行环境相关性较高；佛山市居民幸福感在水体水质、空气质量之外，与教育设施的相关性也较高；东莞市居民幸福感与绿化感受与饮水水质相关；江门市居民幸福感与绿化感受、出行环境和交往空间相关度较高；中山市居民幸福感在水体水质、空气质量之外与蓝天感受相关度也较高；肇庆市居民幸福感与饮水水质相关度最高，尤其需要引起注意（表5-3-2、表5-3-3）。

珠三角九市幸福感影响因子的相关性比较（数值绝对值越高越相关）　　表5-3-2

t	总体	广州	深圳	珠海	佛山	东莞	江门	惠州	中山	肇庆
蓝天感受	2.07	1.31	−0.31	0.59	2.12	0.58	−0.51	−0.58	1.36	0.52
绿化感受	4.74	5.55	3.51	−0.57	−0.48	1.92	1.94	−0.84	0.02	−1.06
水体水质	8.19	2.62	5.66	4.01	3.59	1.63	0.32	1.05	1.38	1.68
空气质量	7.08	2.73	3.51	3.31	3.42	1.74	0.13	1.65	2.39	0.16
饮水水质	7.90	5.89	2.45	1.39	1.33	3.56	1.71	1.29	−0.77	2.27
噪声	2.95	1.68	2.65	−0.82	0.00	1.69	0.75	0.40	0.04	−0.47
出行环境	10.48	5.44	6.72	3.05	1.56	−0.03	3.27	2.88	1.16	−0.59
通勤时间	−3.82	−0.53	−2.20	−1.52	−0.55	−1.91	−0.47	0.26	−1.01	−1.78
教育设施	1.76	−0.50	−1.59	1.56	2.38	0.41	1.30	2.66	−0.85	1.67
医疗设施	3.79	1.99	2.11	0.98	−0.87	0.63	0.76	0.32	0.99	1.63
交往空间	0.07	0.52	−1.78	−0.02	0.67	−0.82	2.05	0.24	0.84	−1.28
商业设施	−1.31	0.27	−0.15	1.59	−0.69	0.16	−1.09	−1.22	−0.34	0.61

珠三角九市幸福感影响因子的显著性比较（数值绝对值越高越相关）　　表5-3-3

显著性 $(P>\|t\|)$	总体	广州	深圳	珠海	佛山	东莞	江门	惠州	中山	肇庆
蓝天感受	0.038	0.191	0.756	0.552	0.035	0.561	0.607	0.565	0.175	0.606
绿化感受	0.000	0.000	0.000	0.570	0.628	0.056	0.054	0.399	0.987	0.293
水体水质	0.000	0.009	0.000	0.000	0.000	0.105	0.746	0.294	0.168	0.095
空气质量	0.000	0.006	0.000	0.001	0.001	0.082	0.900	0.100	0.018	0.874
饮水水质	0.000	0.000	0.014	0.166	0.183	0.000	0.088	0.198	0.444	0.025
噪声	0.003	0.092	0.008	0.411	0.999	0.092	0.454	0.692	0.968	0.641
出行环境	0.000	0.000	0.000	0.002	0.121	0.976	0.001	0.004	0.248	0.553

续表

显著性 ($P>\|t\|$)	总体	广州	深圳	珠海	佛山	东莞	江门	惠州	中山	肇庆
通勤时间	0.000	0.598	0.028	0.128	0.585	0.057	0.638	0.792	0.313	0.077
教育设施	0.079	0.617	0.113	0.121	0.018	0.683	0.193	0.009	0.397	0.098
医疗设施	0.000	0.047	0.035	0.327	0.386	0.529	0.446	0.751	0.321	0.105
交往空间	0.947	0.602	0.075	0.985	0.505	0.411	0.041	0.810	0.404	0.204
商业设施	0.191	0.787	0.884	0.113	0.489	0.873	0.278	0.224	0.737	0.545

4 总结和建议
4 Conclusion and Advice

中国城市生态宜居发展指数（优地指数）的评估尝试对城市群进行整体分析，从过程与结果两个方面建立新的评价指标，并融合公众的生态宜居感受对城市生态建设做出全面客观的评估，以此促进中国城市的生态建设发展。

通过对全国19个城市群的优地指数评估发现，我国各城市群对生态宜居建设的关注正逐渐加强，投入的精力与资金也逐年增长，整体上呈现了良好向上的发展趋势。但同时，各城市群也存在着生态宜居成效总体滞后于生态宜居建设力度、城市群内差异较大等问题，仍需不断提高建设效率，促进城市群整体均衡向优发展。

参考文献

[1] 叶青，鄢涛，李芬等. 城市生态宜居发展二维向量结构指标体系构建与测评[J]. 城市发展研究，2011，12：16-20.
[2] 国家统计局城市社会经济调查司. 中国城市统计年鉴2014[M]. 北京：中国统计出版社，2015.
[3] 国家统计局. 中国统计年鉴2015[M]. 北京：中国统计出版社，2014.
[4] 国家统计局环境保护部. 中国环境统计年鉴2014[M]. 北京：中国统计出版社，2015.
[5] 中华人民共和国民政部. 中华人民共和国乡镇行政区划简册2014[M]. 北京：中国统计出版社，2014.
[6] 中国经济实验研究院. 城市生活质量蓝皮书：中国城市生活质量报告(2014)[M]. 北京：社会科学文献出版社，2015.

附 录

Appendix

城市群的发展阶段与重要节点
The Development Stage and Key Periods of the City Cluster

1 城市群的研究背景

城市群是城市发展到成熟阶段的最高结构组织形式,是在地域上以大城市为中心分布的若干城市集聚而成的庞大的、多核心、多层次城市集群,是大都市区的联合体。城市群的特点在于经济紧密联系、产业分工与合作,交通与社会生活、城市规划和基础设施建设相互影响。

2 城市群的特点与重要性

首先,从空间布局来看,城市群通常以一个或多个经济发达的中心城市为核心,诸多中小城市和城镇为腹地,形成一个由内向外逐步扩张的城镇集合。处于核心地位的中心城市发挥着主导作用,而中小城市及乡镇则根据自身的综合实力与空间位置的不同,形成一个多层次、逐步扩张的有机整体。

其次,从经济联系来看,各城市之间由复杂的经济网络紧密联系,便利的交通,快捷的通讯,发达的物流等使得人才、资本、科技和信息等要素在城市群内自由流通,极大地推动了各城市间的经济联系与合作。城市群内物质资本和非物质资本的快速流动优化了资源在城市群内的合理配置,并使得各地区能充分利用自身的资源禀赋与区位优势,从而使得城市群内的地域分工更加协调,产业布局更加合理,城市功能更加凸显。

再次,从动态发展来看,城市群通常包含中心城市、腹地城市和乡镇等多个等级。随着经济的发展和城镇化的推进,各级城市的经济发展将呈现出不同的增长态势,它们在城市群中的地位和经济实力也将处于动态变化之中,并且随着整个城市群的发展与城市化进程的加快,城市群的地域范围将不断扩大,整体经济实力也将不断提升,使得城市群处于动态变化与不断扩张状态。

3 城市群发展的重要事件节点

文件名称(时间)	要　点
《关于区域规划的若干问题》(2006)	明确区域规划是以跨行政区的经济区域为对象编制的规划，提出区域规划的几个问题，包括功能定位、主要内容、保障机制和政策手段、如何进一步做好区域规划工作
党的十七大报告(2007)	要求2020年基本形成主体功能区布局
"十一五"规划纲要(2006~2010)	首次提出要把城市群作为推进城镇化的主体形态/确定编制全国主体功能区规划
关于编制全国主体功能区规划的意见(2007.7.26)	该规划为战略性、基础性和约束性规划，将国土空间划分为优化、重点、限制、禁止开发四类，并且要处理好这四类主体功能区之间的关系
《全国主体功能区规划—构建高效、协调、可持续的国土空间开发格局》(2010.12.21)	基本形成"两横两纵"为主体的城市化战略格局、"七区二十三带"为主体的农业战略格局、"两屏三代"为主体的生态安全战略格局
"十二五"规划纲要(2011~2015)	科学规划城市群内各城市功能定位和产业布局
党的十八大报告(2012)	科学规划城市群规模和布局
《中共中央关于全面深化改革若干重大问题的决定》(2013)	城市群在"完善城镇化健康发展体制机制"，特别是在"推动大中小城市和小城镇协调发展"和"优化城市空间结构和管理格局，增强城市综合承载能力"等方面具有战略核心地位
2014年中央经济工作会议(2014)	要优化布局，根据资源环境承载能力构建科学合理的城镇化宏观布局，把城市群作为主体形态，促进大中小城市和小城镇合理分工、功能互补、协同发展、
2014年中央城镇化工作会议(2014)	优化城镇化布局和形态，全国主体功能区规划对城镇化总体布局做了安排，提出了"两横三纵"的城市化战略格局，要一张蓝图干到底
《国家新型城镇化规划》(2014~2020年)	发展目标之一是城镇化格局更加优化。"两横三纵"为主体的城镇化战略格局基本形成
《长江中游城市群发展规划》(2015)	提出坚持强化规划引领，形成各项规划相互衔接、有机统一的规划体系，把长江经济带建设成为我国生态文明建设的先行示范带、创新驱动带、协调发展带
《国民经济和社会发展第十三个五年规划纲要(草案)》(2016)	提出要加快城市群建设发展，优化提升东部地区城市群，建设京津冀、长三角、珠三角世界级城市群，提升山东半岛、海峡西岸城市群开放竞争水平，培育中西部地区城市群，发展壮大东北地区、中原地区、长江中游、成渝地区、关中平原城市群，规划引导北部湾、晋中、呼包鄂榆、黔中、滇中、兰州—西宁、宁夏沿黄、天山北坡城市群发展，形成更多支撑区域发展的增长极

(资料来源：《中国城市群发展报告(2016)》)

后　　记
Postscripts

经历了 30 多年快速城镇化，我国已正式进入了前所未有的"城市时代"，80％以上的国民收入、财政税收、就业岗位和科技创新成果产生于城市。同时，空气和水体污染、交通拥堵、贫富分化等也发端于城市。2016 年是中国在建设低碳生态城市过程中成果与危机并显的一年，在探索的道路上取得一定的进展，也面临着多方面的挑战。对以往理念与经验的总结，将帮助、促进和推动未来低碳生态城市的建设。

编制组通过实地调研和考察国内外生态城市发现，在绿色建筑、城市建设等诸多领域，中国已发展出具有全球竞争力的、符合本土特色的建设理念。由于生态城市建设是一个复杂、长期且相互制约的系统工程，在实际推行的过程中，如何统筹空间、规模、产业三大结构，统筹规划、建设、管理三大环节，统筹改革、科技、文化三大动力，统筹生产、生活、生态三大布局，统筹政府、社会、市民三大主体等，在尊重城市发展规律的基础上提高城市工作全局性、系统性、可持续性、宜居性，积极提升城市韧性，避免先行国家城市化的各种刚性缺陷，是低碳生态城市建设的关键。坚持人文需求为先，形成人与自然和谐发展的现代化建设新格局，推进美丽中国建设，真正实现看得见蓝天碧水的城市图景，最终为实现"中国梦"增添动力。

《中国低碳生态城市年度发展报告 2016》是中国城市科学研究会生态城市研究专业委员会联合相关领域专家学者，以约稿及学术资料查询、问卷调研等方式组织编写完成的。委员会设立了报告编委会和编写组，定期沟通相关动态信息。为了使报告更好地反映低碳生态城市建设、发展的年度进展，全面透析发展的热点问题，委员会组织编委会和编写组听取了专家对于年度报告框架的意见，确定了 2016 年度报告的主题：一个尊重、五个统筹，迈向深度城镇化。报告根据创新、协调、绿色、开放、共享发展理念的指引，深化城市新型城镇化转型之路，探索延伸应对城市挑战与危机，坚持多规融合、可再生能源与智慧城市建设，强调对人文需求与城市评价的总结和分析，寻求城市低碳生态化途径。期间通过专家约稿、访谈、问卷调查、学术交流等形式对报告进行补充和完善，并最终于 2016 年 5 月成稿。

本报告是中国城市科学研究会组织编写的第六本低碳生态城市年度报告，在

后 记

借鉴了前五年的编写经验基础上,对中国低碳生态城市的发展与研究成果进行了系统总结与集中展示,形成了包括认识与思考、方法与技术、实践与探索等在内的研究报告。本报告作为探索性、阶段性成果,欢迎各界参与低碳生态城市规划建设的读者朋友提出宝贵意见,并欢迎到中国城市科学研究会生态城市研究专业委员会微信公众号(中国生态城市研究专业委员会@chinaecoc)、网站中国生态城市网(http://www.chinaecoc.org.cn/)或新浪微博(@中国生态城市)交流。

在建设低碳生态城市的过程中,中国作为世界上最大的发展中国家,在低碳生态城市规划建设方面加强国际交流与合作,将助力与推动世界城市稳步、合理地朝着低碳、生态、健康、绿色的方向发展。

Postscripts

After more than 30 years of rapid urbanization, China has formally entered an unprecedented "urban age" with more than 80% of its national income, finance, taxation, employment and technological innovations were produced in the city. At the same time, the air and water pollution, traffic congestion, the division between the rich and the poor also occurred in the city. 2016 is the year when the crisis and the achievements of China's low-carbon eco-city construction co-exist. We have made some progress but we also face many challenges. The summary of the previous ideas and experience will help to promote and facilitate the future low-carbon eco-city construction.

The compiling team has found through a field research and study of the eco-city at home and abroad that China has developed a globally competitive construction concept in line with the local characteristics in green buildings, urban construction and other fields. Since the eco-city construction is a complex, long-term and mutual restraint systematic project, the keys to low-carbon eco-city construction are following: how to co-ordinate the three structures of space, scale and industry, the three steps of planning, construction and management, the three driving forces of reform, science and technology and culture, the three patterns of production, life and ecology and the three participants of the government, society and public in the actual implementation process, how to improve the overall development and systematicness of the urban work and the sustainability and livability of the city on its own development rule, how to positively enhance the urban resilience to avoid a variety of rigid defects brought by the leading national urbanization. We should primarily adhere to humanistic demand, form a new pattern of modernization typical of a harmonious relationship between man and nature, promote the construction of Beautiful China, create an urban landscape of truly visible clear water and blue sky and add power to the ultimate realization of "China Dream".

"China's Low-carbon Eco-city Development Annual Report (2016)" is completed by the Eco-city Research Committee of Chinese Society for Urban Studies in collaboration with the related experts and scholars in the field by means of article contribution, academic inquiry, questionnaire and survey. The Committee established the editorial board and the compiling team and communicated information and dynamics on a regular basis. In order to properly reflect the annual progress of the low-carbon eco-city construction and development as well as comprehensively dialyze the related hot issues, the Committee arranged for the editorial board and the compiling team to hear the experts' opinion of the framework of the annual report and determine its theme: with one respect and five co-ordinations, to move into an in-depth urbanization. Guided by the concept of the innovative, coordinative, green, open and sharing development ideas, the Report deepens the transformation way of new-type urbanization, explores and extends the reaction approach against the urban challenges and crises, insists on the fusion of multiple regulations, renewable energy and smart city construction, emphasizes the summary and analysis of humanistic demand and urban evaluation and finally seeks for the cities the low-carbon ecological solution. During the course, we also supplemented the report by means of experts article contributions, interviews, questionnaires, and other forms of academic discussion and eventually completed it into a draft in May 2016.

This report is the 6th annual report on low-carbon eco-city prepared by Chinese Society for Urban Studies, which draws the experience from the previous five reports, systematically summarizes and displays the development and research status of China's low-carbon eco-city and forms the research fruit including the contents of understanding and thinking, methods and techniques, practice and exploration, etc. Being exploratory and initial, this report welcomes the readers in the field of low-carbon eco-city planning and construction to put forward valuable advice and exchange views on the official WeChat account of the Ecological City Research Committee of Chinese Society for Urban Studies (@chinaecoc), the website of Chinese Eco-city Network (http://www.chinaecoc.org.cn/) or Weibo (@ China Eco-city).

In the process of the low-carbon eco-city construction, China as the world's largest developing country should strengthen its international communication and cooperation in this field and help to promote global cities development steadily and reasonably towards a low-carbon, ecological, healthy and green direction.